游戏动漫开发系列

角色动画制作(下)

尹志强 谌宝业 吴霞 编著

清华大学出版社
北京

内 容 简 介

本书全面讲述了写实角色动画的相关制作方法和制作技巧,全面介绍角色动画的制作流程及各种技巧的应用,结合当前市场比较认可的游戏项目产品,逐步深入动画环节制作开发及应用,着重分析了游戏角色动作设计理念、运动规律,以及各个不同职业的特殊技能动作的制作技巧,特别是对目前比较主流的3D动作类游戏的制作技术,均作了比较详细的讲解。本书通过列举实例,引导读者加强对写实角色动画经典案例的设计和制作的理解。学习完本书的内容,读者将了解和掌握大量游戏动漫制作的理论及实践能力,能够胜任游戏公司或影视公司动画师制作等相关岗位。

本书可作为大中专院校艺术类专业和相关专业培训班学员的教材,也可作为游戏美术工作者的资料参考书。

特别说明:本书中使用的图片素材仅供教学之用。

本书封面贴有清华大学出版社防伪标签,无标签者不得销售。
版权所有,侵权必究。举报:010-62782989,beiqinquan@tup.tsinghua.edu.cn。

图书在版编目(CIP)数据

角色动画制作(下)/尹志强,谌宝业,吴霞编著. — 北京:清华大学出版社,2017(2022.7重印)
(游戏动漫开发系列)
ISBN 978-7-302-45510-3

Ⅰ. ①角… Ⅱ. ①尹… ②谌… ③吴… Ⅲ. ①三维动画软件 Ⅳ. ①TP391.414

中国版本图书馆CIP数据核字(2016)第277983号

责任编辑:张彦青
封面设计:谌建业
责任校对:张彦彬
责任印制:杨 艳

出版发行:清华大学出版社
网　　址:http://www.tup.com.cn, http://www.wqbook.com
地　　址:北京清华大学学研大厦A座　　邮　　编:100084
社 总 机:010-83470000　　邮　　购:010-62786544
投稿与读者服务:010-62776969, c-service@tup.tsinghua.edu.cn
质量反馈:010-62772015, zhiliang@tup.tsinghua.edu.cn
课件下载:http://www.tup.com.cn, 010-62791865

印 装 者:三河市龙大印装有限公司
经　　销:全国新华书店
开　　本:190mm×260mm　　印　　张:22.25　　字　　数:354千字
版　　次:2017年1月第1版　　印　　次:2022年7月第5次印刷
定　　价:78.00元

产品编号:071369-01

游戏动漫开发系列编委会

主　任：孙立军　北京电影学院动画学院院长
副主任：诸　迪　中央美术学院城市设计学院院长
　　　　廖祥忠　中国传媒大学动画学院副院长
　　　　鲁晓波　清华大学美术学院信息艺术系主任
　　　　于少非　中国戏曲学院新媒体艺术系主任
　　　　何　力　涉外经济学院艺术学院院长
委　员：尹志强　　王振峰　　武冉冉　　刘　中
　　　　廖志高　　李银兴　　史春霞　　冯　贞
　　　　向　莹　　谷炽辉　　程大鹏　　张　翔
　　　　苏治峰　　雷　雨　　张　敬　　王智勇

丛书序

动漫游戏产业作为文化艺术及娱乐产业的重要组成部分，具有广泛的影响力和潜在的发展力。

动漫游戏行业是非常具有潜力的朝阳产业，科技含量比较高，同时也是现代精神文明建设中一项重要的内容，在国内外都受到很高的重视。

进入21世纪，我国政府开始大力扶持动漫和游戏行业的发展，"动漫"这一含糊的俗称也成了流行术语。从2004年起至今，国家广电总局批准的国家级动画产业基地、教学基地、数字娱乐产业园已达30个；国内超过500所高等院校新开设了数字媒体、数字艺术设计、平面设计、工程环艺设计、影视动画、游戏程序开发、游戏美术设计、交互多媒体、新媒体艺术与设计、信息艺术设计等专业；2015年，国家新闻出版广电总局批准了北京、成都、广州、上海、长沙等16个"国家级游戏动漫产业发展基地"。根据《国家动漫游戏产业振兴计划》草案，今后我国还要建设一批国家级动漫游戏产业振兴基地和产业园区，孵化一批国际一流的民族动漫游戏企业；支持建设若干教育培训基地，培养、选拔和表彰民族动漫游戏产业紧缺人才；完善文化经济政策，引导激励优秀动漫和电子游戏产品的创作；建设若干国家数字艺术开放实验室，支持动漫游戏产业核心技术和通用技术的开发，全力发展外向型动漫游戏产业，争取在国际动漫游戏市场占有一席之地。

从深层次来讲，包括动漫游戏在内的数字娱乐产业的发展是一个文化继承和不断创新的过程。中华民族深厚的文化底蕴不但为中国发展数字娱乐及创意产业奠定了坚实的基础，而且提供了广泛、丰富的题材。尽管如此，从整体看，中国动漫游戏及创意产业仍面临着诸如专业人才短缺、融资渠道狭窄、缺乏原创开发能力等一系列问题。长期以来，美国、日本、韩国等国家的动漫游戏产品占据着我国原创市场。一个意味深长的现象就是美国、日本和韩国的一部分动漫和游戏作品取材于中国文化，加工于中国内地。针对这种情况，目前各大院校相继开设或即将开设动漫和游戏的相关专业。然而真正与这些专业相配套的教材却很少。北京动漫游戏行业协会应各大院校的要求，在科学的市场调查的基础上，根据动漫和游戏企业的用人需求，针对高校的教育模式以及学生的学习特点，推出了这套动漫游戏系列教材。本丛书凝聚了国内外诸多知名动漫游戏人士的智慧。

整套教材的特点如下。

1. 本套教材邀请国内多所知名学校的骨干教师组成编审委员会，搜集整理全国近百家院校的课程设置，从中挑选动、漫、游范围内公共课和骨干课程作为参照。

2. 教材中实际制作选用了行业中比较成功的实例，由学校教师和业内高手共同完成，以提高学生在实际工作中的能力。

本系列教材案例编写人员都是来自各个知名游戏、影视企业的技术精英骨干，拥有大量的项目实际研发成果，对一些深层的技术难点有着比较精辟的分析和技术解析。

当前,中国正成为全球数字娱乐及创意产业发展速度最快的地区,得到党和政府的高度重视。丰富的市场资源使得中国成为国外数字娱乐产业巨头竞相争夺的新市场。但从整体看,中国动漫游戏产业仍然面临着诸如专业人才的严重短缺、融资渠道狭窄、原创开发能力薄弱等一系列问题。包括动漫游戏在内的数字娱乐产业的发展是一个文化继承和不断创新的过程,中华民族深厚的文化底蕴为中国发展数字娱乐产业奠定了坚实的基础,并提供了扎实而丰富的题材。

然而与动漫游戏产业发达的欧美、日韩等国家和地区相比,我国的动漫游戏产业仍处于一个文化继承和不断尝试的阶段。游戏动画作为动漫游戏产品的重要组成部分,其原创力是一切产品开发的基础。与传统动画相比,游戏动画更加依赖于计算机软硬件技术的制作手段,它用计算机算法来实现物体的运动。游戏动画大多以简单的动作(攻击、走、跑、跳、死亡、被攻击等)为主,让玩家在游戏中操作自己扮演的角色做出各种动作。因此,游戏动画除了带给人们传统动画的视觉感受外,还增加了游戏代入感,让玩家置身于游戏之中,带给玩家身临其境的奇妙体验,这是其他动漫形式难以具备的特点。

游戏新文化的产生,源于新兴数字媒体的迅猛发展。这些新兴媒体的出现,为新兴流行艺术提供了新的工具和手段、材料和载体、形式和内容,带来了新的观念和思维。

进入21世纪,在不断创造经济增长点和广泛社会效益的同时,动漫游戏已经成为一种新的理念,包含了新的美学价值。新的生活观念,表现人们的思维方式,它的核心价值是给人们带来欢乐和放松,它的无穷魅力在于天马行空的想象力。动漫精神、动漫游戏产业、动漫游戏教育构成了富有中国特色的动漫创意文化。

针对动漫游戏产业人才需求和全国相关院校动漫游戏教学的课程教材基本要求,由清华大学出版社携手长沙浩捷网络科技有限公司共同开发了系列动漫游戏技能教育的标准教材。

本书由谌宝业、尹志强、吴霞编著。参与本书编写的还有陈涛、谌宝业、冯鉴、谷炽辉、雷雨、李银兴、刘若海、史春霞、涂杰、王智勇、伍建平、张敬、朱毅等。在编写过程中,我们尽可能地将最好的讲解呈现给读者,若有疏漏之处,敬请不吝指正。

目录
CONTENTS

第1章　写实角色动画制作——游戏动画概述……01

1.1　游戏动画概述……………………02
　　1.1.1　动画的概念………………02
　　1.1.2　传统动画方式……………02
　　1.1.3　三维动画的概念…………03
　　1.1.4　3ds Max的动画制作应用…04
　　1.1.5　动画在游戏中的应用……06
1.2　关键帧动画………………………08
　　1.2.1　动画的帧…………………08
　　1.2.2　帧的设置与编辑…………08
　　1.2.3　关键帧动画制作实例……12
1.3　动画控制器………………………15
　　1.3.1　控制器简介………………15
　　1.3.2　更改控制器属性…………17
　　1.3.3　控制器指定………………18
　　1.3.4　常用动画控制器…………19
1.4　动画约束…………………………20
1.5　轨迹视图…………………………22
　　1.5.1　认识轨迹视图……………22
　　1.5.2　轨迹视图的功能与操作…23
　　1.5.3　编辑关键点………………30
　　1.5.4　调整功能曲线……………31
1.6　本章小结…………………………32
1.7　本章练习…………………………32

第2章　多足怪物动画分析——红蜘蛛…………33

2.1　创建红蜘蛛骨骼…………………34
　　2.1.1　创建前的准备……………34
　　2.1.2　创建Bones骨骼…………36
　　2.1.3　骨骼的链接………………41
2.2　红蜘蛛的蒙皮设定………………42
　　2.2.1　添加Skin(蒙皮)修改器…42
　　2.2.2　调节蒙皮权重前准备……43
　　2.2.3　调节身体骨骼的权重……44
　　2.2.4　调节腿部的权重…………49
2.3　制作红蜘蛛的动画………………52
　　2.3.1　制作红蜘蛛的行走动画…53
　　2.3.2　制作红蜘蛛的攻击动画…58
　　2.3.3　制作红蜘蛛的死亡动画…66
2.4　本章小结…………………………71
2.5　本章练习…………………………71

第3章　写实角色动画制作——美人鱼……72

- 3.1 创建美人鱼的骨骼……73
  - 3.1.1 创建前的准备……73
  - 3.1.2 创建Character Studio骨骼……75
  - 3.1.3 匹配骨骼和模型……76
- 3.2 创建头发、鱼鳍、尾巴骨骼以及飘带……80
  - 3.2.1 创建头发、头部鱼鳍和背部翅膀的骨骼……80
  - 3.2.2 创建飘带和尾巴的骨骼……84
  - 3.2.3 创建美人鱼的武器骨骼……86
  - 3.2.4 骨骼的链接……86
- 3.3 美人鱼的蒙皮设定……88
  - 3.3.1 添加Skin(蒙皮)修改器……88
  - 3.3.2 调整身体权重……91
  - 3.3.3 调整美人鱼的武器权重……99
- 3.4 制作美人鱼的动画……101
  - 3.4.1 制作美人鱼的游动动作……101
  - 3.4.2 制作美人鱼的特殊攻击……108
  - 3.4.3 制作美人鱼的三连击动作……113
- 3.5 本章小结……121
- 3.6 本章练习……121

第4章　写实角色动画制作——小乔……122

- 4.1 创建小乔的骨骼……123
  - 4.1.1 创作前的准备……123
  - 4.1.2 创建Character Studio骨骼……125
  - 4.1.3 匹配骨骼到模型……126
- 4.2 创建头发、发饰、衣袖和裙摆的骨骼……130
  - 4.2.1 创建头发、发饰和胸前飘带的骨骼……130
  - 4.2.2 创建裙摆和衣袖的骨骼……134
  - 4.2.3 骨骼的链接……136
- 4.3 小乔的蒙皮设定……137
  - 4.3.1 添加Skin(蒙皮)修改器……137
  - 4.3.2 调整骨骼权重……140
- 4.4 制作小乔的动画……150
  - 4.4.1 制作小乔的奔跑动作……150
  - 4.4.2 制作小乔的普通攻击动作……162
  - 4.4.3 制作小乔的特殊攻击动作……168
  - 4.4.4 制作小乔的三连击动作……174
- 4.5 本章小结……178
- 4.6 本章练习……179

第5章　写实角色动画制作——精灵射手......180

- 5.1 创建精灵射手的骨骼......181
  - 5.1.1 创建骨骼前的初始设定......181
  - 5.1.2 创建Character Studio骨骼......183
  - 5.1.3 匹配骨骼和模型......184
- 5.2 创建精灵射手附属物品的骨骼......188
  - 5.2.1 创建头发和耳朵的骨骼......188
  - 5.2.2 创建飘带、饰品的骨骼......192
  - 5.2.3 创建尾巴的骨骼......194
  - 5.2.4 创建武器的骨骼......196
  - 5.2.5 骨骼的链接......196
- 5.3 精灵射手的蒙皮设定......198
  - 5.3.1 添加Skin(蒙皮)修改器和分离多边形......198
  - 5.3.2 调节身体权重......204
  - 5.3.3 调节精灵射手尾巴的权重......210
  - 5.3.4 调节精灵射手头发、飘带和装饰品的权重......212
  - 5.3.5 调节精灵射手武器的权重......214
- 5.4 制作精灵射手的动画......215
  - 5.4.1 制作精灵射手的站立待机动画......215
  - 5.4.2 制作精灵射手的战斗奔跑动画......223
  - 5.4.3 制作精灵射手的三连击动作......235
  - 5.4.4 制作精灵射手的死亡动画......252
- 5.5 本章小结......261
- 5.6 本章练习......261

第6章　写实角色动画制作——冰龙......262

- 6.1 创建冰龙的骨骼......263
  - 6.1.1 创作前的准备......263
  - 6.1.2 创建Character Studio骨骼......265
  - 6.1.3 匹配骨骼和模型......266
- 6.2 创建翅膀和尾巴的骨骼......270
  - 6.2.1 创建翅膀的骨骼......270
  - 6.2.2 创建尾巴的骨骼......273
  - 6.2.3 创建嘴巴的骨骼......274
  - 6.2.4 骨骼的链接......275
- 6.3 冰龙的蒙皮设定......276
  - 6.3.1 添加Skin(蒙皮)修改器......277
  - 6.3.2 调整蒙皮前准备......278
  - 6.3.3 调整身体和嘴巴的权重......280
  - 6.3.4 调整四肢的权重......283
  - 6.3.5 调整翅膀的权重......287
  - 6.3.6 调整尾巴的权重......291

6.4 制作冰龙的动画..........................293
    6.4.1 制作冰龙的飞行动画............293
    6.4.2 制作冰龙的飞行待机动画........304
    6.4.3 制作冰龙的特殊攻击动画........311
    6.4.4 制作冰龙的休息待机动画........329
6.5 本章小结.............................342
6.6 本章练习.............................342

第1章 游戏动画概述

写实角色动画制作

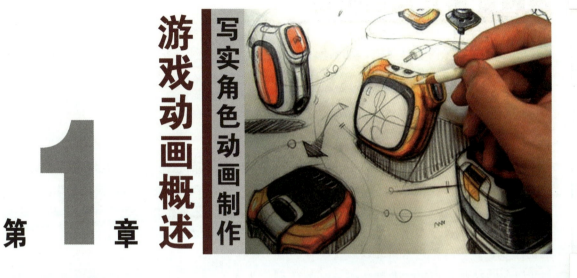

章节描述

本章通过从动画的基本概念到动画在游戏中的应用，以及从动画的最基本制作形式——关键帧动画开始，逐步展开3ds Max在动画制作中的应用。同时，本章中所介绍的3ds Max相关工具模块和功能模块，如动画控制器、动画约束、参数链接、轨迹视图等，由于其对于之后的教学存在共用性及常用性，因此也是对后面各章的一个铺垫。

本章中的轨迹视图部分，在动画制作过程中具有易用性及常用性的特点，但在案例实践操作的过程中有一定的复杂性及抽象性，故作为本章教学的难点。

- **实践目标**
  - 认识什么是动画以及动画在游戏设计及制作中的应用
  - 掌握动画设计中关键帧动画的制作
  - 了解动画控制器在动画制作中的作用
  - 掌握轨迹视图的基本操作
- **实践重点**
  - 掌握动画设计中关键帧动画的制作
  - 掌握轨迹视图的基本操作
- **实践难点**
  - 掌握轨迹视图的基本操作

角色动画制作（下）

1.1 游戏动画概述

随着科学技术的不断发展，动画的含义也在不断地衍变，动画的种类也越来越多。本节从动画发展的历史角度出发，介绍了动画的概念、方式以及动画在游戏中的应用。

1.1.1 动画的概念

动画(Animation)一词，源自Animate，即"赋予生命"的意思。我们通常把一些原先不具备生命活动的东西，经影片的制作与放映，成为有生命活动的东西的影像，称为动画。

动画是一门艺术、一种科学，更是一种哲学。动画艺术是电影艺术中一个独立的部门。它可以使图画、雕塑、木刻、线条、立体、剪影乃至木偶在银幕上活动起来。由于动画的出现，各种造型艺术自此以后才具有了运动的形态。

如今的动画是指将一系列按照运动规律制作出来的画面，以一定的速率连续播放而产生的一种动态视觉技术。动画信息存储在胶片、磁带、硬盘、光盘等记录媒介上，再通过投影仪、电视屏幕、显示器等放映工具进行放映。

1.1.2 传统动画方式

走马灯是大约出现并开始流行于我国宋代时期的传统民俗玩具，如图1-1所示。利用灯笼内部的蜡烛燃烧所产生的上升气流，推动灯笼内部叶片带动与之相连的轴承，使投射在灯笼四壁的剪纸影子不断地转动，这时人们可以看到灯笼四壁低速旋转的剪纸图案构成的简单活动画面。从某种意义上讲，我们可以把走马灯的运动理解为原始动画的雏形。

图1-1 走马灯

而到了20世纪初期，随着电影工业的发展，用电影胶片作为载体，采用"逐格拍摄法"拍摄一张张静止画面构成的动画影片的诞生，代表着真正的动画电影产业的诞生。

到了20世纪末期，世人皆知的Walt Disney逐渐把动画影片推向了巅峰。他在完善了动画体系和制作工艺的同时，把动画片的制作与商业价值联系起来，被人们誉为"商业动画之父"。

传统的动画是由画师在纸张上画好画面后，再通过电影胶片展现在银幕上，也就是纸质动画，如图1-2所示。随着电子工业的发展，计算机在动画中的运用彻底改变了动画的命运，传统的纸上作业成为历史。使用计算机全程制作的二维动画作品，其绘画方式与传统的纸上绘画十分相似，因此能够让纸质动画比较容易地过渡到无纸动画的创作领域。

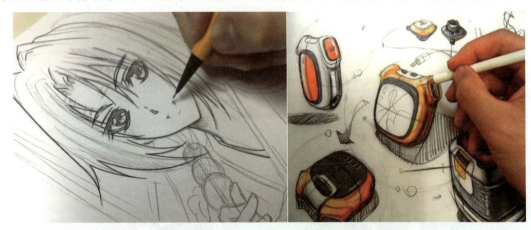

图1-2　纸质手绘

无纸动画采用"数位板（压感笔）＋计算机＋绘图软件"的全计算机制作流程，如图1-3所示。无纸动画省去了传统动画中如扫描、逐格拍摄等步骤，而且简化了中期制作的工序，画面易于修改，上色方便，这样就大大提高了动画制作的效率。

图1-3　无纸手绘

1.1.3　三维动画的概念

三维动画系统的研究始于20世纪70年代，其发展与二维动画相似，都是由最初的动画程序语言描述进化而来的。与二维动画的制作工艺和流程相比，三维动画是更加依赖于计

角色动画制作（下）

算机软硬件技术的制作手段，同时也具有更为复杂的制作工艺和流程。影视作品当中那些无比真实、令人震撼的动画特效，得益于三维动画制作水平的快速发展，而所谓三维动画是指在计算机模拟的三维空间内制作三维模型，指定好它们的动作（模型的大小、位置、角度、材质、灯光环境的变化），最后生成动态的视觉效果。

在计算机软件构筑的虚拟三维世界中，设计者可以塑造出任何需要的场景，近年来，随着计算机图形学技术、三维几何造型技术，以及真实感图形生成技术的发展，动画控制技术也得到飞速的发展。很多影视剧作运用了大量的三维动画技术，如《指环王》系列、《哈利波特》系列等，还有三维动画影片如《神偷奶爸》《冰河世纪》系列等都取得了不俗的票房成绩，如图1-4所示。

图1-4　电影《冰河世纪》画面

1.1.4　3ds Max的动画制作应用

Autodesk公司出品的3ds Max是当今世界三维动画领域中最优秀和强大的制作软件之一。传统动画和早期的三维动画，都是逐帧生成动画的模式，而3ds Max制作的动画是基于时间的动画，它能测量时间并将场景中对象的参数进行动画记录。在3ds Max中，只需要创建记录每个动画序列的起始、结束和关键帧，而这些关键帧被称作Keys（关键点）。关键帧之间的插值则会由3ds Max自动计算完成。最后通过渲染器完成每一帧的渲染工作，生成高质量的动画。

3ds Max的动画类型基本上可以分为基本动画、角色动画、动力学动画、粒子动画等。此外，动画还包括材质动画和摄像机动画。其中摄像机动画是指对象本身不发生变化，而是随摄像机的运动或焦距的调整使画面产生变化，许多建筑漫游和虚拟现实演示都使用了这项技术。

1. 基础动画

这是一类最简单的动画，通过 Auto Key（自动关键点）或 Set Key（设置关键点）按钮，来记录对象的移动、旋转或缩放等过程，也可以将修改器对象的过程设置为动画，如"弯曲"修改器、"锥化"修改器等。

2. 骨骼动画

骨骼动画是一套完整的动画制作流程，主要用于模拟人物或动物的动画效果，制作比较复杂，涉及正向运动、反向运动、骨骼系统、蒙皮、表情变形等各种操作。3ds Max集成的Character Studio（CS）高级人物动作工具套件为角色动画提供了强大的便利条件，如图1-5所示。

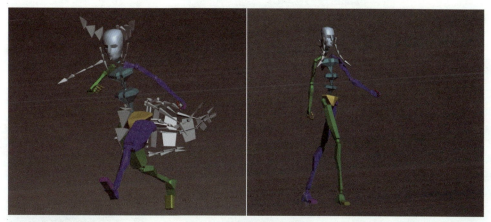

图1-5　CS系统的Biped

3. 动力学动画

基于物理算法的特性，来模拟物体的受力、碰撞、变形等动画效果，多用于影视特效的制作，如图1-6所示。

图1-6　物理特效

4.粒子动画

基于粒子系统生成的动画效果,主要用于模拟雪花、雨滴、烟雾、流水等,如图1-7所示。其中,粒子流是全新的事件驱动的粒子系统,允许自定义粒子的行为,能够制作出一些更为灵活的粒子特效,使3ds Max在粒子动画方面的功能更加强大。

图1-7 烟雾特效

1.1.5 动画在游戏中的应用

动画,其本质是将制作好的影片通过某种终端设备进行传输的视觉技术,也就是现在大家比较熟悉的动漫动画。好的动画,可以和观众之间产生强烈的互动和联系,让人津津乐道和难以忘怀,进而受到教育和启迪。从这一点来说,无论是传统动画,还是计算机动画,包括游戏动画,都具备上述特点。

游戏动画属于计算机动画,但它与其他动画形式的不同之处在于前者的制作原理是实时动画,是用计算机算法来实现物体的运动。而后者运用原理为逐帧动画技术,即通过关键帧显示动画的图像序列而实现运动的效果。

我们知道,游戏动画主要是战斗场景的动画,受到游戏引擎的限制,每个角色的动作时间不能太长。而且帧速率(FPS)也受到很大的影响,一般对于计算机游戏来说,每秒40帧~60帧是比较理想的,手机游戏在每秒20帧左右。如果FPS太低,游戏中的动画就容易产生跳跃或停顿的现象。因此,在制作游戏动画时,不像其他动画形式那样,充满丰富的想象力,而是要严格按照程序设定的要求,在条件允许的范围内进行制作。所以游戏动画大多以简单的动作（攻击、走、跑、跳、死亡、被攻击等）为主。不过有了软件技术的帮助，游戏动画中的特效和环境氛围弥补了动作的单调，在整体观赏性上仍然比较出色，如图1-8所示。

图1-8　游戏场景截图

同时，由于玩家常常在游戏中控制自己扮演的角色，进而增加了游戏代入感，让玩家置身游戏中，带给玩家身临其境的奇妙体验，如图1-9所示。这是其他动漫形式难以具备的优势。

图1-9　游戏场景截图

1.2 关键帧动画

关键帧动画是最基础的动画，是通过在不同的时间上记录对象的变化参数来实现的动画。关键帧动画是所有动画的基础，掌握了关键帧动画可为角色动画的制作打下良好的基础。

1.2.1 动画的帧

从原理上来说，动画是基于人的视觉原理创建的运动图像，在一定时间内连续快速观看一系列相关联的静止画面时，会感觉成连续动作，每个单幅画面被称为帧（Frame），它也是动画时间的基本单位，如图1-10所示。

图1-10　帧是构成动画的单幅画面

3ds Max制作动画的过程是首先确定动画的时间范围是多少帧，然后在不同的时间点设置关键帧，接着由软件在每两个关键点之间自动进行插值计算，在关键点之间插补动画帧，从而使整个动画过程变得流畅、自然。

由于动画视频的播放标准不同，目前世界上有3种视频播放格式，分别是NTSC（美国电视系统委员会）格式、PAL格式和电影格式。NTSC格式是美国、加拿大、日本以及大部分南美国家所使用的标准，帧速率为每秒30帧；PAL格式是中国、欧洲以及澳大利亚等国家和地区使用的标准，帧速率为每秒25帧；电影格式的帧速率为每秒24帧。这时，我们只要在3ds Max中单击 Time Configuration（时间配置）按钮，设置好动画播放标准，就可以解决播放标准和帧动画之间的对应问题。

1.2.2 帧的设置与编辑

关键帧动画是最基础的动画，它是通过动画记录器来记录动画的各个关键帧。在3ds Max中有两种创建关键帧的方法，分别是使用自动关键帧模式和使用设置关键帧模式。在介绍这两种方法之前，先来学习一下如何使用动画的时间控制器。

1. 时间控制器

动画是指在一定时间段内连续快速播放一系列静止的图像。在3ds Max中，单击 Time Configuration（时间配置）按钮，打开Time Configuration（时间配置）对话框，如图1-11所示。在该对话框中可以为动画选择合适的帧速率、时间显示方式、设置时间段等。

图1-11　Time Configuration（时间配置）对话框

1）帧速率选项区域

帧速率选项区域提供了NTSC、PAL、Film、Custom 4种帧速率形式，可以根据实际情况为动画选择合适的帧速率。

2）播放选项区域

播放选项区域用于选择动画播放的形式。

● Real Time（实时）：启用该选项，将会使视口播放跳过帧，以便与当前帧速率设置保持一致。共有5种播放速度，x表示倍数关系，例如，2x表示原有速率的2倍。如果禁用该选项，视口将会逐帧播放所有的帧。

● Active Viewport Only（仅活动视口）：启用该选项，动画播放将只在活动视口中进行；如果禁用该选项，动画播放将在所有视口中进行。

● Loop（循环）：禁用Real Time（实时）选项，同时启用该选项，动画将循环播放；两个同时禁用，动画将只播放一次。

● Direction（方向）：用于设置动画播放方式，向前播放、往回播放与重复播放。

3）时间显示选项区域

时间显示选项区域指定时间滑块及整个动画中显示时间的方法，有Frames（帧）、SMPTE、Frames（帧）：TICK和MM（分）：SS（秒）：TICK4种格式。

4）动画选项区域

● Start Time（开始时间）/End Time（结束时间）：设置在时间滑块中显示的活动时间段。例如，可以将开始时间设置为0，结束时间设置为150，那么活动时间段就是从0帧到150帧。

● Length（长度）：显示活动时间段的帧数。

● Frame Count（帧数）：显示将要渲染的帧数，它的值始终是长度数值加1。

角色动画制作（下）

● Current Time（当前时间）：用于指定时间滑块的当前帧，如果重新输入值的话，会自动移动时间滑块，视口也将自动更新。

● Re-scale Time（重缩放时间）：单击该按钮，将会打开 Re-scale Time（重缩放时间）对话框，如图 1-12 所示。

图 1-12　Re-scale Time（重缩放时间）对话框

5）关键点步幅选项区域

关键点步幅选项区域主要在关键点模式下使用，通过该选项区域，可以实现在任意关键点之间跳动。

● Use TrackBar（使用轨迹栏）：使用关键点模式能够遵循轨迹栏中的所有关键点，要使下面的选项可用，必须禁用该选项。

● Selected Objects Only（仅选定对象）：在关键点模式下，仅考虑选定对象的变换。

● Use Current Transform（使用当前变换）：选中该复选框，将会禁用下面的【位置】、【旋转】、【缩放】选项，时间滑块将会在所选对象的所有变换帧之间跳动。例如，在主工具栏中单击【旋转】按钮，则将在每个旋转关键点停止。

● Position（位置）、Rotation（旋转）、Scale（缩放）：指定关键点模式下所使用的变换。

2. 使用自动关键帧模式

利用 Auto Key（自动关键点）按钮设置关键帧动画是最基本的，也是最常用的动画制作方法，通过启动 Auto Key（自动关键点）按钮开始创建动画，然后在不同的时间点上更改对象的位置、角度或大小，或者更改任何相关的设置参数，都会相应地自动创建关键帧并存储关键点值。在通过实例介绍其具体用法之前，先来学习一下相关按钮的用法，如图 1-13 所示。

图 1-13　时间标尺与相关按钮

● 时间滑块：最上面时间标尺上的长方体滑块，用于显示当前帧，或者通过移动它转到活动时间段的任何位置。

● AutoKey（自动关键点）、SetKey（设置关键点）：用于创建关键点动画，选择相应的创建模式，相应按钮会变为红色显示。

● SetKey（设置关键点）：配合在设置关键点模式下创建动画时使用。当该按钮变为红色时，就在单击该按钮的相应时间点上创建了关键帧；如果不单击该按钮，对象在该时间点上的动作会丢失。

● Key Filters（关键点过滤器）：用于对对象的轨迹进行选择性的操作。

3. 使用设置关键帧模式

设置关键点动画是相对于3ds Max原有的自动关键点动画模式而言的，是一种新的动画模式，原有的动画是由一直向前制作动画的方法来创建，也就是从开始处设置帧后连续地不断增加帧，时间上一直向前移动。这种方式的缺点在于如果改变想法，可能就要放弃整个已有的创建。

设置关键点动画模式可以实现Pose-to-Pose（姿态到姿态）的动画，Pose也就是角色在某个帧上的形态，可以先在一些关键帧上设置好角色的姿态，然后再在中间帧进行修改编辑，中间帧的修改不会破坏任何姿态。

设置关键点模式和自动关键点模式的区别在于：在自动关键点模式下，移动时间滑块，在任意时间点上所做出的任何修改变换都将被记录为关键帧，当关闭该按钮时，则不能再创建关键帧，此时对于对象的全部更改都将应用到动画中。在设置关键点模式下，使用轨迹视图和 Auto Key （自动关键点）按钮可以决定在哪些时间上设置关键帧，一旦知道要对什么对象在什么时间点上设置关键帧，就可以在视图中调整姿势，如变换对象、更改参数等。

4. 编辑关键帧

在创建关键帧动画时，可以在轨迹栏上对关键帧进行选择、移动、复制、删除和选择运动类型等编辑操作。

在轨迹栏上可显示当前已选定的一个或几个对象的关键帧标记，每个标记可表示几个不同的关键帧，单击该标记可选择该关键帧，此时标记变为白色，左右拖动标记可移动所选定的关键帧的时间位置。按住Ctrl键，多次单击标记可选择多个关键帧。按住Shift键的同时左右拖动标记，可复制所选定的关键帧。按下Delete键，可删除所选定的关键帧。

在关键帧标记上右击，可弹出快捷菜单，如图1-14所示。

图1-14　关键帧编辑快捷菜单

快捷菜单命令说明如下。

Delete Key（删除关键点）：用于删除所选定的关键帧。

Filter（过滤器）：过滤关键帧。

Configure（配置）：用于关键帧的相关配置。

Go to Time（转至时间）：将时间轴滑块移到所选定的关键帧位置。

角色动画制作（下）

1.2.3 关键帧动画制作实例

1. 关键帧动画制作实例——小球撞门

（1）启动3ds Max软件，在"顶"视图中创建一个球体和一个长方体，然后选中长方体，复制出新的长方体。使用 Select and Scale（选择并缩放）工具将其缩放成门框；接着使用 Select and Move（选择并移动）工具将门框的位置摆好，再移动小球到门的前面，如图1-15所示。

（2）单击 Time Configuration（时间配置）按钮，并在弹出的Time Configuration（时间配置）对话框中设置"播放速度"为2x，动画时间为20帧，如图1-16所示。

图1-15 创建球体和门

图1-16 设置播放速度和动画时间

（3）拖动时间滑块到第0帧，框选所有的模型，先单击 Set Key（设置关键点）按钮，为模型设置关键点，再激活 Auto Key（自动关键点）按钮，进入动画模式，如图1-17所示。然后拖动时间滑块到第5帧，使用 Select and Move（选择并移动）工具移动小球到门前的动作，如图1-18所示；再选中门的模型，将门在第0帧的关键帧复制到第5帧，拖动时间滑块到第20帧，调节小球撞过门的动作，如图1-19所示。

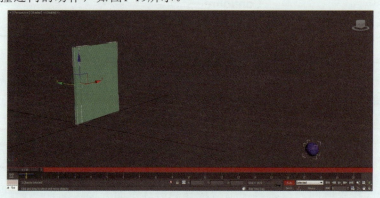
图1-17 为模型设置关键点

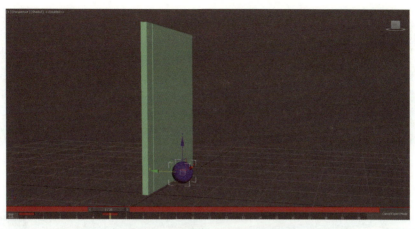

图1-18 记录小球撞门的动作

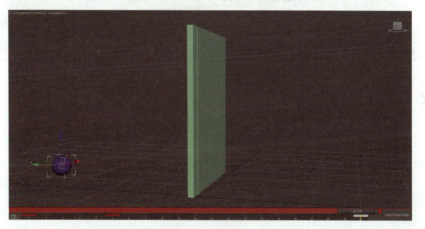

图1-19 记录小球撞过门的动作

（4）拖动时间滑块到第6帧，使用 Select and Move（选择并移动）工具调整门被小球撞开的动作，如图1-20所示。然后拖动时间滑块到第8帧，调整门弹回的动作，再拖动时间滑块到第11帧，调整门惯性弹回的动作，如图1-21所示。

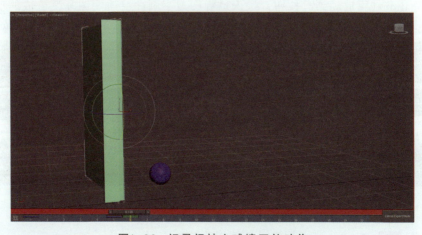

图1-20 记录门被小球撞开的动作

角色动画制作(下)

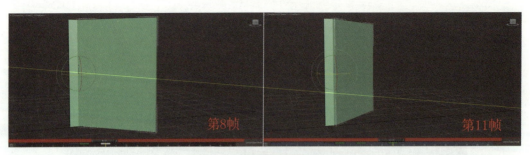

图1-21 记录门的惯性动作

(5)拖动时间滑块到第14帧、第17帧、第20帧,设置门的惯性动作,如图1-22所示。

图1-22 记录小球弹起的动作

(6)小球撞门动画的关键帧就设置完成了。单击播放动画按钮,预览动画。

2.关键帧动画制作实例——创建材质贴图渐变关键帧动画

(1)在"顶"视图中创建1个半径为30、高度为100、段数为6的圆柱。然后确认时间滑块在第0帧,再单击动画控制区中的 Auto Key (自动关键帧)按钮,开启动画模式。接着按M键,打开材质编辑器,选择一个样本球,将Vector Map(向量贴图)材质贴图赋予圆柱。

(2)拖动时间轴滑块至第100帧。在材质编辑器中选择另一个样本球,设置Vector Map(向量贴图)材质贴图。在"坐标"卷展栏的"角度"选项组中的W文本框中输入90,将其赋予圆柱。

(3)单击材质编辑器的水平工具栏中的 ◎(在透视图中显示贴图)按钮。然后单击 ▶ Play Animation(播放动画)按钮,进入透视图观察圆柱材质贴图渐变生成的动画。效果如图1-23所示,分别显示第0帧、第25帧、第50帧、第75帧和第100帧材质贴图的变化情况。

图1-23 圆柱材质贴图的渐变动画

(4)单击 Auto Key (自动关键帧)按钮,关闭动画模式。

14

1.3 动画控制器

在设计物体的动画时,通过关键帧来记录物体的基本运动方式,关键帧之间的过渡动画则由系统通过自动的插值计算生成。但要精确控制物体的运动规律,比如变换运动速率,就需要借助动画控制器来处理。

1.3.1 控制器简介

动画控制器是处理所有动画值的存储和插值的插件,它的作用包括存储动画关键帧的值、存储程序动画设置、在动画关键帧之间进行插值等。在3ds Max中,默认控制器包括位置控制器——Position、旋转控制器——Euler和缩放控制器——Bezier。

1. 动画控制器的分类

动画控制器分为以下类别。

浮点控制器:用于设置浮点值的动画。

Point3控制器:用于设置三组件值的动画,如颜色或三维点。

位置控制器:用于设置对象和选择集位置的动画。

旋转控制器:用于设置对象和选择集旋转的动画。

缩放控制器:用于设置对象和选择集缩放的动画。

变换控制器:用于设置对象和选择集常规变换(位置、旋转和缩放)的动画约束控制器。强行使对象与目标对象保持连接,强制动画对象沿某条路径、某个表面、某个方向或固定在某个物体上进行运动。

2. 访问动画控制器

在3ds Max中,提供了3种访问动画控制器的方式,即Motion(运动)面板、Track View(轨迹视图)和Animation(动画)菜单。

Motion(运动)命令面板包括Trajectories(轨迹)和Parameters(参数)两个选项。其中Trajectories(轨迹)用于编辑轨迹线和关键点;Parameters(参数)用于分配动画控制器、创建和删除关键点。

选择Motion(运动)面板,单击Parameters(参数)按钮,即可进入参数控制区界面,如图1-24所示。参数控制区包含了多个卷展栏,可用于动画的参数控制。

图1-24 运动面板参数界面

3. 查看控制器类型

在Dope Sheet（摄影表）和Motion（运动）命令面板中查看指定参数的控制器类型。在Truck View（轨迹视图）中查看控制器类型之前，首先要在Dope Sheet（摄影表）工具栏上，单击 Filters（过滤器）按钮，然后在弹出的Filters（过滤器）对话框的Show（显示）选项组中，勾选Controller Types（控制器类型）复选框，如图1-25所示。接着在"层次"视图中就可以看到控制器类型名称，如图1-26所示。另外，在Motion（运动）命令面板的"参数"模式下总是显示选定对象的控制器类型，如图1-27所示。

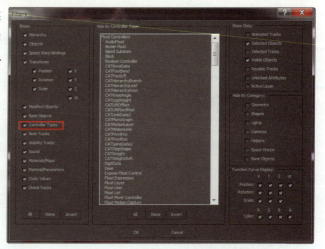

图1-25 开启"控制器类型"选项

图1-26 在"层次"视图中查看控制器

图1-27 在Motion（运动）命令面板中查看控制器

1.3.2 更改控制器属性

某些控制器，如程序控制器，将不创建关键帧。对于这些类型的控制器，可以通过编辑控制器属性来分析和更改动画。在可以更改动画值的位置，这些控制器会显示属性对话框。控制器类型确定控制器是否显示属性对话框，以及显示哪些类型的信息。

1. 更改控制器属性

某些控制器不使用关键点，而是使用影响整个动画的属性对话框。此类控制器通常是参数控制器如Noise（噪波）或复合控制器如List（列表）。要查看控制器属性，可以在Curve Editor（曲线编辑器）中查看控制器属性，也可以在Motion（运动）命令面板中查看某些变换控制器的全局属性。另外，还可以从轨迹栏中查看控制器的属性。方法是右击任意关键点并选择Controller Properties（控制器属性）命令。

2. 更改控制器关键点信息

要查看和更改控制器关键点信息，在Curve Editor（曲线编辑器）中右击所选关键点可显示"关键点信息"对话框，如图1-28所示。

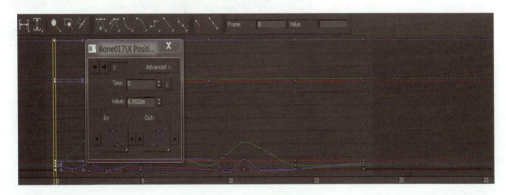

图1-28 显示关键点信息

如果选择了多个关键点，"关键点信息"对话框中将显示所有所选关键点的公共信息。包含值的字段位置表示该值通用于所有被选择的关键点。空白位置表示关键点不同，值也不同，如图1-29所示。

图1-29 显示多个关键点信息

用户也可以在Motion（运动）命令面板中查看变换控制器的关键点信息。首先选择一个对象，在Motion（运动）命令面板中，单击"参数"按钮，然后单击"参数"卷展栏中的"位置""旋转"或"缩放"，如果变换控制器使用关键点，"关键点信息"卷展栏将显示在"参数"卷展栏下方。

1.3.3 控制器指定

当创建了对象后，进入Motion（运动）命令面板，展开Assign Controller（指定控制器）卷展栏。该卷展栏用于给对象的运动轨迹指定动画控制器。该卷展栏为一个列表框，以目录层级结构的形式显示当前加载在对象轨迹上的动画控制器，如图1-30所示。

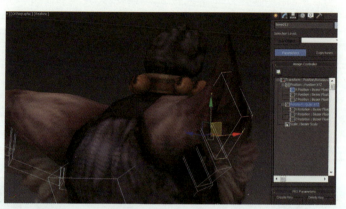

图1-30 指定控制器

在列表框中列出了Transform（变换），以及下一层级的Position（位置）、Rotation（旋转）和Scale（缩放）3个项目。在每个项目的"："后面是系统指定的默认动画控制器。Position（位置）为Position XYZ控制器，Rotation（旋转）为Euler XYZ控制器，Scale（缩放）为Bezier Scale控制器。

当需要为对象指定其他控制器时，可激活其中一种变换类型，再单击列表上方的 Assigh Controller（指定控制器）按钮，可弹出动画控制器选择对话框，如图1-31中A所示。在该对话框中列举出了与运动变换类型相匹配的所有可供选择的动画控制器类型选项。选择其中一个选项，单击OK按钮后，即可把该动画控制器指定给对象，此时，被指定的动画控制器出现在Assign Controller卷展栏的列表框中，如图1-31中B所示。

图1-31 指定其他类型控制器

此外，在轨迹视图中也可以指定动画控制器。其方法是：在轨迹视图项目窗口中选择一种变换类型，然后右击，在弹出的快捷菜单中选择Assign Controller（指定控制器）命令，接着在弹出的"指定控制器"对话框中选择要指定的动画控制器，如图1-32所示。

图1-32 在轨迹视图中指定控制器

使用"Animation动画"菜单也可以指定控制器。其方法是：选择一个对象，然后执行"Animation动画|Position Controllers位置控制器"菜单命令，接着在弹出的子菜单中选择一个控制器，如图1-33所示。

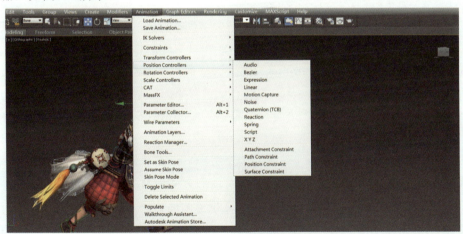

图1-33 在动画菜单中指定控制器

1.3.4 常用动画控制器

在几大类动画控制器中，每一类又包括多种不同子类型的动画控制器。可以通过Assign Controller（指定控制器）卷展栏中的动画控制器选择对话框来指定这些动画控制器，也可以通过Animation（动画）子菜单命令来实现。常用的动画控制器及其功能如下。

● Path Constraint Controller（路径约束控制器）：使运动对象沿样条曲线进行运动。通常在对象沿特定路径运动但不发生形变时使用。

● Euler XYZ Controller（欧拉XYZ控制器）：将旋转控制分解为X、Y、Z子项目，对3个轴向的旋转分别控制，可对每个轴向指定其他动画控制器，以精确控制其旋转轨迹。

● Bezier Position Controller（贝塞尔位置控制器）：系统默认的位置移动控制器，也是应用最广泛的控制器。

● Noise Position Controller（噪声位置控制器）：对运动的位置产生一个随机值，可使物体以随机的形式进行抖动。

● Position/Rotation/Scale Controller（位置/旋转/缩放控制器）：系统默认的一种控制器。它将变换控制分为Position（位置）、Rotation（旋转）、Scale（缩放）3个子控制项目，可分别指定各自不同的动画控制器。

● TCB Position Controller（TCB位置控制器）：通过结合Tension（张力）、Continuity（连续性）和Bias（偏移）控制器来对关键点之间的运动进行控制。

● Attachment Constraint Controller（附属物约束控制器）：将一个对象附属于另一个对象的表面。若目标对象表面发生变化，附属对象也将发生相应的变化。该控制器可用于制作一个物体在另一个物体表面移动的效果。

● Audio Position Controller（音频位置控制器）：通过声音的频率和振幅来控制运动对象的移动节奏。

● Block Controller（群组控制器）：将多个对象的轨迹组合成一个独立的群组，该群组可以重新制作动画进行总体编辑，既可以制作相对动画，也可以制作绝对动画。

● Position Motion Capture Controller（位置运动捕捉控制器）：可使用鼠标或键盘等外部设备动态捕捉对象的运动轨迹，从而控制和记录对象的运动。

● Script Controller（Scrip描述语言控制器）：使用Max Scrip编程语言对对象运动进行控制。

● Smooth Rotation Controller（平滑旋转控制器）：使对象产生平滑旋转的效果。

● Surface Controller（表面控制器）：使对象沿另一个对象的表面进行运动。

● Waveform Controller（波形控制器）：提供规则的周期性的波形来控制对象的运动，可用于时间段内波形效果的控制，常用来制作闪烁的发光物体。

● IK Controller（反向控制器）：主要用于反向运动的控制。在Bones（骨骼）系统创建的同时，该控制器将被自动指定给每一根骨骼，用户可对每一根骨骼进行编辑。

1.4 动画约束

除了控制器外，3ds Max中还可以使用约束来设置动画。这些约束类型在"动画"｜"约束"

菜单中。约束类型包括Attachment（附着）、Surface（表面）、Path（路径）、Link（链接）、Position（位置）、Orientation（方向）和LookAt（注视），如图1-34所示。打开"运动"命令面板或者"轨迹视图"指定控制器时，会看到这些约束出现在可用控制器的列表中，如图1-35所示。因此，用户可以把约束列为控制器的一种。

图1-34　约束菜单　　　　图1-35　控制器列表中的约束

> 提示：如果使用"动画"|"控制"子菜单指定控制器，随着选定控制器应用到列表控制器下方，列表控制器将自动应用到对象。这和那些经"运动"命令面板指定的控制器不同。

Constraint Controller（约束控制器）用于强制运动对象与其他目标对象保持连接，强制动画对象沿某一条路径、某一个对象表面、某一个方向或固定在某一个运动对象上进行运动。这里所说的约束是指强制对象的某种运动。

Path Constraint Controller（路径约束控制器）是约束控制器中的一种，也是三维动画设计中常用的一种动画控制器之一。其功能是使动画对象沿给定的轨迹进行运动。例如，设置飞机沿着预定跑道起飞的动画，其运行轨迹就应该通过路径约束控制器进行约束。除Path Constraint Controller（路径约束控制器）外，约束控制器还包括以下子类型。

● Attachment Constraint Controller（附加约束控制器）：将一个对象连接到另一个目标对象的表面。通过在不同关键点指定不同的附属控制器，可制作出一个物体在另一个物体表面移动的效果。若目标物体表面发生变化，则该物体也随之发生相应的变化。

● Surface Constraint Controller（曲面约束控制器）：使一个动画对象随另一个动画对象的边面进行运动。

● Position Constraint Controller（位置约束控制器）：将目标对象的位置强行绑定在运动的对象上。

●Link Constraint Controller（链接约束控制器）：将某个对象指定链接到另一个对象上，使运动中的两个对象成为一个整体。对象的运动将带动被链接对象的运动。从链接层次上看，被链接的对象成为该对象的子对象。在3ds Max中有多种方法可实现两个物体的链接。

●Look At Constraint Controller（注视约束控制器）：强制对象朝向被注视对象，当被注视对象发生变化时，在注视约束控制器作用下的对象将不断地改变自身的位置或角度，以保持其注视状态。使用该控制器时需要先创建一个虚拟物体作为控制器的目标，使动画对象在运动中一直注视该虚拟物体，然后再设置虚拟物体的动画，以实现动画对象的复杂运动。

●Orientation Constraint Controller（方向约束控制器）：使一个动画对象的运动方向强制锁定到另一个对象上。

1.5 轨迹视图

使用"轨迹视图"，可以对创建的所有关键点进行查看和编辑。另外，还可以指定动画控制器，方便插补或控制场景对象的所有关键点和参数。

1.5.1 认识轨迹视图

要打开轨迹视图，可以在菜单栏上打开Graph Editors（图形编辑器）菜单，然后选择Track View（轨迹视图）的两种不同模式，即Curve Editor（曲线编辑器）和Dope Sheet（摄影表）。"曲线编辑器"模式可以将动画显示为功能曲线，如图1-36所示。"摄影表"模式可以将动画显示为关键点和范围的电子表格，关键点是带颜色的代码，便于辨认，如图1-37所示。

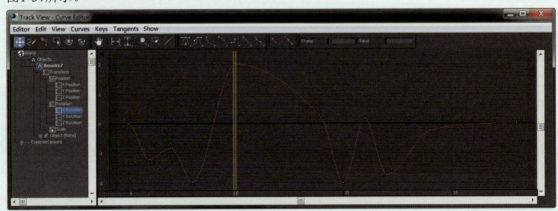

图1-36　轨迹视图——曲线编辑器

图1-37　轨迹视图——摄影表（编辑关键点）

1.5.2 轨迹视图的功能与操作

从图1-37中可以看出，轨迹视图基本上分4个部分，即菜单栏、工具栏、控制器窗口和关键点窗口；另外，还有底部的时间标尺、导航工具、状态工具等。下面详细介绍它们的作用。

1．菜单栏

1）Editor（编辑器）菜单

该菜单主要用于Curve Editor（曲线编辑器）和Drop Sheet（摄影表）之间进行选择和切换。

2）Edit（编辑）菜单

该菜单提供用于调整动画数据和使用控制器的工具。

● Copy（复制）：将所选控制器轨迹的副本放到"轨迹视图"缓冲区中。

● Paste（粘贴）：将"轨迹视图"缓冲区中的控制器轨迹复制到另一个对象或多个对象的选定轨迹上。可选择粘贴为副本或实例。

● Transformation Tool（变换工具）：此子菜单提供了用于移动和缩放动画关键点的工具。

△ Move Keys Tool（移动关键点工具）：在"曲线编辑器"中，垂直（值）或水平（时间）移动关键点；在"摄影表"中，仅在时间方向上移动关键帧。

△ Scale Keys Tool（缩放关键点工具）：按比例增加或减小选定关键点的计时。

△ Scale Time（缩放时间）：（仅限于摄影表）缩放选定轨迹在特定时间段内的关键点。

△ Scale Vaules（缩放值）：（仅限于曲线编辑器）按比例增加或减少选定关键点的值，与"缩放值原点滑块"结合使用。

△ Region Keys Tool（区域关键点工具）：（仅限于曲线编辑器）在矩形区域内移动和缩放关键点。

△ Retime Tool（重定时器工具）：仅限于曲线编辑器。

△ Retime All Tool（对全部对象重定时工具）：仅限于曲线编辑器。

● Snap Keys（捕捉帧）：启用后，关键点总是捕捉到帧；禁用后，可以将关键点移动到子帧位置。

● Controller（控制器）：此子菜单提供了用于使用动画控制器的工具。

△ Assign（指定）：用于为所有高亮显示的轨迹指定相同的控制器。

△ Delete（删除）：用于删除无法替换的特定控制器（"可见性轨迹""图像运动模糊倍增""对象运动模糊""启用/禁用"）。

△ Collapse（塌陷）：将程序动画轨迹（如"噪波"）转换为Bezier、Euler、Linear或TCB关键帧控制器轨迹，还可以使用它，将任何控制器转化为以上类型的控制器。使用"采样"参数可减少关键点。

△ Keyable（可设置关键点）：切换高亮显示的控制器轨迹接收动画关键点的能力。若要查看轨迹是否为可设置关键点，可启用显示可设置关键点的图标。

△ Enable Anim Layer（启用动画层）：将"层"控制器指定给"控制器"窗口中每个高亮显示的轨迹。

△ Ignore Animation Range（忽略动画范围）：忽略选定控制器轨迹的动画范围。设置该选项后，轨迹的活动不受其范围的限制，并且其背景颜色会变化。

△ Respect Animation Range（考虑动画范围）：考虑选定控制器轨迹的动画范围。设置该选项后，轨迹在其范围内活动。

△ Make Unique（使唯一）：用于将实例控制器转化为唯一控制器。如果一个控制器已实例化，更改它会影响已复制它的所有位置；如果该控制器唯一，则对它的更改不会影响其他任何控制器。

△ Out Of Range Types（超出范围类型）：用于将动画扩展到现有关键帧范围外，主要用于循环和其他周期动画，而无须复制关键点。

● Properties（属性）：显示"属性"对话框，从中可访问关键点插值类型。不同控制器类型在此处提供独特选项。例如，"位置 XYZ"控制器提供"快速""慢速""线性""平滑""阶跃""Bezier"和"自动切线"作为关键点选项，而TCB控制器不显示以上任何控件。对于部分控制器，这是访问动画参数的主要方法。

● Note Track（注释轨迹）：用于向场景中添加或从场景中移除注释轨迹。可以使用注释轨迹将任何类型的信息添加到轨迹视图中的轨迹。

● Visibility Track（可见性轨迹）：用于向场景中的对象添加或从场景中的对象移除可见性轨迹。通过启用"自动关键点"时在"对象属性"对话框中更改可见性参数，还可以设置可见性的关键帧。

● Track View Utilities（轨迹视图工具）：打开一个对话框，从中可以访问许多有用工具。

3）View（视图）菜单

该菜单将在"摄影表"和"曲线编辑器"模式下显示，但并不是所有命令在这两个模式下都可用。其控件用于调整和自定义"轨迹视图"中项目的显示方式。

● （选定关键点统计信息）：在功能曲线窗口中，切换选定关键点的统计信息的显示（仅限于曲线编辑器）。关键点的统计信息通常包括帧数和值。此选项非常有用，因为仅显示所使用关键点的统计信息。

● （全部切线）：在"曲线编辑器"中，切换所有关键点的切线控制柄的显示。禁用后，仅显示选中关键点的控制柄。

● （交互式更新）：控制在"轨迹视图"中编辑关键点是否实时更新视口。在某些情况下禁用"交换式更新"可以快速播放动画。

● （帧）：此子菜单提供了用于缩放到水平或垂直范围的工具。

△ Frame Horizontal Extents（框显水平范围）：缩放到活动时间段。

△ Frame Horizontal Extents Keys（框显水平范围关键点）：缩放以显示所有关键点。

△ Frame Vaule Extents（框显值范围）：（仅限于曲线编辑器）在垂直方向调整"关键点"窗口的视图放大值，以便可以看到所有可见曲线的完全高度。此选项在"导航"工具栏上显示为框显值范围。

△ Frame Vaules（帧值）：（仅限于曲线编辑器）启动一个模式，以手动调整"关键点"窗口的垂直放大值。向上拖动可进行放大，向下拖动可进行缩小。此选项在"导航"工具栏上显示为缩放值。

● Navigate（导航）：此子菜单提供了用于平移和缩放"关键点"窗口的工具。

Pan（平移）：用于移动"关键点"窗口的内容。

Zoom（缩放）：用于更改"关键点"窗口的放大值。

Zoom Region（缩放区域）：用于缩放为矩形区域。

● Show Custom Icons（显示自定义图标）：启用时，"层次"列表中的图标显示为经过明暗处理的3D样式，而非2D样式。

● Keyable Icons（可设置关键点的图标）：切换每个轨迹的关键点图标，该图标指示并用于定义轨迹是否可设置关键点，以及是否可以记录动画数据。红色关键点图标表示可设置关键点的轨迹，而黑色关键点图标则表示不可设置关键点的轨迹。

● Lock Toggle Icons（锁定切换图标）：切换每个轨迹指示并允许定义轨迹是否锁定的锁定图标。启用"锁定切换图标"后，可以单击图标切换轨迹的锁定状态。锁定轨迹可防止操纵该轨迹控制的数据（如位置动画）。

● Filters（过滤器）：提供用于过滤"轨迹视图"中显示内容的控件，提供大量用于显示、隐藏和显示数据的选项。

4）Curves（曲线）菜单

在"曲线编辑器"和"摄影表"模式下使用"轨迹视图"时，可以使用"曲线"菜单，但在"摄影表"模式下，并非该菜单中的所有命令都可用。此菜单上的工具可加快曲线调整。

● Isolate Curve（隔离曲线）：仅切换含有选定关键点的曲线显示。多条曲线显示在"关键点"窗口中时，使用此命令可以简化显示。此命令也可以在"关键点"窗口右击菜单上找到。

● Simplify Curve（简化曲线）：减小曲线的关键点密度。

● Apply Multiplier Curve（应用增强曲线）：对选定轨迹应用曲线，使用户可以影响动画强度。

角色动画制作（下）

●Apply Easy Curve（应用减缓曲线）：对选定轨迹应用曲线，使用户可以影响动画计时。

●On/Off Easy Curve/Multiplier（启用/禁用减缓曲线/增强曲线）：启用或禁用减缓曲线和增强曲线。

●Remove Easy Curve/Multiplier（移除减缓曲线/增强曲线）：删除减缓曲线和增强曲线。

●Easy Curve Out Of Range Types（减缓曲线超出范围类型）：将减缓曲线应用于"参数超出范围"关键点。

●Multiplier Curve Out Of Range Types（增强曲线超出范围类型）：将增强曲线应用于"参数超出范围"关键点。

5）Keys 关键点菜单

通过"关键点"菜单上的命令，可以添加动画关键点，然后将其对齐到光标并使用软选择变换关键点。

●Add Key Tools（添加关键点工具）：在"曲线编辑器"或"摄影表"中添加关键点。激活"添加关键点工具"之后，单击曲线（在"曲线编辑器"中）或轨迹（在"摄影表"中），以在该位置添加关键点。在这两种模式中，可以通过单击后进行水平拖动来更改计时。或者，在"曲线编辑器"中，可以单击曲线后进行垂直拖动来更改值。

●Use Soft Select（使用软选择）：当该选项处于活动状态时，变换影响与关键点选择集相邻的关键点。在"曲线"和"摄影表"编辑关键点模式上可用。

●Soft Select Settings（软选择设置）：作为工具栏打开"软选择"对话框时，默认情况下将其停靠在"轨迹视图"窗口的底部，使用控件切换软选择并调整软选择的范围和衰减。

●Align to Cursor（对齐到光标）：按比例增加或减少关键点值（在空间中，而不是在时间中），与"缩放值原点滑块"结合使用。

6）Time（时间）菜单（仅限于摄影表）

使用"时间"菜单上的工具可以编辑、调整或反转时间。只有在"轨迹视图"处于"摄影表"模式时才能使用"时间"菜单。这些工具也可以从"时间"工具栏中访问。

●Select（选择）：选择一个时间范围。

●Insert（插入）：将时间的空白周期添加到选定范围。

●Cut（剪切）：移除时间选择。

●Copy（复制）：复制时间选择，包括所选时间内的任何关键帧。

●Paste（粘贴）：复制已复制的选择或剪切的选择。

●Reverse（反转）：重新排列时间范围内关键点的顺序，将时间从后面翻转到开始。

7）Tangents 切线菜单

只有在"曲线编辑器"模式下操作时，"轨迹视图"｜"切线"菜单才可用。此菜单上的工具便于管理动画—关键帧切线。

●Break/Unify Tangents（断开/统一切线）：启用关键帧-切线共线性的切换。

●Lock Tangents Toggle（锁定切线切换）：启用后，用户可以同时操纵多个顶点的控制柄。

8）Show（显示）菜单

"显示"菜单包含如何显示项目以及如何在"控制器"窗口中处理项目的控件。

●Sync Cursor Time（同步光标时间）：将时间滑块移动到光标位置。

●Hide/Show Non—selected Curves（隐藏/显示未选定曲线）：这些互斥的命令隐藏或显示在"控制器"窗口没有高亮显示的轨迹功能曲线。

●Auto Expand（自动展开）：在"自动展开"子菜单中所做的选择将决定"控制器"窗口显示的行为。要通过一次单击禁用"自动展开"，请启用手动导航。然后忽略"自动展开"设置。

●Auto Select（自动选择）：提供一些切换，用于确定在打开"轨迹视图"窗口时高亮显示哪些轨迹类型或节点选择的变化。选项包括"动画""位置""旋转"和"缩放"。

●Track View—Auto Scroll（轨迹视图自动滚动）：此子菜单提供的选项可以控制摄影表和曲线编辑器中的"控制器"窗口的自动滚动。选中这些选项后，选择将显示在控制器窗口的顶部。

Selected（选定）：启用此选项后，"控制器"窗口将自动滚动，将视口选择移到该窗口的顶部。

Objects（对象）：启用此选项后，"控制器"窗口将自动滚动，显示场景中的所有对象。

●Manual Navigation（手动导航）："手动导航"暂时禁用"控制器"窗口的"自动..."功能并允许用户显示控制轨迹展开、塌陷、选择和滚动。

2．工具栏

工具栏中的按钮都是比较常用的，可以方便地编辑轨迹曲线和关键点。在曲线编辑器模式和"摄影表"模式下，工具栏中的按钮会有很大区别，首先来介绍一下"曲线编辑器"模式下的工具栏，如图1-38所示。

图1-38 "曲线编辑器"模式下的工具栏

●Move Keys（移动关键点）：在关键点窗口中水平和垂直、仅水平或仅垂直移动关键点。

●Draw Curve（绘制曲线）：绘制新运动曲线，或直接在功能曲线图上绘制草图来修改已有曲线。

●Add Keys（添加关键点）：在现有曲线上创建关键点。

●Region Keys Tool（区域关键帧工具）：在矩形区域内移动和缩放关键点。

角色动画制作（下）

● Retime Tool（重定时工具）：通过在一个或多个帧范围内更改任意数量轨迹的动画速率来扭曲时间，可以提高或降低任何动画轨迹上任何时间段内的动画速度。

● Retime All Tool（对全部对象重定时工具）：全局修改动画计时。

● Pan（平移）：用于移动"关键点"窗口的内容。

● Frame Horizontal Extents（框显水平范围）：缩放到活动时间段。

● Frame Horizontal Extents Keys（框显水平范围关键点）：缩放以显示所有的关键点。

● Frame Vaule Extents（框显值范围）：（仅限于曲线编辑器）在垂直方向调整"关键点"窗口的视图放大值，以便可以看到所有可见曲线的完全高度。

● Frame Vaules（帧值）：（仅限于曲线编辑器）启动一个模式，以手动调整"关键点"窗口的垂直放大值。向上拖动可进行放大，向下拖动可进行缩小。

● Zoom（缩放）：用于更改"关键点"窗口的放大值。

● Zoom Region（缩放区域）：用于缩放为矩形区域。

● Isolate Curve（隔离曲线）：仅切换含有选定关键点的曲线的显示。

以下为关键点切线工具。

● Set Tangents to Auto（将切线设置为自动）：按关键点附近的功能曲线的形状进行计算，选择关键点，然后单击此按钮可自动将切线设置为自动切线，也可用弹出按钮单独设置内切线和外切线为自动。

● Set Tangents to Spline（将切线设置为样条线）：将选择的关键点设置为样条线切线，使此关键点控制柄可以通过在"曲线"窗口中拖动进行编辑。用弹出按钮单独设置内切线和外切线。在使用控制柄时按Shift键中断使用。

● Set Tangents to Fast（将切线设置为快速）：将关键点切线设置为快速内切线、快速外切线或二者均有，这取决于在弹出按钮中的选择。

● Set Tangents to Slow（将切线设置为慢速）：将关键点切线设置为慢速内切线、慢速外切线或两者均有，这取决于在弹出按钮中的选择。

● Set Tangents to Stepped（将切线设置为阶越）：将关键点切线设置为慢速内切线、慢速外切线或两者均有，这取决于在弹出按钮中的选择。

● Set Tangents to Linear（将切线设置为线性）：将关键点切线设置为线性内切线、线性外切线或两者均有，这取决于在弹出中进行的选择。

● Set Tangents to Smooth（将切线设置为平滑）：将关键点切线设置为平滑。用它来处理不能继续进行的移动。

● Break/Unify Tangents（断开/统一切线）：启用关键帧-切线共线性的切换。

"摄影表"模式下的工具栏如图1-39所示。与"曲线编辑器"模式下的工具栏相比，切线工具部分变成了时间工具部分，曲线工具栏部分变成摄影表工具部分。

图1-39 "摄影表"模式下的工具栏

● Edit Keys（编辑关键点）：此模式在图形上将关键点显示为长方体。使用"编辑关键点"模式可移动、添加、剪切、复制和粘贴关键点。

● Edit Ranges（编辑范围）：显示"摄影表编辑器"模式，该模式在图形上将关键点轨迹显示为范围栏。

● Filters（过滤器）：可使用该选项确定在"控制器"窗口和"摄影表-关键点"窗口中显示的内容。

● Move Keys（移动关键点）：在关键点窗口中水平和垂直、仅水平或仅垂直移动关键点。

● Slide Keys（滑动关键点）：可在"摄影表"中使用滑动关键点来移动一组关键点，同时在移动时移开相邻的关键点。仅有活动关键点在同一控制器轨迹上。

● Add Keys（添加关键点）：在"摄影表"栅格中的现有轨迹上创建关键点。

● Scale Keys（缩放关键点）：可压缩或扩展两个关键帧之间的时间量。用户可以用在"曲线编辑器"和"摄影表"模型中，使用时间滑块作为缩放的起始点或结束点。

● Select Time（选择时间）：可以选择时间范围，时间选择包含时间范围内的任意关键点。

● Delete Time（删除时间）：从选定轨迹上移除选定时间，不可以应用到对象整体来缩短时间段。此操作会删除关键点，但会留下一个空白帧。

● Reverse Time（反转时间）：重新排列时间范围内关键点的顺序，将时间从后面往开始排列。

● Scale Time（缩放时间）：在选中的时间段内，缩放选中轨迹上的关键点。

● Insert Time（插入时间）：插入时间时插入一个范围的帧。滑动已存在的关键点来为插入的时间创造空间。

● Cut Time（剪切时间）：删除选定轨迹上的时间选择。

● Copy Time（复制时间）：复制选定的时间选择，以供粘贴用。

● Paste Time（粘贴时间）：将剪切或复制的时间选择添加到选定轨迹中。

● Lock Selection（锁定当前选择）：锁定关键点选择。一旦创建了一个选择，启用此选项就可以避免不小心选择其他对象。

● Snap Frames（捕捉帧）：限制关键点到帧的移动。打开此选项时，关键点移动总是捕捉到帧中；禁用此选项时，可以移动一个关键点到两个帧之间并成为一个子帧关键点。默认设置为启用。

- **Show Keyable Icons**（显示可设置关键点的图标）：显示可将轨迹定义为可设置关键点或不可设置关键点的图标。仅当轨迹在想要的关键帧之上时，使用它来设置关键点。在"轨迹视图"中禁用一个轨迹也就在视口中限制了此移动。红色关键点是可设为关键点的轨迹，黑色关键点是不可设为关键点的轨迹。
- **Modify Subtree**（修改子树）：启用该选项后，允许对父轨迹的关键点操纵作用于该层次下的轨迹。它默认在"摄影表"模式下。
- **Modify Child Keys**（修改子对象关键点）：如果在没有启用"修改子树"的情况下修改父对象，请单击"修改子对象关键点"以将更改应用于子关键点。类似地，在启用"修改子树"时修改了父对象，"修改子对象关键点"禁用这些更改。

3. 控制器窗口

在轨迹视图的左侧是控制器窗口，它可以显示3ds Max中包含的所有层级、对象以及控制器轨迹，还可以确定哪些曲线和轨迹可以用来进行显示和编辑。控制器窗口的层级是可以展开的，单击每个选项左侧的符号，就可以打开其内部层级，如图1-40所示。

图1-40 展开控制器窗口层级

4. 关键点窗口

关键点窗口分为轨迹曲线形式和摄影表两种显示方式，分别对应于"曲线编辑器"模式和"摄影表"模式。曲线形式可以修改曲线形态，摄影表形式可以用来编辑关键帧的时间位置。

1.5.3 编辑关键点

使用"编辑关键点"模式是一种常用的轨迹编辑模式，该模式可将动画显示作为一系列关键点，这些关键点在"关键点"窗口的栅格上以方框的形式显示。默认情况下，在"摄影表编辑器"中启用"编辑关键点"模式。

"编辑关键点"模式适用于获取动画的全局视图，因其可以显示所有轨迹的动画计时。如果要查看整个动画上下文中所做的更改，可以使用此模式用于关键点的添加、删除、移动、对齐、缩放等编辑操作，如图1-41所示。

图1-41 编辑关键点的操作

1.5.4 调整功能曲线

"功能曲线编辑"模式是轨迹视图中使用频率最高、功能最强的编辑模式。在"曲线编辑"模式下，系统以红、绿、蓝分别表示物体在X、Y、Z轴的坐标位置。可通过复制、删除或调整曲线等操作来改变物体的运动轨迹和运动方式。而且，每个关键点表示为曲线上的一个顶点，因此可在每条曲线上编辑并添加新的关键点。

功能曲线制作实例——编辑球体运动轨迹

（1）在"顶视图"中创建一个球体，半径为10，然后单击 Auto Key（自动关键点）按钮，进入动画模式。接着将时间滑块拖到第10帧，使用 （选择并移动）工具将球向上移，再将时间滑块拖到第20帧，将球向下移动到原来的位置。

（2）单击 Playback（播放）按钮，此时球体只在第0~20帧之间跳动1次。

（3）打开 Curve Editor（曲线编辑器）按钮，进入曲线编辑器，这时运动轨迹为默认的"曲线编辑"模式，如图1-42所示。

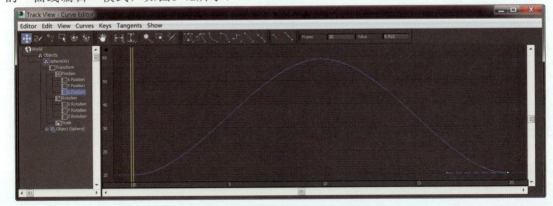

图1-42 查看球体运动轨迹曲线

（4）单击 Auto Key（自动关键点）按钮，关闭"自动关键帧"模式。

1.6 本章小结

本章我们重点讲解传统动画及三维动画的基础概念。掌握关键帧动画设置的技巧及应用。熟练运用动画控制器的制作流程及动画控制器的操作技巧，充分理解轨迹视图调与动画的曲线在动画制作的应用。主要掌握以下几个要领。

（1）熟知二维与三维动画设计的概念。
（2）掌握动画制作中物体运动的原理及力的运动表现。
（3）掌握动画二维动画及三维动画的基本运动规律。

1.7 本章练习

1．填空题

（1）无纸动画采用"（　　　　）+（　　　　）+（　　　　）"的全电脑制作流程，省去了传统动画中如扫描、逐格拍摄等步骤。

（2）动画视频的播放标准是不同的，目前世界上有三种视频播放格式，分别是（　　　　）格式、（　　　　）格式和（　　　　）格式。

（3）在3ds Max中，默认动画控制器包括：（　　　　）、（　　　　）和（　　　　）。

2．简答题

（1）简述游戏动画与其他形式动画的区别？
（2）简述3ds Max的动画制作流程？

3．操作题

利用本章讲解的关键帧动画知识，制作一个小球自由运动的关键帧动画。

第2章 红蜘蛛 多足怪物动画分析

蜘蛛怪

红蜘蛛又名火龙虫，步足4对，分基节、转节、腿节、膝节、胫节、后跗节、跗节和跗端节（上具爪）。步足上覆刚毛，并具备数种感觉器官，如细长的盅毛（感受气流和振动）。步足自割后，下次蜕皮时可再生。蜘蛛的口器，由螯肢、触肢茎节的颚叶，上唇、下唇所组成，具有毒杀、捕捉、压碎食物、吮吸液汁的功能。

本章节通过对游戏怪物角色（红蜘蛛）的个性特点及造型的定位，详细讲解红蜘蛛的骨骼设定、蒙皮制作、动画设计等制作流程规范，深入剖析了游戏产品开发中多足生物的动作创作技巧及动作设计思路。

● **实践目标**

– 掌握多足怪物的骨骼创建及蒙皮制作技巧

– 了解多足怪物的运动规律

– 掌握多足怪物的动画制作技巧及应用

● **实践重点**

– 掌握多足怪物CS骨骼及Bone骨骼创建技巧

– 掌握多足怪物的蒙皮设定

– 掌握多足怪物动画制作规范及动画制作技巧

角色动画制作（下）

本章将讲解游戏中的特殊多足怪物（红蜘蛛）的行走、死亡和攻击动画的制作规范及流程，深入了解3ds Max软件制作游戏动画骨骼创建、蒙皮技巧及动作制作流程以及动画文件输出到引擎展示的应用。红蜘蛛完成动画效果如图2-1所示。通过该案例的学习，用户应掌握创建Bone（骨骼）、Skin（蒙皮）以及多足怪物动画的基本制作方法。

(a) 红蜘蛛行走动画

(b) 红蜘蛛死亡动画

(c) 红蜘蛛攻击动画

(d) 红蜘蛛攻击动画

图2-1　红蜘蛛动画完成效果

2.1　创建红蜘蛛骨骼

在3ds Max动画骨骼系统应用中，主要有两种搭建骨骼的方式：CS骨骼和Bone骨骼。在本节中将整体使用Bone骨骼为红蜘蛛创建骨骼。红蜘蛛身体骨骼创建分为红蜘蛛匹配骨骼前的准备、创建Bone骨骼、匹配骨骼到模型3部分内容。

2.1.1　创建前的准备

（1）激活红蜘蛛模型，在制作动画前先对模型所有定点信息从 Utilities 命令面板中单击 Reset XForm 按钮进行重置归零。其方法为：选中红蜘蛛模型，然后右击工具栏中的 Select and Move（选择并移动）按钮，在弹出的Move Transform Type-In（移动变化输入）对话框中将Absolute：World（绝对：世界）选项组中的坐标值设置为X=0.0、Y=0.0、Z=0.0，如图2-2中A所示，此时可以看到场景中的红蜘蛛位于坐标原点，如图2-2中B所示。

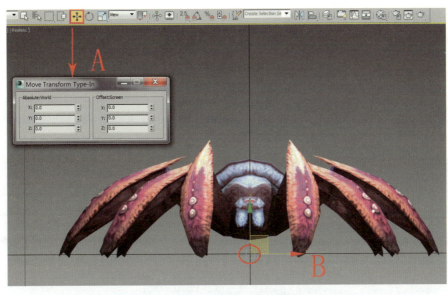

图2-2 模型坐标归零

（2）冻结红蜘蛛模型。其方法为：选择红蜘蛛模型，进入 Display（显示）面板，打开Display Properties（显示属性）卷展栏，取消Show Frozen in Gray（以灰色显示冻结对象）选项的勾选，如图2-3中A所示。从而使红蜘蛛模型被冻结后显示出真实的颜色，而不是冻结的灰色。然后在模型上右击，从弹出的快捷菜单中选择Freeze Selection（冻结当前选择）命令，如图2-3中B所示。完成红蜘蛛的模型冻结。

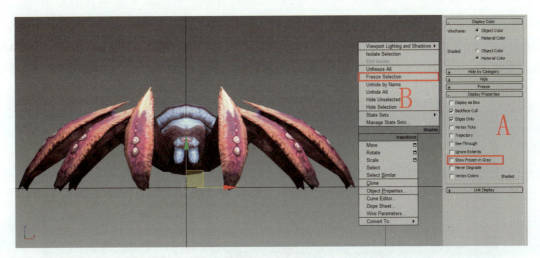

图2-3 冻结模型

提示：在匹配红蜘蛛的骨骼之前，要把红蜘蛛的模型选中并且冻结，以便在后面创建红蜘蛛骨骼的过程中，红蜘蛛的模型不会因为被误选而出现移动、变形等问题。

2.1.2 创建Bones骨骼

（1）创建身体骨骼。其方法为：进入"左"视图，选择合适的角度，单击 Create（创建）命令面板的 Systems（系统）中的Bones按钮，效果如图2-4中A所示；在身体和尾巴位置创建两节骨骼，右击结束创建，这时会多出一根末端骨骼，选中末端骨骼，按Delete键进行删除，效果如图2-4中B所示。

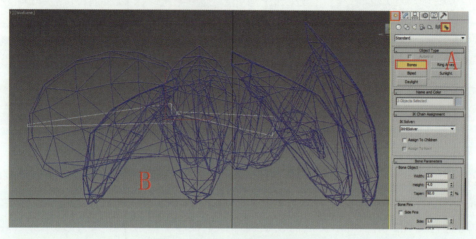

图2-4　创建红蜘蛛身体的骨骼

（2）设置骨骼以方框显示。其方法为：双击根骨骼，从而选中全部骨骼，如图2-5中A所示；然后右击，从弹出的快捷菜单中选择Object Properties（对象属性）命令，如图2-5中B所示；在弹出的Object Properties（对象属性）对话框中勾选Display as Box（显示为外框）复选框，如图2-5中C所示。单击OK按钮，从而把选中的骨骼设置成方框显示，效果如图2-6所示。

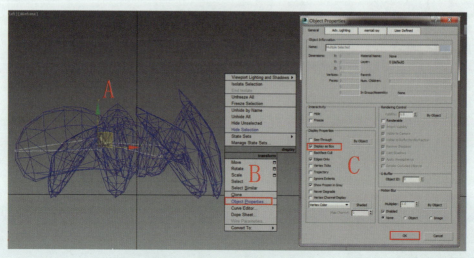

图2-5　选择骨骼并改变显示模式

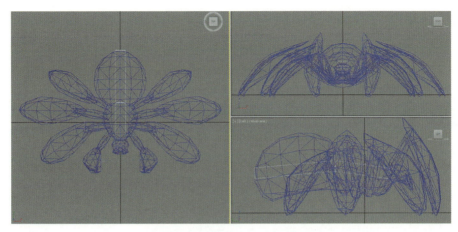

图2-6 设置骨骼以方框显示

（3）准确匹配骨骼到模型。其方法为：执行Animation（动画）| Bone Tools（骨骼工具）菜单命令，如图2-7中A所示；打开Bone Tools（骨骼工具）面板，如图2-7中B所示；选中根骨骼，进入Fin Adjustment Tools（鳍调整工具）卷展栏的Bone Objects（骨骼对象）选项组，调整Bone骨骼的宽度、高度和锥化参数，如图2-8所示。同理，调整好第二节骨骼的大小，效果如图2-9所示。

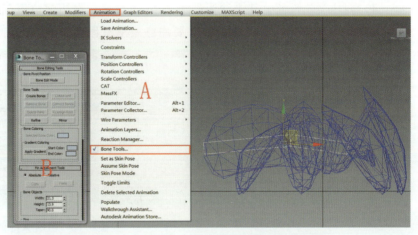

图2-7 打开Bone Tools（骨骼工具）面板

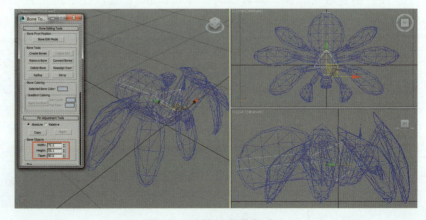

图2-8 调整根骨骼的大小

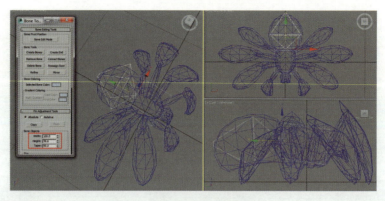

图2-9 调整第二节骨骼的大小

> 提示：由于红蜘蛛的重心在身体上，并不是由头部带动身体运动，所以要在头部单独搭建骨骼。

（4）创建头部骨骼。其方法为：单击Bones按钮，在头部位置创建一节骨骼，然后右击结束创建，再删除末端骨骼，创建时要注意是从身体往头部的方向搭建，参照身体骨骼的调整方法，根据头部模型对Fin Adjustment Tools（鳍调整工具）卷展栏下的Bone Objects（骨骼对象）选项组中Bone骨骼的宽度、高度和锥化参数进行调整，效果如图2-10所示。

图2-10 创建头部的Bone骨骼

（5）创建触角骨骼。其方法为：单击Bones按钮，在触角位置创建一节骨骼，然后右击结束创建，删除末端骨骼；再使用工具栏中的 Select and Move（选择并移动）工具和 Select and Rotate（选择并旋转）工具调整骨骼的位置和角度，再进入Bone Tools（骨骼工具）面板，调整Fin Adjustment Tools（鳍调整工具）卷展栏下的Bone Objects（骨骼对象）选项组中，Bone骨骼的宽度、高度和锥化参数，如图2-11所示。

图2-11 创建触角的Bone骨骼

（6）触角骨骼复制。其方法为：选中触角骨骼，再单击Bone Tools（骨骼工具）卷展栏下的Mirror（镜像）按钮，如图2-12中A所示。在弹出Bone Mirror（骨骼镜像）对话框的Mirror Axis（镜像轴）选项组中选中X单选按钮，如图2-12中B所示。此时，视图中已经复制出以X轴对称的骨骼，如图2-12中C所示。单击OK按钮，完成触角骨骼复制。

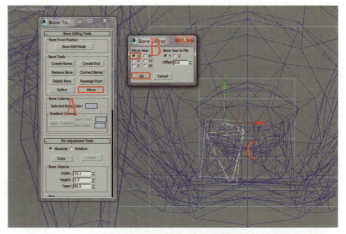

图2-12　复制触角的骨骼

（7）调整复制的骨骼到模型。其方法为：在工具栏中将View（视图）转换为Parent（屏幕），如图2-13中A所示。再使用 Select and Move（选择并移动）工具在"前"视图中调整骨骼的位置，使复制的骨骼和左边触角模型对齐，如图2-13中B所示。

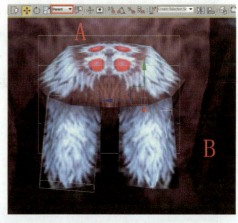

图2-13　调整复制的骨骼到模型

（8）参照触角骨骼的创建方法。根据牙齿的模型创建牙齿的骨骼，注意骨骼要与牙齿的模型位置进行匹配，以便在后续制作蒙皮动画时更好地适配，效果如图2-14所示。

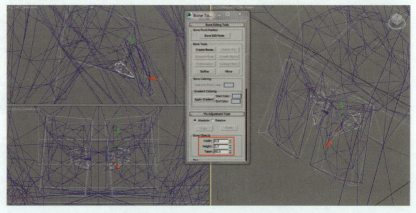

图2-14　创建牙齿的Bone骨骼

第2章　多足怪物动画分析——红蜘蛛

(9) 创建红蜘蛛左边第一条腿的骨骼。其方法为：切换到"透视"图，并单击Bones（按钮），在第一条腿部位置创建两节骨骼，然后右击结束创建，删除末端骨骼；再使用工具栏中的 Select and Move（选择并移动）工具和 Select and Rotate（选择并旋转）工具调整骨骼的位置和角度。进入Bone Tools（骨骼工具）面板，根据模型腿部的造型调整Fin Adjustment Tools（鳍调整工具）卷展栏下的Bone Objects（骨骼对象）选项组中，Bone骨骼的宽度、高度和锥化参数，如图2-15所示。

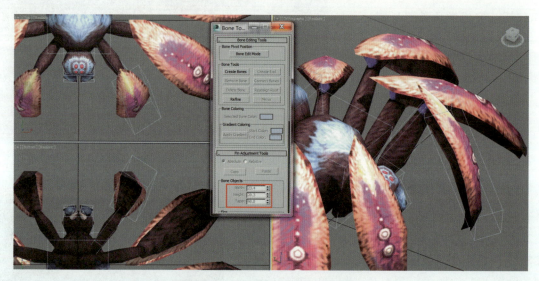

图2-15　创建第一条腿部的骨骼

(10) 运用同样的方法逐步创建红蜘蛛左边腿部的全部骨骼，并在"底"视图中使用工具栏中的 Select and Move（选择并移动）工具和 Select and Rotate（选择并旋转）工具调节根骨骼腿部模型的位置和角度，效果如图2-16所示。

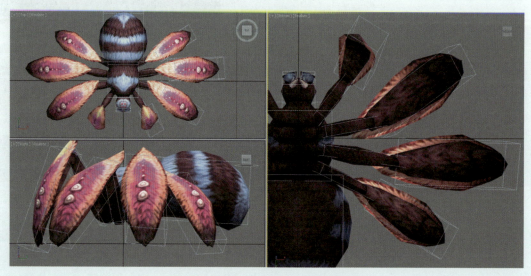

图2-16　创建左边腿部的全部骨骼

（11）由于红蜘蛛的腿部是左右对称的，因此在匹配红蜘蛛骨骼到模型时，可以创建好一边腿部的骨骼，再复制给另一边腿部的骨骼，这样可以提高制作效率。参照触角的复制方法，将左边腿部的骨骼复制到右边，效果如图2-17所示。

图2-17　将左边的腿部骨骼复制到右边

2.1.3　骨骼的链接

（1）触角和牙齿的链接。其方法为：按住Ctrl键的同时，依次选中触角和牙齿的骨骼后，单击工具栏中的 Select and Link（选择并链接）按钮，然后按住鼠标左键拖动至头部骨骼上，释放鼠标左键完成链接，如图2-18所示。

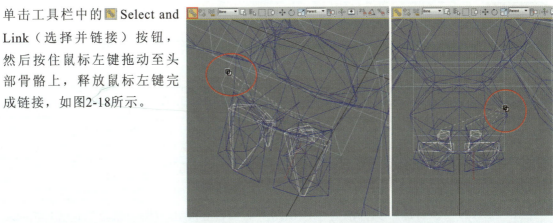

图2-18　触角和牙齿的链接

（2）选中头部的骨骼后，再单击工具栏中的 Select and Link（选择并链接）按钮，然后按住鼠标左键拖动至身体骨骼上，释放鼠标左键完成链接，如图2-19所示。

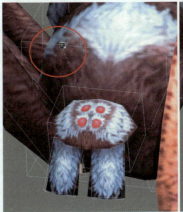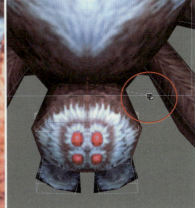

图2-19　头部骨骼的链接

（3）腿部的链接。其方法为：按住Ctrl键的同时，依次选中所有腿部骨骼的根骨骼后，单击工具栏中的 Select and Link（选择并链接)按钮，然后按住鼠标左键拖动至身体骨骼上，释放鼠标左键完成链接，如图2-20所示。

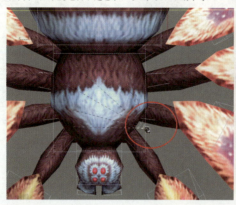
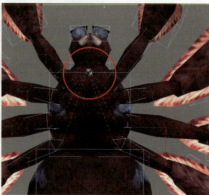

图2-20 腿部骨骼的链接

2.2 红蜘蛛的蒙皮设定

针对红蜘蛛怪物将采用Skin（蒙皮）的方法和技巧。其优点是可以自由选择骨骼来进行蒙皮，调节权重也十分方便。本节内容包括添加Skin（蒙皮）修改器、调节蒙皮权重前准备、调节身体的骨骼权重、调节腿部的权重等部分。

2.2.1 添加Skin（蒙皮）修改器

（1）红蜘蛛模型解冻。其方法为：在视图中右击，在弹出的快捷菜单中选择Unfreeze All（全部解冻）命令，解除模型的冻结，如图2-21所示。

图2-21 红蜘蛛模型解冻

（2）为红蜘蛛添加Skin蒙皮修改器。其方法为：选中红蜘蛛模型，打开 Modify（修改）命令面板中的Modifier List（修改器列表）下拉菜单，选择Skin（蒙皮）修改器，如图2-22所示。在Parameters(参数)卷展栏下单击Add（添加）按钮，如图2-23中A所示。在弹出的Select Bones（选择骨骼）对话框中选择全部骨骼，然后单击Select（选择）按钮，如图2-23中B所示。将骨骼添加到蒙皮。

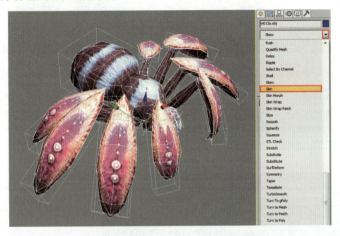

图2-22　为模型添加Skin（蒙皮）修改器

图2-23　添加所有的骨骼

2.2.2 调节蒙皮权重前准备

在为模型赋予权重前，为了便于观察，可以先将所有骨骼外框进行隐藏。其方法为：选中所有的骨骼，右击，从弹出的快捷菜单中选择Hide Selection（隐藏当前选择）命令，如图2-24所示。完成红蜘蛛骨骼的隐藏。再选中红蜘蛛模型，激活Skin（蒙皮）修改器，如图2-25中A所示。在Display（显示）卷展栏中勾选Show No Envelopes（不显示封套）复选框，如图2-25中B所示。关掉蒙皮的封套显示。效果如图2-25中C所示。

角色动画制作(下)

图2-24 隐藏红蜘蛛的骨骼

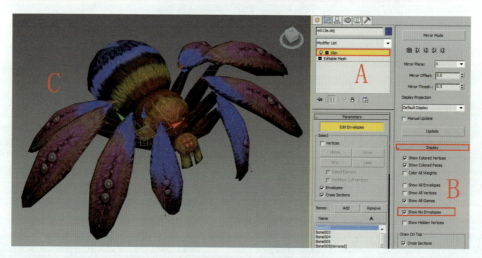

图2-25 关掉蒙皮的封套显示

2.2.3 调节身体骨骼的权重

为骨骼指定Skin(蒙皮)修改器后,还不能调节红蜘蛛的动作。因为这时骨骼对模型顶点的影响范围往往是不合理的,在调节动作时会使模型产生变形和拉伸。因此,在调节前要先使用Edit Envelopes(编辑权重)功能中把模型顶点的影响控制在合理范围内。

> 提示:在调节权重时,看到权重里的点上的颜色变化,不同的颜色代表着这个点受这节骨骼权重的权重值不同,红色的点受这节骨骼的影响的权重值最大为1.0,蓝色的点受这节骨骼的影响的权重值最小,白色的点代表没有受这节骨骼的影响,权重值为0.0。

(1)激活权重。其方法为：选中红蜘蛛身体的模型，如图2-26中A所示。激活Skin（蒙皮）修改器，激活Edit Envelopes（编辑封套）按钮，勾选Vertices（顶点）复选框，如图2-26中B所示。单击 Weight Tool（权重工具）按钮，如图2-27中A所示，弹出Weight Tool（权重工具）面板，编辑权重，如图2-27中B所示。

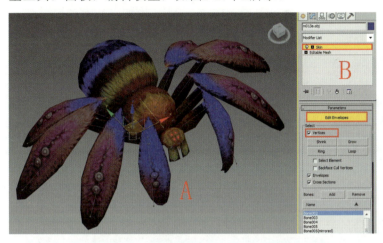

图2-26　激活Skin（蒙皮）修改器

图2-27　激活权重工具

(2)调节头部骨骼的权重。其方法为：选中红蜘蛛头部的权重链接，如图2-28中A所示；再选中属受头部运动影响的所有调整点，如图2-28中B所示。接着使用权重工具，将头部的权重值设置为1，与头部不相关的点全部设置为0，如图2-29中A所示。结果显示头部的权重点全部为红色点。再设置与身体和触角、牙齿相衔接的地方的权重值为0.5左右，结果显示调整点全部变成黄色点，如图2-29中B所示。

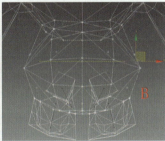

图2-28　选中红蜘蛛头部的权重链接和调整点

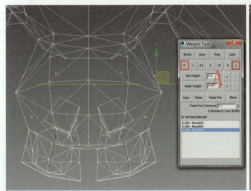
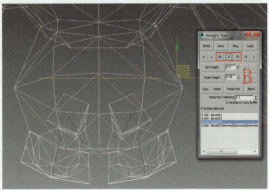

图2-29　设置红蜘蛛头部的权重值

（3）调节触角骨骼的权重。其方法为：选中红蜘蛛触角的权重链接，再选中跟随触角运动的所有调整点，使用权重工具，将触角的权重值设置为1，与触角不相关的全部设置为0，结果显示触角的权重点全部为红色点，效果如图2-30所示；再选择与头部相链接位置的调整点。设置权重值为0.5左右，结果显示触角与头部相衔接位置的调整点为黄色点，效果如图2-31所示。运用同样的方法调节另一个触角的权重。由于模型都是三角面，所以在选点的时候要用框选的方式，不能点选，否则会发生漏选的情况。

图2-30　设置与触角相关的调整点的权重值

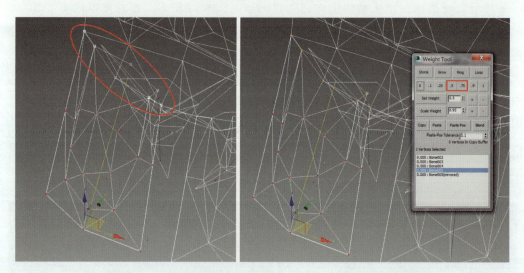

图2-31　设置触角与头部相链接位置的调整点的权重值

（4）调节牙齿骨骼的权重。其方法为：选中红蜘蛛牙齿的权重链接，再选中属于牙齿骨骼的所有调整点，使用权重工具，将牙齿的权重值设置为1，与牙齿不相关的全部设置为0，结果显示牙齿的权重点全部为红色点，效果如图2-32所示；再选择牙齿与头部相链接的位置的调整点，设置权重值为0.5左右，效果如图2-33所示。运用同样的方法调节右边牙齿的权重。

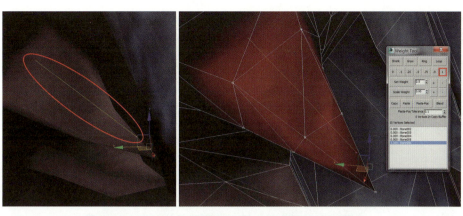

图2-32　设置与牙齿骨骼相关的调整点的权重值

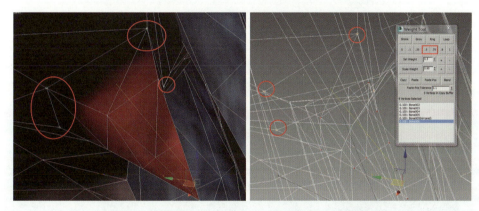

图2-33　设置牙齿与头部相衔接的调整点的权重值

（5）调节身体骨骼的权重。其方法为：选中红蜘蛛身体的权重链接，再选中身体的所有调整点，使用权重工具，将身体的权重值设置为1，与身体不相关的全部设置为0，结果显示身体的权重点全部为红色点，效果如图2-34所示；再选择身体与头部、尾巴、脚相链接位置的调整点，设置权重值为0.5左右。注意，权重值由身体向头部、尾巴、脚递减，效果如图2-35所示。

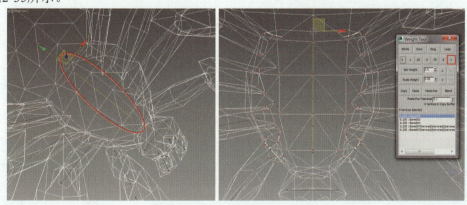

图2-34　设置身体的权重值

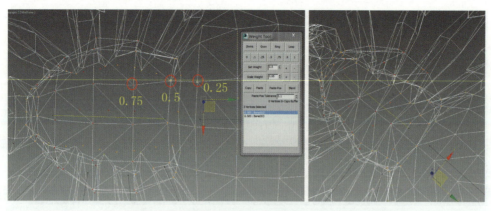

图2-35 调节身体与头部相链接的调整点的权重

（6）调节尾部骨骼的权重。其方法为：选中红蜘蛛尾部的权重链接，再选中属于尾部骨骼的所有调整点，使用权重工具，将尾部的权重值设置为1，与尾部不相关的全部设置为0，结果显示尾部的权重点全部为红色点，效果如图2-36所示；再选择尾部与身体相链接位置的点，设置权重值由尾部向身体递减，设置权重值为0.5左右，效果如图2-37所示。

图2-36 设置尾部的权重值

图2-37 调节尾部与身体相链接的调整点的权重

2.2.4 调节腿部的权重

（1）调节左边第一条腿的骨骼权重。其方法为：选中腿部根骨骼的权重链接，再选中属于根骨骼的所有调整点，使用权重工具，将根骨骼的权重值设置为1，与根骨骼不相关的全部设置为0，效果如图2-38中A所示；再设置与身体衔接的部分为0.5左右，效果如图2-38中B所示。再选择第二节骨骼的权重链接，将第二节骨骼上的所有调整点设置权重值为1，与第二节骨骼不相关的全部设置为0，效果如图2-39中A所示；再设置与第一节骨骼相链接的地方为0.5左右，如图2-39中B所示。

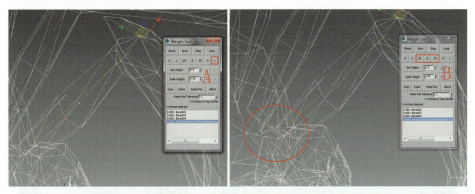

图2-38 设置根骨骼的权重值

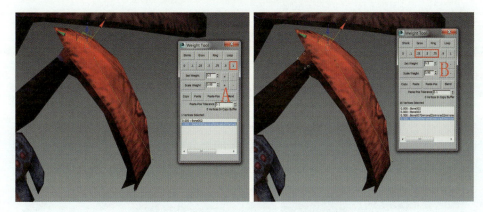

图2-39 调节腿部第二节骨骼的权重

（2）调节左边第二条腿的权重。其方法为：选中第二条腿根骨骼的权重链接，再选中属于第二条腿根骨骼上的所有调整点，使用权重工具，将受根骨骼运动影响的点的权重值设置为1，与根骨骼运动不相关的全部设置为0，效果如图2-40中A所示；再设置与身体相衔接的部分为0.5左右，效果如图2-40中B所示。再选择第二节骨骼的权重链接，将属于第二节骨骼权重链接的所有调整点设置权重值为1，与第二节骨骼不相关的全部设置为0，效果如图2-41中A所示；再设置与第一节骨骼相链接的地方的权重值为0.5左右，结果显示第二根骨骼到第一根骨骼上调整点的颜色由橘黄向浅黄递减，如图2-41中B所示。

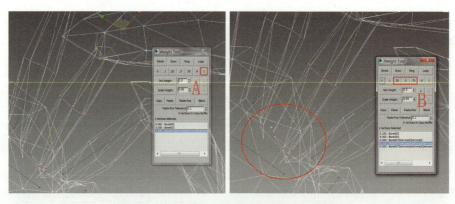

图2-40 设置第二条腿根骨骼的权重值

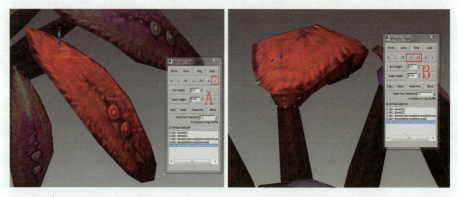

图2-41 调节腿部第二节骨骼的权重

（3）调节左边第三条腿的权重。其方法为：选中第三条腿根骨骼的权重链接，再选中属于根骨骼权重链接上的所有调整点，使用权重工具，将根骨骼的权重值设置为1，与根骨骼不相关的全部设置为0，再设置与身体和第二节骨骼相衔接位置调整点的权重值为0.5左右，结果显示第一节骨骼上的调整点颜色由红色向黄色渐变，效果如图2-42所示；再选择第二节骨骼的权重链接，将属于第二节骨骼权重链接的所有调整点设置权重值为1，与第二节骨骼不相关的全部设置为0，与第一节骨骼相衔接的地方的权重值为0.5左右，如图2-43所示。

图2-42 设置第三条腿根骨骼的权重值

图2-43 设置第三条腿的第二根骨骼权重

（4）调节左边第四条腿的权重。其方法为：选中第四条腿的根骨骼权重链接，再选中根骨骼上的所有调整点，使用权重工具，将根骨骼的权重值设置为1，与根骨骼不相关的全部设置为0，再设置与身体相链接的部分为0.5左右，效果如图2-44所示；再选择第二节骨骼的权重链接，将属于第二节骨骼上所有的调整点设置权重值为1，与第二节骨骼不相关的全部设置为0，与第一节骨骼相链接的地方的权重值设置为0.5左右，如图2-45所示。

图2-44 设置第四条腿的根骨骼权重值

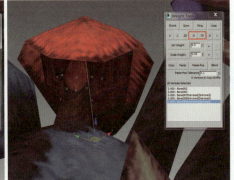

图2-45 设置第四条腿的第二根骨骼权重值

注：参考左边调节腿部权重的方法调节右边腿部的权重。要注意调节骨骼的顺序，最好是先调节根骨骼再调节末端骨骼，然后再根据各个腿部模型布线进行权重值的适当调整，结合颜色的变化进行调整，同时使用移动。旋转等工具检查是否有拉伸和错位的情况出现。

（5）将骨骼设置为蒙皮姿势。其方法为：在视图中单击鼠标右键，从弹出的快捷菜单中选择Unhide All（全部取消隐藏）命令，从而取消被隐藏的骨骼，如图2-46所示。双击身体骨骼，从而选中所有骨骼，效果如图2-47中A所示。按住Alt键，在视图中右击，弹出的快捷菜单中选择Set as Skin Pose（设为蒙皮姿势）命令，如图2-47中B所示；在弹出的提示框中单击"是"按钮，如图2-47中C所示，从而将红蜘蛛的骨骼设为蒙皮姿势。

图2-46　取消骨骼的隐藏

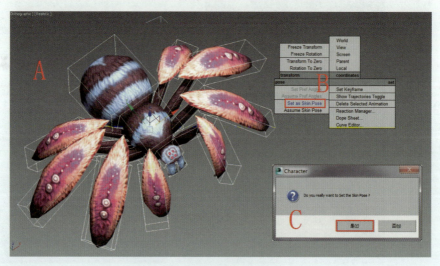

图2-47　将骨骼设置为蒙皮姿势

2.3　制作红蜘蛛的动画

根据红蜘蛛的造型以及个性特点进行设定，重点突出多足怪物的动作创作思路以及设计理念。本节主要讲解红蜘蛛的行走、攻击和死亡3个动作的制作技巧以及规范流程。

2.3.1 制作红蜘蛛的行走动画

本节学习红蜘蛛行走动画的制作。行走是很多怪物最基础的动作表现，但是每一种类的怪物都有自己的运动规律和行为方式，而多足怪物的行走动画也是表现最为丰富及难点较高的类型，必须了解和掌握。首先来看一下红蜘蛛行走动作图片序列和关键帧的安排，如图2-48所示。

图2-48 红蜘蛛行走序列图

（1）在为骨骼制作动画的时，为了避免误选到模型，将工具栏中的Selection Filter（选择过滤器）由ALL（全部）改为Bone（骨骼），这样可以更好地观察骨骼和模型之间的适配度，效果如图2-49中A所示。

图2-49 将选择过滤器设置为骨骼

（2）框选所有的Bone（骨骼），按K键为Bone（骨骼）在第0帧创建关键帧，注意起始帧是所有连续动作的初始状态，与最后一帧是互相映衬的，如图2-50中A所示。

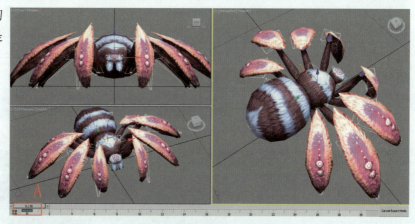

图2-50 为骨骼创建关键帧

角色动画制作（下）

（3）激活Auto Key（自动关键点）按钮，再单击动画控制区中的 Time Configuration（时间配置）按钮，在弹出的Time Configuration（时间配置）对话框中设置End Time（结束时间）为12，设置Speed（速度）模式为1/2x，单击OK按钮，从而将时间滑块长度设置为12帧，如图2-51所示。

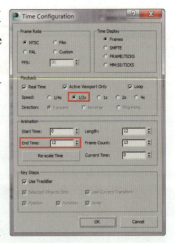

图2-51 设置时间配置

（4）为便于更好地观察角色动画的位移、旋转及跳跃等动作的动态变化，可以基于地平面设置虚拟的平面作为载体。其方法为：单击Create（创建）命令面板下Geometry（几何体）中的Box（长方体）按钮，然后进入"顶"视图，拖拉出一个具有适当高度长方体，右击创建结束，效果如图2-52所示。

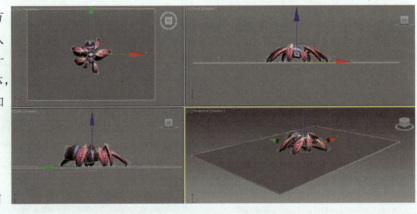

图2-52 创建地面

（5）调节红蜘蛛行走的初始姿态。其方法为：拖动时间滑块到第0帧，在"左"视图中使用 Select and Rotate（选择并旋转）工具调整红蜘蛛的右边腿：第一条腿往后，第二条腿往前，第三条腿往后，第四条腿往前的姿势；在"右"视图中，调节红蜘蛛的左边腿：第一条腿往前，第二条腿往后，第三条腿往前，第四条腿往后的姿势；在"顶"视图中，调节红蜘蛛的身体和头部往左腿方向偏移的姿势，效果如图2-53所示。按住Shift键，将第0帧拖动复制到第12帧，效果如图2-54所示。

图2-53 红蜘蛛行走的初始姿态

54

图2-54 复制初始姿态到第12帧

（6）调节红蜘蛛行走的姿态。其方法为：拖动时间滑块到第6帧，在"左"视图中使用 Select and Rotate（选择并旋转）工具调整红蜘蛛的右边腿，第一条腿往前，第二条腿往后，第三条腿往前，第四条腿往后的姿势；在"右"视图中，调节红蜘蛛的左边腿，第一条腿往后，第二条腿往前，第三条腿往后，第四条腿往前的姿势；在"顶"视图中，调节红蜘蛛的身体和头部往右边腿方向偏移的姿势，效果如图2-55所示。

图2-55 调节红蜘蛛行走的姿势

> 提示：红蜘蛛的八条腿动作应该有主次区别，运动弧度不能一致，前爪做抓地运动，后爪做蹬腿运动，中间两条腿做前后运动。注意，制作出中间的两条腿，一条腿运动弧度大、一条腿运动弧度小，来表现运动的主次关系。

（7）调节红蜘蛛腿部运动。其方法为：拖动时间滑块到第3帧，在"左"视图中使用 Select and Rotate（选择并旋转）工具调节红蜘蛛的右边腿部姿势，第一条腿抬起、向前，第二条腿向后、踩地，第三条腿向前、抬起，第四条腿向后、踩地，效果如图2-56所示。再切换到"右"视图，调节红蜘蛛左边腿部的姿势，第一条腿向后、踩地，第二条腿向前、抬起，第三条腿向后、踩地，第四条腿向前、抬起的姿势，效果如图2-57所示。

角色动画制作（下）

图2-56　红蜘蛛右边腿部的姿势

图2-57　红蜘蛛左边腿部的姿势

（8）拖动时间滑块到第9帧，在"左"视图中使用 Select and Rotate（选择并旋转）工具调节红蜘蛛右边腿部的姿势，第一条腿向后、踩地，第二条腿微微向前、抬起，第三条腿向后、踩地，第四条腿向前、抬起的姿势，效果如图2-58所示。再切换到"右"视图，调节红蜘蛛左边腿部的姿势：第一条腿向前、抬起，第二条腿向后、踩地，第三条腿向前、抬起，第四条腿向后、踩地，效果如图2-59所示。

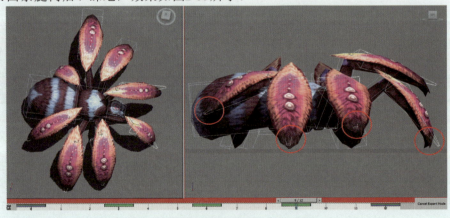

图2-58　红蜘蛛右边腿部的姿势

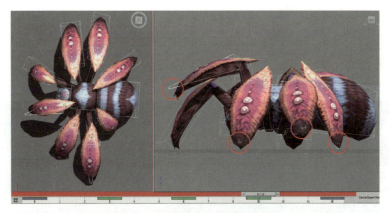

图2-59 红蜘蛛的左边腿部的姿势

（9）尾巴的动作调节。其方法为：在"左"视图中使用 Select and Rotate（选择并旋转）工具，调节后腿向后蹬时，尾巴发力向上翘；后腿不做蹬腿时，尾巴向下保持身体平衡的姿势，效果如图2-60所示。再选中尾巴的骨骼，按住Shift键，将第0帧拖动复制到第12帧，完成尾巴运动的循环。

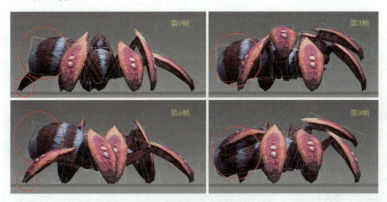

图2-60 尾巴的动作

（10）调节触角的动画。拖动时间滑块到第0帧，使用 Select and Rotate（选择并旋转）工具调节触角微微向左、打开的姿势；拖动时间滑块到第3帧，调节触角微微收紧的姿势；拖动时间滑块到第6帧，调节触角稍微向右、打开的姿势；拖动时间滑块到第9帧，调节触角稍微收紧的姿势，效果如图2-61所示。按住Shift键，将第0帧拖动复制到第12帧，完成触角运动的循环。

图2-61 红蜘蛛触角的动画

（11）调节牙齿的动画。牙齿在动画表现中属于比较小的动态，但是对角色动作属性特征的表现起到了关键的作用。使用 Select and Rotate（选择并旋转）工具在"左"视图中为红蜘蛛的牙齿做一个上下运动，效果如图2-62所示。再将第0帧拖动复制到第12帧，完成牙齿运动的循环。

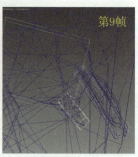

图2-62　红蜘蛛牙齿的动画

（12）为了使后腿运动不平均，看起来更灵活，可以为后腿运动增加一个小细节。方法为：拖动时间滑块到第7帧，使用 Select and Rotate（选择并旋转）工具在"左"视图中为红蜘蛛右边的后腿做一个后蹬腾空的姿势，效果如图2-63所示。

图2-63　后腿后蹬腾空的姿势

（13）单击 Playback（播放）按钮播放动画，此时可以看到红蜘蛛行走的完成动画。在播放动画时，如果发现幅度过大或者腿部陷入地面的地方，可以适当调整。

2.3.2　制作红蜘蛛的攻击动画

攻击动作是最能体现角色性格特征及运动行为方式的表现，很多特殊技能的表现都是结合不同角色的动作造型设计而实施和完成的。在本案例中可以学习到红蜘蛛攻击的后退蓄力、发动攻击和攻击后退动画。首先来看一下红蜘蛛动作攻击的主要序列图，如图2-64所示。

图2-64 红蜘蛛攻击动作的主要序列图

（1）延续前面制作行走动画的设计思路，为更好地表现攻击的运动节奏及运动方向，同理在地平面设置虚拟地面作为载体。其方法为：单击Create（创建）面板下的Geometry（几何体）中的Box（长方体）按钮，然后进入"顶"视图，拖拉出一个具有适当高度的长方体，右击创建结束，效果如图2-65所示。

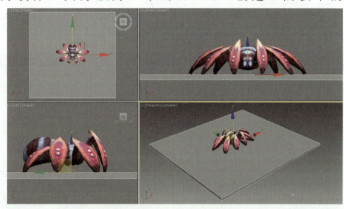

图2-65 设置地面

（2）打开"红蜘蛛-攻击.max"文件，将工具栏中的Selection Filter（选择过滤器）由ALL（全部）改为Bone（骨骼），效果如图2-66中A所示。选中所有的Bone骨骼，如图2-66中B所示。按K键为Bone（骨骼）在第0帧创建关键帧，如图2-66中C所示。

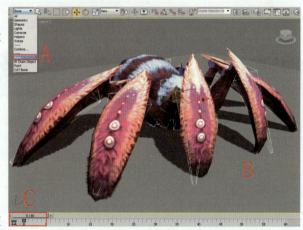

图2-66 为骨骼创建关键帧

1. 后退蓄力

（1）按N键，打开Auto Key（自动关键点）按钮，拖动时间滑块到第0帧，使用 ⊕ Select and Move（选择并移动）工具和 ⟳ Select and Rotate（选择并旋转）工具调整红蜘蛛攻击的初始姿势，如图2-67所示。

角色动画制作（下）

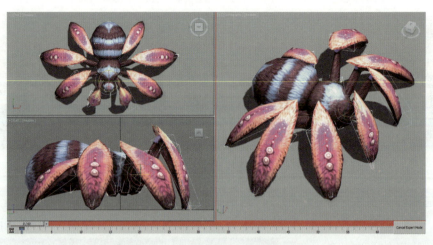

图2-67 调整红蜘蛛攻击的初始姿势

> 提示：由于Bone骨骼不能像Biped骨骼那样为脚掌做滑动关键帧固定脚掌运动，所以当红蜘蛛移动身体往后时，要把脚往前，将脚掌移动到前一关键帧的位置。

（2）拖动时间滑块到第5帧，在"左"视图中，使用 Select and Move（选择并移动）和 Select and Rotate（选择并旋转）工具调整红蜘蛛身体向后、前倾的姿势，并调整脚步位置，如图2-68所示。

图2-68 调节红蜘蛛身体向后的姿势

（3）单击动画控制区中的 Time Configuration（时间配置）按钮，在弹出的Time Configuration（时间配置）对话框中设置End Time（结束时间）为53，设置Speed（速度）模式为1x，单击OK按钮，如图2-69所示。从而将时间滑块长度设置为53帧。

图2-69 设置时间配置

（4）调整红蜘蛛第一条腿后退蓄力。其方法为：拖动时间滑块到第10帧，使用 Select and Move（选择并移动）工具和 Select and Rotate（选择并旋转）工具调整红蜘蛛身体向后、向下前倾、尾部微微向上的姿势，再调节左边第一条腿后退一步的姿势，效果如图2-70所示；再拖动时间滑块到第8帧，调节左腿后退抬起的姿势，效果如图2-71所示。

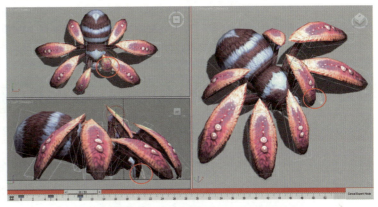

图2-70　第一条腿后退蓄力的姿势

图2-71　第一条腿后退、抬起的姿势

（5）调整红蜘蛛第二条腿后退蓄力。其方法为：拖动时间滑块到第17帧，使用 Select and Move（选择并移动）工具和 Select and Rotate（选择并旋转）工具调整红蜘蛛身体向后、向下前倾、尾部向上的姿势，再调整右边第一条腿后退一步的姿势，效果如图2-72所示；再拖动时间滑块到第14帧，调整右腿后退、抬起的姿势，效果如图2-73所示。框选所有的骨骼，按住Shift键将第17帧拖动复制到第18帧，为红蜘蛛做一个蓄力静止的姿势。

图2-72　第二条腿后退蓄力的姿势

角色动画制作（下）

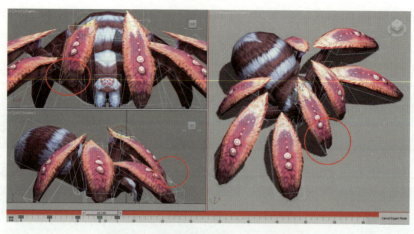

图2-73 第二条腿后退、抬起的姿势

2. 发动攻击

（1）调整红蜘蛛向前攻击初始姿势。其方法为：拖动时间滑块到第23帧，使用 Select and Move（选择并移动）工具和 Select and Rotate（选择并旋转）工具调整红蜘蛛身体向上、向前，尾巴向下的姿势，再调整前面两对脚向上蓄力的姿势，效果如图2-74所示。

图2-74 红蜘蛛向前攻击的初始姿势

（2）调节红蜘蛛攻击腿部蓄力的姿势。其方法为：拖动时间滑块到第27帧，使用 Select and Move（选择并移动）工具和 Select and Rotate（选择并旋转）工具调整红蜘蛛身体向上、向前，尾巴向下的姿势，再调整后腿后蹬发力，前面两对脚继续向上蓄力，触角和牙齿张开的姿势，效果如图2-75所示。

图2-75 红蜘蛛攻击腿部向上蓄力的姿势

(3) 调整红蜘蛛攻击的姿势。其方法为：拖动时间滑块到第29帧，使用 Select and Move（选择并移动）工具和 Select and Rotate（选择并旋转）工具调整红蜘蛛身体向下、向前，尾巴向上发力的姿势，再调整左边第二条腿和右边第一条腿向下攻击，左边后腿向前，右边第三条腿向前，第四条腿向下的姿势，最后调整触角和牙齿闭合攻击的姿势，效果如图2-76所示。

图2-76 调整红蜘蛛攻击的姿势

(4) 调整红蜘蛛二次攻击的姿势。其方法为：拖动时间滑块到第30帧，使用 Select and Move（选择并移动）工具和 Select and Rotate（选择并旋转）工具调整红蜘蛛身体继续向下、向前、尾巴向上发力的姿势，再调整左边第一条腿和右边第二条腿向下攻击姿势，效果如图2-77所示。

图2-77 调整红蜘蛛二次攻击的姿势

(5) 调整红蜘蛛攻击完成的姿势。其方法为：拖动时间滑块到第35帧，使用 Select and Move（选择并移动）工具和 Select and Rotate（选择并旋转）工具调整红蜘蛛身体微微向上、尾巴向下的姿势，再调整第三条腿踩地的姿势，效果如图2-78所示。

图2-78 红蜘蛛攻击完成的姿势

3. 攻击后退

（1）调整红蜘蛛后退的第一步。其方法为：拖动时间滑块到第40帧，使用 ✥ Select and Move（选择并移动）工具和 ⟲ Select and Rotate（选择并旋转）工具调整红蜘蛛身体向后、尾巴向上的姿势，再调整右边第一条腿后退的姿势，效果如图2-79所示。拖动时间滑块到第38帧，调整右边第一条腿后退、抬起的姿势，效果如图2-80所示。

图2-79　调整红蜘蛛后退的第一步

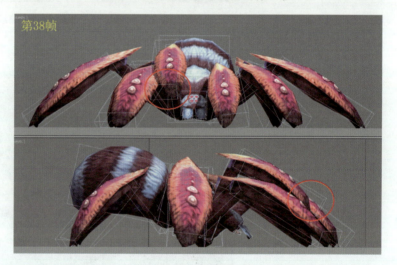

图2-80　右边第一条腿后退、抬起的姿势

（2）调整红蜘蛛后退的第二步。其方法为：拖动时间滑块到第46帧，使用 ✥ Select and Move（选择并移动）工具和 ⟲ Select and Rotate（选择并旋转）工具调整红蜘蛛身体向后的姿势，再调整右边第二条腿后退和左边第一条腿、第三条腿后退的姿势，效果如图2-81所示。拖动时间滑块到第43帧，调整右边第二条腿后退抬起和左边第一条腿、第三条腿后退抬起的姿势，效果如图2-82所示。

图2-81　调整红蜘蛛后退的第二步

图2-82 红蜘蛛后退的第二步脚步抬起的姿势

（3）调整红蜘蛛后退的第三步。其方法为：拖动时间滑块到第53帧，使用 Select and Move（选择并移动）工具和 Select and Rotate（选择并旋转）工具调整红蜘蛛身体向后、尾巴向下姿势，再调整右边第三条腿后退和左边第二条腿、第四条腿后退的姿势，效果如图2-83所示。拖动时间滑块到第49帧，再调整右边第三条腿后退抬起和左边第二条腿、第四条腿后退抬起的姿势，效果如图2-84所示。

图2-83 红蜘蛛后退的第三步

图2-84 红蜘蛛后退的第三步脚步抬起的姿势

（4）单击 Playback（播放）按钮播放动画，此时可以看到红蜘蛛的攻击完成动画。在播放动画时，如果发现不协调的地方，可以适当调整。

2.3.3 制作红蜘蛛的死亡动画

死亡动作的设计在很多游戏角色动作表现中是最不好体现的动作之一，根据每个角色的运动节奏而产生不同的死亡状态，与施力攻击的对象也有很大的关联性，产生不同的死亡倒地姿态，因此受击动作的设计也是游戏角色动作特色表现的难点，必须了解和掌握。首先来看一下红蜘蛛死亡的主要序列图，如图2-85所示。

图2-85　红蜘蛛死亡动作的主要序列图

（1）打开"红蜘蛛-死亡.max"文件，将工具栏中的Selection Filter（选择过滤器）由ALL（全部）改为Bone（骨骼），效果如图2-86中A所示。选中所有的Bone骨骼，如图2-86中B所示。按K键为Bone骨骼在第0帧创建关键帧，如图2-86中C所示。

图2-86　为Bone骨骼创建关键帧

（2）单击动画控制区中的 ![] Time Configuration（时间配置）按钮，在弹出的Time Configuration（时间配置）对话框中设置End Time（结束时间）为46，设置Speed（速度）模式为1x，单击OK按钮，如图2-87所示。从而将时间滑块长度设置为46帧。

图2-87　设置时间配置

(3) 打开Auto Key（自动关键点）按钮，拖动时间滑块到第0帧，使用 ✥ Select and Move（选择并移动）工具和 ⟳ Select and Rotate（选择并旋转）工具调整红蜘蛛死亡的初始姿势。注意，不同动作初始姿势的准确定位对后续动作技能的表现起到很重要的作用，如图2-88所示。

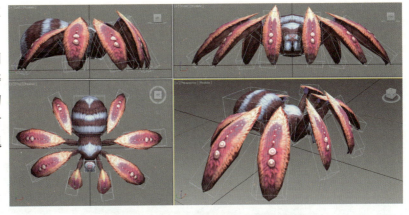

图2-88　调整红蜘蛛死亡的初始姿势

(4) 调整红蜘蛛死亡的受击姿势。其方法为：拖动时间滑块到第1帧，在"左"视图中，使用 ✥ Select and Move（选择并移动）工具和 ⟳ Select and Rotate（选择并旋转）工具调整红蜘蛛身体向上、前倾的姿势，尾部向上的姿势，并调整脚步位置没，如图2-89所示。

图2-89　调整红蜘蛛身体的受击姿势

(5) 拖动时间滑块到第2帧，在"左"视图中，使用 ✥ Select and Move（选择并移动）工具和 ⟳ Select and Rotate（选择并旋转）工具调整红蜘蛛身体向上、尾部向下的姿势，第三条腿保持站立，其余的腿向下的姿势，效果如图2-90所示。

图2-90　调整红蜘蛛受击身体向上的姿势

（6）调整红蜘蛛被击飞并旋转一圈的姿势。其方法为：拖动时间滑块到第4帧，使用 Select and Move（选择并移动）工具和 Select and Rotate（选择并旋转）工具调整红蜘蛛身体上移、沿着Z轴旋转45°的姿势，再调整腿部受阻力微微向下的姿势；拖动时间滑块到第6帧，调整红蜘蛛身体上移、沿着Z轴旋转45°的姿势，再调整腿部受阻力向下的姿势；拖动时间滑块到第8帧，调整红蜘蛛身体微微上移、沿着Z轴旋转45°的姿势，再调整腿部受阻力向后滞留的姿势；拖动时间滑块到第10帧，调整红蜘蛛身体微微向下、沿着Z轴旋转45度的姿势，再调整腿部向上滞留的姿势；拖动时间滑块到第12帧，调整身体向下落地、脚部合拢的姿势，效果如图2-91所示。

图2-91　红蜘蛛被击飞并旋转一圈的姿势

（7）单击 Playback（播放）按钮播放动画，此时可以看到红蜘蛛被击飞并旋转的动画，在播放动画时，如果发现不协调的地方，进行适当调整。

（8）拖动时间滑块到第14帧，使用 Select and Rotate（选择并旋转）工具调整红蜘蛛落地腿部散开、尾部向下的姿势，效果如图2-92所示。

图2-92　红蜘蛛落地的姿势

（9）拖动时间滑块到第16帧，使用 Select and Move（选择并移动）工具和 Select and Rotate（选择并旋转）工具调整红蜘蛛落地弹起、尾部向下、腿部张开的姿势，效果如图2-93所示。

图2-93　红蜘蛛落地弹起的姿势

（10）拖动时间滑块到第21帧，使用 Select and Move（选择并移动）工具和 Select and Rotate（选择并旋转）工具调整红蜘蛛弹起落地、腿部并拢的姿势；拖动时间滑块到第24帧，调整红蜘蛛腿部微微散开的姿势，效果如图2-94所示。

图2-94 红蜘蛛弹起落地的姿势

提示：红蜘蛛死亡时腿部抖动快慢频率不一样，大小幅度也不一样。

（11）调整红蜘蛛死亡时第一对腿部抖动的动画。其方法为：使用 Select and Rotate（选择并旋转）工具调整红蜘蛛腿部开合的抖动动画，效果如图2-95所示。

图2-95 红蜘蛛死亡时第一对腿部抖动的动画

（12）调整红蜘蛛死亡时第二对腿部抖动的动画。其方法为：使用 Select and Rotate（选择并旋转）工具调整红蜘蛛腿部开合的抖动动画，效果如图2-96所示；再选中其中一条腿延时做差异动作，效果如图2-97所示。

图2-96 红蜘蛛死亡时第二对腿部抖动的动画

图2-97 红蜘蛛腿部抖动差异动画

（13）调整红蜘蛛死亡时第三对腿部抖动的动画。其方法为：使用 Select and Rotate（选择并旋转）工具调整红蜘蛛腿部开合的抖动动画，效果如图2-98所示；再选中其中一条腿做延时的差异动作，效果如图2-99所示。

图2-98 红蜘蛛死亡时第三对腿部抖动的动画

图2-99 红蜘蛛腿部抖动差异动画

（14）调整红蜘蛛死亡时第四次腿部抖动的动画。左右两边腿部的抖动动画在时间节点上要有延续性，特别是每个关节部分的位移及动态造型变化，效果如图2-100所示。

图2-100 红蜘蛛死亡时第四次腿部抖动的动画姿势

（15）在"左"视图中，调节尾部的抖动（上下运动），尾部运动也是根据身体主体动态的变化产生后续动力缓冲，与多足的运动互相映衬，效果如图2-101所示。

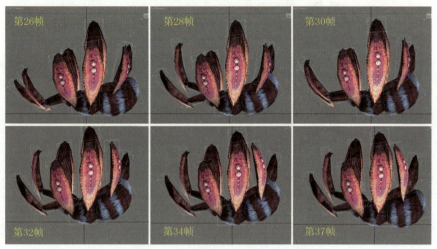

图2-101　尾部抖动的动画姿势

（16）单击 ▶ Playback（播放）按钮播放动画，此时可以看到红蜘蛛死亡的完整动画。在播放动画时，如果发现不协调的地方，可以适当调整。

2.4　本章小结

本章讲解了游戏怪物角色——红蜘蛛的动画设计及制作流程，重点讲解游戏怪物动画的创作技巧及动作设计思路。在整个讲解过程中，分别介绍了红蜘蛛的骨骼创建、蒙皮设定以及动作设计的3大流程，重点介绍了红蜘蛛的动作设计创作过程，详细讲解了从模型由静止到动作设计完成的过程，引导读者学习使用3ds Max制作游戏动作设计的流程和规范。通过对本章内容的学习，读者需要掌握以下几个要领。

（1）掌握多足怪物的骨骼创建方法。
（2）掌握多足怪物的基础蒙皮设定。
（3）了解多足怪物的运动规律。
（4）掌握多足怪物的动画制作技巧及应用。

2.5　本章练习

操作题

从提供的游戏角色模型库中任选一个多足怪物角色，根据本章多足怪物的动画制作技巧及流程，在临摹的基础上添加新的动作设计元素，根据选定角色的特点设计游戏动作。

第3章 美人鱼 写实角色动画制作

美人鱼职业定位：法师

  法师们用神秘的咒语或技能法术摧毁他们的敌人，其强大的元素和奥术攻击绝对不是敌人所能够抵抗的。伤害是法师的代名词，主要运用召唤、传送、魔法引导等技能，攻击范围广。在游戏世界中强大的DPS及团队整体伤害输出控场，其法师是个很好的选择。但法师防御弱、血少，一般适合远程攻击。由于法师出色的能力和数量的稀少，通常法师被期望成为军队的精神乃至实质上的领袖。

  本章通过对游戏特殊角色——美人鱼的动画设计及制作流程，重点讲解法系职业动画的创作技巧及动作设计思路。

● **实践目标**

- 掌握美人鱼模型的骨骼创建方法

- 掌握美人鱼模型的蒙皮设定

- 了解美人鱼的基本运动规律

- 掌握美人鱼的动画制作方法

● **实践重点**

- 掌握美人鱼模型的骨骼创建方法

- 掌握美人鱼模型的蒙皮设定

- 掌握美人鱼的动画制作技巧及应用

本章结合产品文案需求讲解网络游戏中美人鱼的游动、普通攻击和三连击的制作方法。美人鱼动画效果如图3-1所示。通过本章的学习，应掌握创建骨骼、Skin（蒙皮）以及人鱼动画的基本制作方法。

（a）美人鱼游动动画　　　　　　　　　（b）美人鱼普通攻击动画

（c）美人鱼三连击动画

图3-1　美人鱼动画效果

3.1　创建美人鱼的骨骼

在创建美人鱼骨骼时，根据美人鱼的结构造型特点进行基础骨骼的创建，特别是尾部特殊的结构造型变化。在此，继续使用CS骨骼和Bone骨骼相结合。美人鱼身体骨骼创建分为美人鱼匹配骨骼前的准备、创建CS骨骼、匹配骨骼到模型三部分内容。

3.1.1　创建前的准备

（1）结合前面制作动画的流程，隐藏美人鱼的武器。其方法为：选中武器的模型，如图3-2中A所示。然后在"前"视图中右击，从弹出的快捷菜单中选择Hide Selection（隐藏选定对象）命令，如图3-2中B所示。完成美人鱼武器的隐藏。

角色动画制作（下）

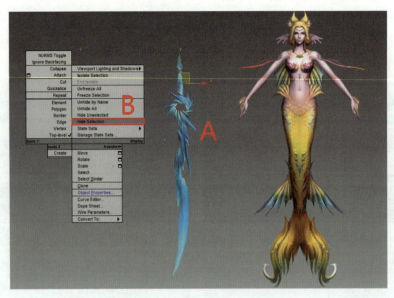

图3-2 隐藏美人鱼的武器

（2）模型归零。其方法为：选中美人鱼模型，右击工具栏上的 ✥ Select and Move（选择并移动）按钮，在弹出的Move Transform Type-In（移动变化输入）对话框中将Absolute:World（绝对：世界）的坐标值设置为（X=0.0cm、Y=0.0cm、Z=0.0cm），此时可以看到场景中的美人鱼位于坐标原点，如图3-3所示。

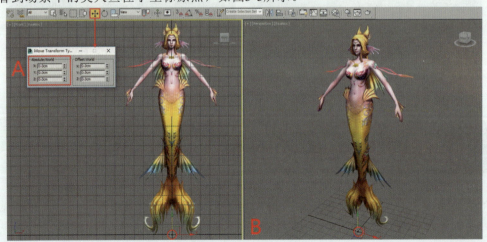

图3-3 模型坐标归零

（3）冻结美人鱼模型。其方法为：选择美人鱼模型，进入 ▣ Display（显示）命令面板，打开Display Properties（显示属性）卷展栏，取消Show Frozen in Gray（以灰色显示冻结对象）选项的勾选，如图3-4中A所示。从而使美人鱼模型被冻结后显示出真实的颜色，而不是冻结的灰色。右击，从弹出的快捷菜单中选择Freeze Selection（冻结当前选择）命令，如图3-4中B所示。完成美人鱼的模型冻结。

74

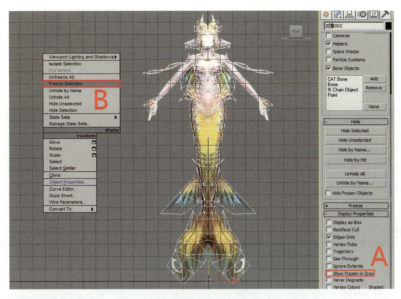

图3-4 冻结模型

> 提示：在匹配美人鱼的骨骼之前，要把美人鱼的模型选中并冻结，以便在后面创建美人鱼骨骼的过程中，美人鱼的模型不会因为被误选而出现移动、变形等问题。

3.1.2 创建Character Studio骨骼

（1）单击 Create（创建）命令面板下 Systems（系统）中的Biped按钮，在"透视"图中拖出一个与模型等高的两足角色（Biped），如图3-5所示。

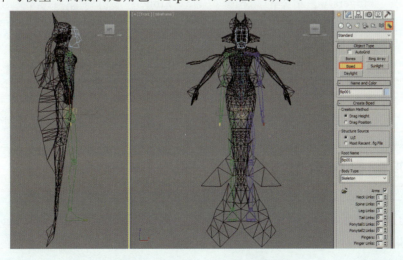

图3-5 拖出一个Biped两足角色

（2）选择两足角色（Biped）的任何一个部分，再进入 Motion（运动）命令面板，打开Biped卷展栏，单击 Figure Mode（体形模式）按钮，再选择两足的质心，并使用 Select and Move（选择并移动）工具调整质心下移，如图3-6中A所示。接着设置质心的X、Y轴坐标均为0.0cm，如图3-6中B所示，从而把质心的位置调整到模型中心。

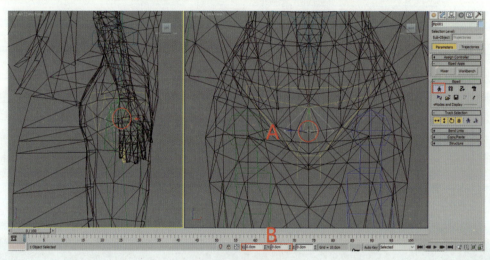

图3-6 调整质心到模型中心

（3）Biped骨骼属于标准的人物角色的结构，与美人鱼模型的身体结构有差别，因此在匹配骨骼和模型之前，要根据美人鱼模型调整Biped的结构数据，使Biped骨骼结构更加符合美人鱼模型的结构。选择刚刚创建的Biped骨骼的任意骨骼，再次打开 Motion（运动）命令面板下的Structure（结构）卷展栏，修改Spine Links（脊椎链接）的结构参数为3、Fingers（手指）的结构参数为5、Fingers Links（手指链接）的结构参数为2，如图3-7所示。

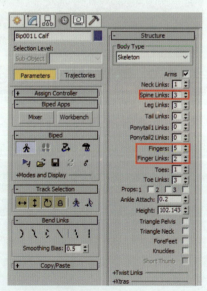

图3-7 修改Biped结构参数

3.1.3 匹配骨骼和模型

（1）匹配盆骨骨骼到模型。其方法为：选中盆骨，单击工具栏上的 Select and Uniform Scale（选择并均匀缩放）按钮，更改坐标系为Local（局部），然后在"前"视图和"左"视图中调整臀部骨骼的大小，与模型相匹配，如图3-8所示。

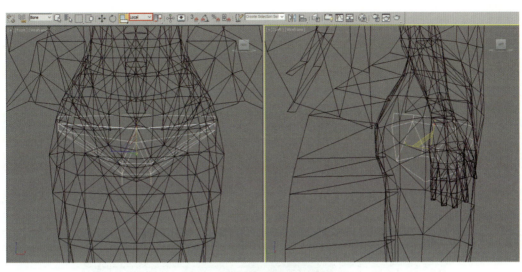

图3-8　匹配盆骨到模型

（2）匹配脊椎骨骼。其方法为：分别选中第一节和第二节脊椎骨骼，使用 Select and Move（选择并移动）、 Select and Rotate（选择并旋转）和 Select and Uniform Scale（选择并缩放）工具在"前"视图和"左"视图中匹配脊椎骨骼和模型对齐，效果如图3-9所示。

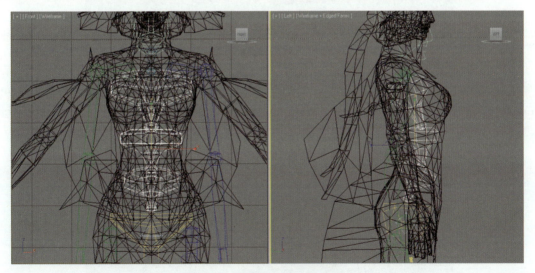

图3-9　匹配脊椎骨骼到模型

（3）匹配手臂骨骼。其方法为：选中绿色肩膀骨骼，使用 Select and Move（选择并移动）、 Select and Rotate（选择并旋转）和 Select and Uniform Scale（选择并缩放）工具在"前"视图和"左"视图中调节肩膀骨骼与相对应的模型匹配完成，如图3-10所示。按下Page Down键，从而选中绿色上臂骨骼，然后使用 Select and Rotate（选择并旋转）和 Select and Uniform Scale（选择并缩放）工具在"前"视图和"左"视图中匹配绿色上臂骨骼与模型对齐，同理，匹配绿色下臂与模型对齐，效果如图3-11所示。

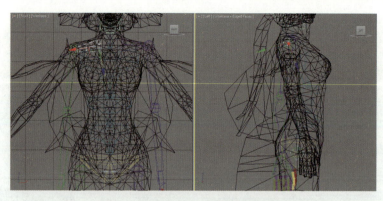

图3-10 匹配绿色肩膀骨骼到模型

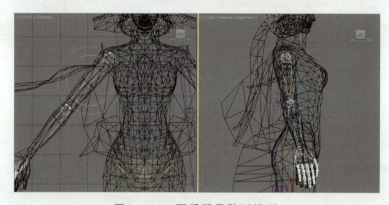

图3-11 匹配手臂骨骼到模型

（4）匹配手指骨骼。其方法为：分别选中绿色手掌和手指骨骼，使用 Select and Rotate（选择并旋转）和 Select and Uniform Scale（选择并缩放）工具匹配手掌和手指骨骼与模型对齐，效果如图3-12所示。

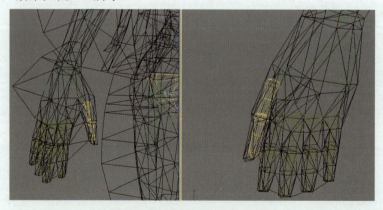

图3-12 匹配手指骨骼到模型

提示：在美人鱼模型中匹配手指的骨骼时，应注意手指节点的匹配，要做到骨骼节点与模型的手指节点完全匹配对齐。

（5）美人鱼手臂模型是左右对称的，因此可以把匹配好模型的绿色手臂骨骼的姿态复制给蓝色的手臂骨骼，从而提高制作效率和准确度。其方法为：双击绿色肩膀，从而选中整个手臂的骨骼，单击Cope/Paste（复制/粘贴）卷展栏下的 Copy Posture（复制姿态）按钮，再单击 Create Collection（创建集合）按钮，最后单击 Paste Posture Opposite（向对面粘贴姿态）按钮，效果如图3-13所示。

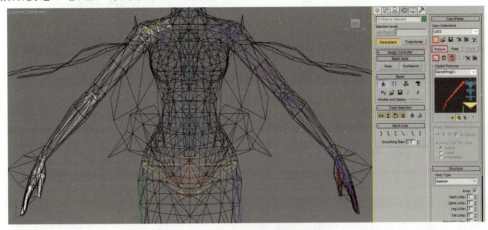

图3-13 复制手臂骨骼的信息

（6）颈部和头部的骨骼匹配。其方法为：选中颈部骨骼，使用 Select and Move（选择并移动）、 Select and Rotate（选择并旋转）和 Select and Uniform Scale（选择并缩放）工具在"前"视图和"左"视图调整骨骼，把颈部骨骼与模型匹配对齐。然后选中头部骨骼，使用 Select and Move（选择并移动）工具、 Select and Rotate（选择并旋转）工具 Select and Uniform Scale（选择并缩放）工具在"前"视图和"左"视图中调整头部骨骼与模型匹配，效果如图3-14所示。

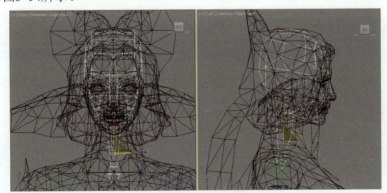

图3-14 颈部和头部骨骼匹配

（7）美人鱼的尾部不适用于人类的腿部骨骼，因此需要另外创建骨骼。其方法为：先选中所有腿部骨骼，使用 Select and Uniform Scale（选择并缩放）工具缩小放在一边，如图3-15所示。

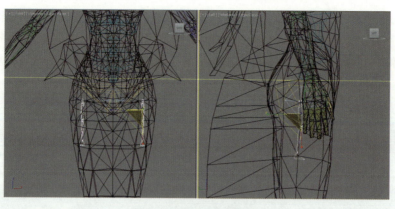

图3-15 缩小腿部骨骼

3.2 创建头发、鱼鳍、尾巴骨骼以及飘带

在创建美人鱼附属物品骨骼时,可以使用Bone骨骼。美人鱼附属物品的骨骼创建分为头发、头部鱼鳍和背部翅膀的骨骼,创建飘带和尾巴的骨骼,创建武器模型的骨骼以及骨骼的链接四部分内容。

3.2.1 创建头发、头部鱼鳍和背部翅膀的骨骼

(1)创建背面头发骨骼。其方法为:进入"左"视图,单击 Create(创建)命令面板下 Systems(系统)中的Bones按钮,在背面头发位置创建五节骨骼,然后右击结束创建,如图3-16所示。

图3-16 创建美人鱼背面头发的Bone骨骼

> 提示:在拉出五节骨骼后系统会自动生成一根末端骨骼,这时可选中末端骨骼隐藏或删除。

(2)准确匹配骨骼到模型。其方法为：选中背面头发的第一、二节骨骼，如图3-17中A所示。执行Animation（动画）|Bone Tools（骨骼工具)菜单命令，如图3-17中B所示。打开Bone Tools（骨骼工具）面板，进入Fin Adjustment Tools（鳍调整工具）卷展栏的Bone Objects选项组，调整Bone骨骼的宽度、高度和锥化参数，如图3-17中C所示。同理，调整好第三节到第五节骨骼的大小。

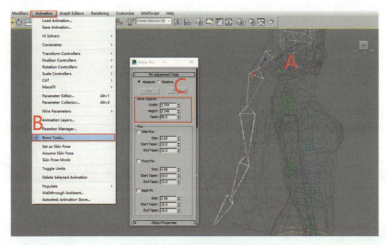

图3-17　调整骨骼大小

提示：头发的结构是上面比下面宽，所以调整骨骼大小时上面二节骨骼比下面的骨骼大。

(3)创建头部前面头发和上面头发骨骼。其方法为：进入"左"视图，单击 Create（创建）命令面板下的 Systems（系统）中的Bones按钮，如图3-18中A所示。创建骨骼之前，为方便骨骼位置的调整，先单击鼠标捕捉开关，再右击捕捉开关，弹出Grid and snap setting（栅格和捕捉设置）对话框，勾选Vertex（顶点）和Edge/Segment（边/线段）复选框，如图3-18中B所示。在前面头发位置创建两节骨骼，右击结束创建，效果如图3-18中C所示。

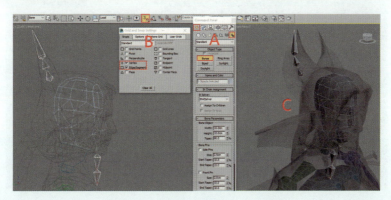

图3-18　创建头部前面头发的骨骼

（4）匹配前面头发骨骼到模型。其方法为：选中根骨骼，使用 Select and Move（选择并移动）工具调整骨骼的位置，使骨骼的位置和美人鱼的右侧头发模型能够基本匹配，最后调整Bone骨骼的高度、宽度和锥化参数，使骨骼和模型匹配对齐，效果如图3-19所示。

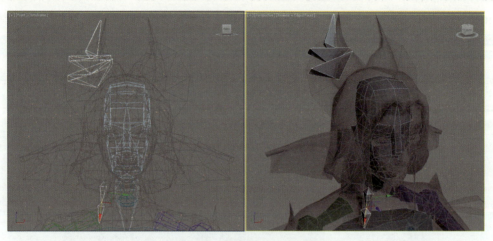

图3-19　调整骨骼的位置

提示：在激活Bone Edit Mode（骨骼编辑模式）按钮时，不能使用 Select and Rotate（选择并旋转）工具调整骨骼，不然会造成骨骼断链，同时，调整骨骼的大小时，也必须退出Bone Edit Mode（骨骼编辑模式）按钮。

（5）前面头发的骨骼复制。其方法为：双击刚刚创建的前面头发的根骨骼，从而选中整根骨骼，如图3-20中A所示。单击Bone Tools（骨骼工具）卷展栏下的Mirror（镜像）按钮，在弹出的Bone Mirror（骨骼镜像）对话框下的Mirror Axis（镜像轴）选项组中选中X单选按钮，如图3-20中B所示。此时视图中已经复制出以X轴对称的骨骼，如图3-20中C所示，单击OK按钮，完成前面头发的骨骼复制。

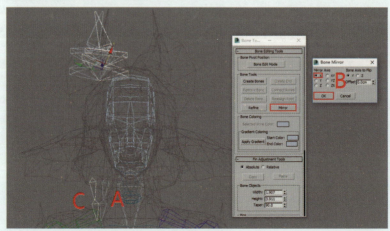

图3-20　复制右边头发骨骼

（6）调整复制的骨骼到模型，其方法为：在工具栏中将View（视图）转成Parent（屏幕）。使用 Select and Move（选择并移动）工具在"前"视图中调整骨骼的位置，使复制的骨骼和左边头发模型对齐，如图3-21所示。

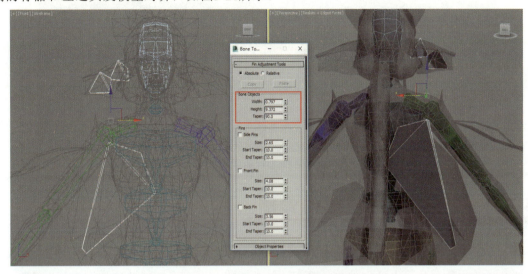

图3-21 调整复制的骨骼到模型

提示：同理复制并调整好上面的头发。

（7）创建右侧头部鱼鳍及背部翅膀骨骼。其方法为：参考前面头发骨骼的创建过程，为美人鱼头部鱼鳍模型创建两节骨骼，背部翅膀创建一节骨骼，右击结束创建，然后调整Bone骨骼的宽度、高度和锥化参数，效果如图3-22所示。再参考前面头发骨骼的镜像过程，为左侧模型匹配骨骼，如图3-23所示。

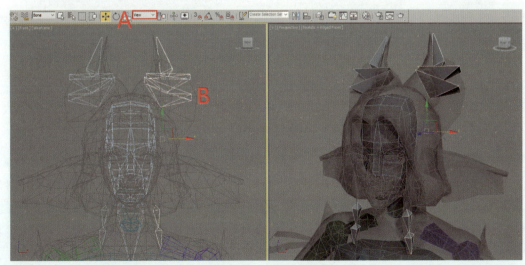

图3-22 创建右边骨骼

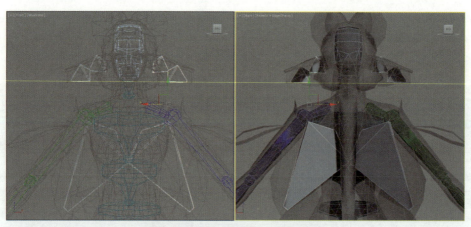

图3-23 把右边骨骼镜像到左边

3.2.2 创建飘带和尾巴的骨骼

（1）创建手臂飘带骨骼。其方法为：切换到"左"视图，单击Bones按钮，然后在飘带位置创建三节骨骼，右击结束创建。使用 Select and Move（选择并移动）工具和 Select and Rotate（选择并旋转）工具调整骨骼的位置和角度，使骨骼的位置与模型对齐。进入Bone Tools（骨骼工具）面板下的Fin Adjustment Tools（鳍调整工具）卷展栏中的Bone Objects（骨骼对象）选项组中，调整Bone骨骼的宽度、高度和锥化的参数，效果如图3-24所示。

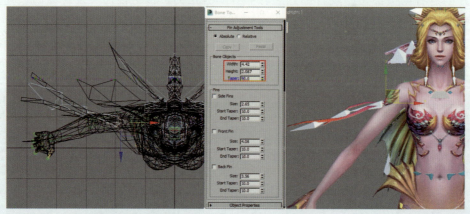

图3-24 匹配手臂的飘带骨骼

（2）右边飘带骨骼的复制。其方法为：双击左边飘带的根骨骼，从而选中整条骨骼，再单击Bone Tools（骨骼工具）面板中的Mirror（镜像）按钮，在弹出的Bone Mirror（骨骼镜像）对话框下的Mirror Axis（镜像轴）选项组中选中X单选按钮，从而复制出以X轴对称的一根骨骼，单击OK按钮，完成右边短飘带骨骼的复制。接着使用 Select and Move（选择并移动）工具调整刚刚复制的骨骼位置，使骨骼与模型对齐，如图3-25所示。

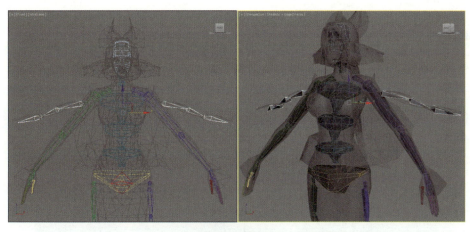

图3-25 镜像左边飘带到右边模型

（3）创建尾巴骨骼。其方法为：单击Bones按钮，然后切换到"左"视图，在尾巴位置创建五节骨骼，右击结束创建。使用 Select and Rotate（选择并旋转）工具调整骨骼的角度，使骨骼的位置与模型对齐，在Bone Tools（骨骼工具）面板下的Fin Adjustment Tools（鳍调整工具）卷展栏中的Bone Objects（骨骼对象）选项组中，调整Bone骨骼的宽度、高度和锥化的参数，如图3-26所示。

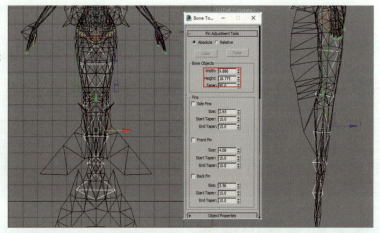

图3-26 创建尾巴骨骼

（4）尾部鱼鳍请参照飘带的创建方法，调整Bone骨骼合适的宽度、高度和锥化的参数效果，并进行复制，如图3-27所示。

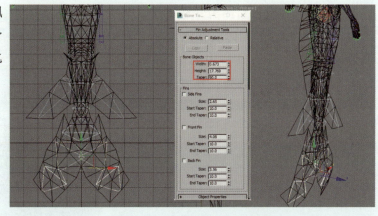

图3-27 创建尾部鱼鳍骨骼

3.2.3 创建美人鱼的武器骨骼

创建武器骨骼。其方法为：在视图中右击，从弹出的快捷菜单中选择Unhide All（全部取消隐藏)命令，此时视图中出现所有被隐藏的模型。再单击Bones按钮，并切换到"前"视图，然后在武器位置创建一节骨骼，右击结束创建。接着调整Bone骨骼的宽度、高度和锥化的参数，效果如图3-28所示。

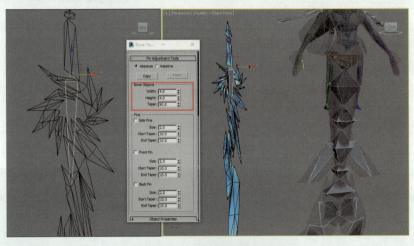

图3-28 创建武器骨骼

> 提示：所有创建Bone骨骼的末端骨骼都可隐藏或删除。其方法为：选中所有末端Bone骨骼，按Delete键进行删除或右击，在弹出的快捷菜单选择Hide Selection（隐藏选定对象）命令。

3.2.4 骨骼的链接

（1）头发和头部鱼鳍的骨骼链接。其方法为：按住Ctrl键的同时，依次选中头发的根骨骼后，单击工具栏中的 Select and Link（选择并链接）按钮，然后按住鼠标左键拖动至头骨上，释放鼠标左键完成链接，如图3-29所示。

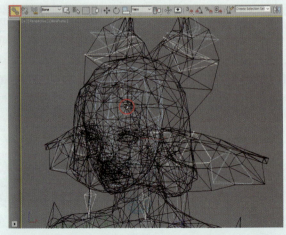

图3-29 将头发和头部鱼鳍骨骼链接到头骨

（2）翅膀骨骼链接。其方法为：选中翅膀骨骼后，单击工具栏中的 Select and Link（选择并链接）按钮，然后按住鼠标左键拖动至第一节脊椎骨骼上，释放鼠标左键完成链接，如图3-30所示。

图3-30 翅膀骨骼链接

（3）手臂飘带链接。其方法为：选中左边飘带的根骨骼后，单击工具栏中的 Select and Link（选择并链接）按钮，然后按住鼠标左键拖动至左上臂骨骼上，释放鼠标左键完成链接。右边手臂同理，如图3-31所示。

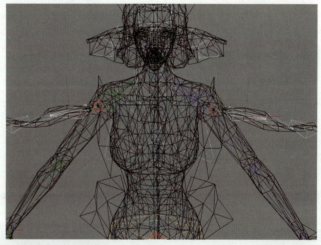

图3-31 手臂飘带骨骼链接

（4）尾巴骨骼链接。其方法为：选中尾巴骨骼的根骨骼后，单击工具栏中的 Select and Link（选择并链接）按钮，然后按住鼠标左键拖动至盆骨上，释放鼠标左键完成链接，如图3-32所示。

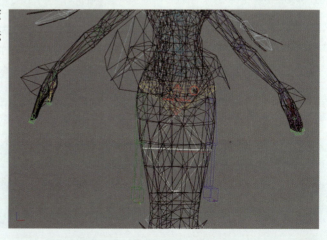

图3-32 尾巴骨骼链接

（5）尾部鱼鳍骨骼链接。其方法为：分别选中尾部鱼鳍的根骨骼后，单击工具栏中的 Select and Link（选择并链接）按钮，然后按住鼠标左键拖动至尾巴骨骼上，释放鼠标左键完成链接，如图3-33所示。

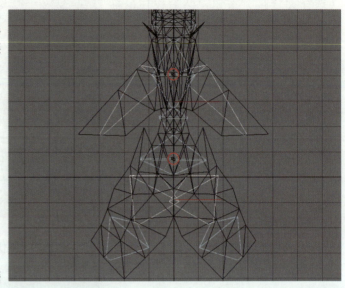

图3-33　尾部鱼鳍骨骼链接

3.3　美人鱼的蒙皮设定

Skin（蒙皮）的优点是可以自由选择骨骼来进行蒙皮，调节权重也十分方便。本节内容包括添加Skin（蒙皮）修改器、调节身体权重、调节美人鱼的武器权重部分。

3.3.1　添加Skin（蒙皮）修改器

（1）解除模型的冻结。其方法为：在视图中右击，在弹出的菜单中选择Unfreeze All（全部解冻）命令，如图3-34所示。

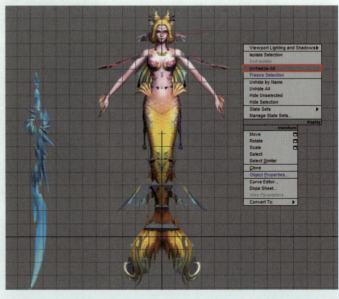

图3-34　美人鱼模型解冻

(2)冻结武器模型和骨骼。其方法为：选中武器的模型和骨骼后，右击，在弹出的快捷菜单中选择Freeze Selection（冻结选定对象）命令，如图3-35所示。从而冻结武器的模型和骨骼。

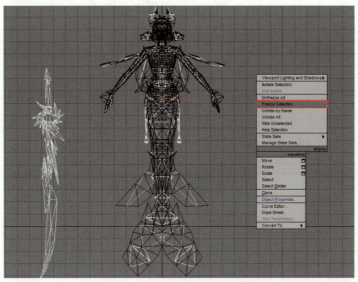

图3-35　冻结武器的模型和骨骼

(3)为美人鱼添加Skin（蒙皮）修改器。其方法为：选中美人鱼模型，打开 Modify（修改）命令面板中的Modifier List（修改器列表）下拉菜单，选择Skin（蒙皮）修改器，如图3-36所示。在Parameters（参数）卷展栏中单击Add（添加）按钮，如图3-37中A所示。并在弹出的Select Bones（选择骨骼）对话框中选择全部骨骼，再单击Select（选择）按钮。如图3-37中B所示，将骨骼添加到蒙皮。

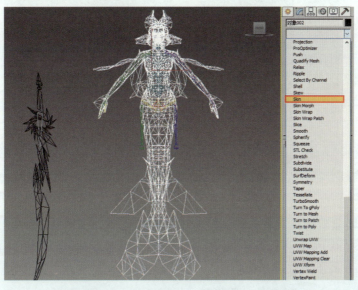

图3-36　为模型添加Skin（蒙皮）修改器

图3-37 添加所有的骨骼

（4）添加完全部骨骼后，需要将对美人鱼动作不产生作用的骨骼删除，以便减少系统对骨骼数目的运算。其方法为：在Add（添加）列表中选择质心骨骼Bip001以及腿部骨骼，单击Remove（移除）按钮进行删除，如图3-38所示。这样，会使蒙皮的骨骼对象更加简洁。

图3-38 移除质心及腿部骨骼

（5）设置骨骼显示模式。其方法为：选中所有的骨骼，如图3-39中A所示。然后右击，在弹出的快捷菜单中选择Object Properties（对象属性）命令，接着在弹出的Object Properties（对象属性）对话框中勾选Display as Box（显示为外框）复选框，如图3-39中B所示。单击OK按钮，可以看到视图中骨骼变为外框显示，如图3-40所示。

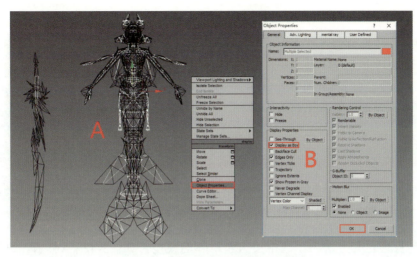

图3-39 选择骨骼并改变显示模式

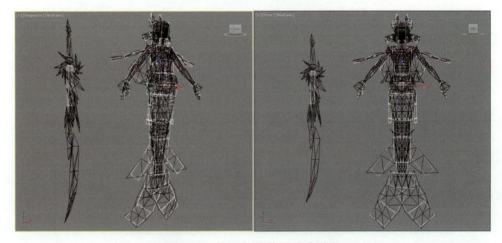

图3-40 美人鱼骨骼显示为外框

3.3.2 调节身体权重

提示：在调节权重时，看到权重中的点上的颜色变化，不同颜色代表着这个点受这节骨骼权重的权重值不同，红色的点受这节骨骼的影响的权重值最大为1.0，蓝色点受这节骨骼的影响的权重值最小，白色的点代表没有受这节骨骼的影响，权重值为0.0。

为骨骼指定Skin（蒙皮）修改器后，我们还不能调节美人鱼的动作。因为这时骨骼对模型顶点的影响范围往往是不合理的，在调节动作时会使模型产生变形和拉伸。因此在调节之前要先使用Edit Envelopes（编辑封套）功能将骨骼对模型顶点的影响控制在合理范围内。

（1）为了便于观察，可以先将骨骼隐藏起来。其方法为：双击质心选中所有的骨骼，如图3-41中A所示。然后右击在弹出的快捷菜单中选择Hide Selection（隐藏选定对象）命令，如图3-41中B所示。隐藏所有的骨骼，如图3-41中C所示。

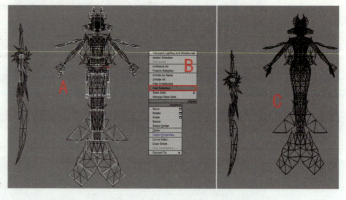

图3-41 隐藏骨骼

（2）激活权重。其方法为：选中美人鱼身体的模型，如图3-42中A所示。选择Skin（蒙皮）修改器，单击并激活Edit Envelopes（编辑封套）按钮，勾选Vertices（顶点）复选框，如图3-42中B所示。接着单击 Weight Tool（权重工具），如图3-43中A所示。弹出Weight Tool（权重工具）面板进行权重编辑，如图3-43中B所示。

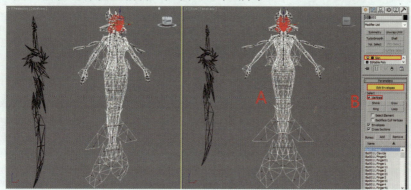

图3-42 激活编辑封套

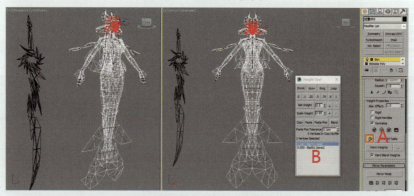

图3-43 激活权重

提示：为了便于观察，可以关掉封套显示。

（3）调节头部权重。其方法为：在Display（显示）卷展栏中勾选Show No Envelopes（不显示封套）复选框，如图3-44中A所示。关掉封套后，效果如图3-44中B所示。选中头部的权重链接，如图3-45中A所示。选中与头部所有相关的点，如图3-45中B所示。设置权重值为1，如图3-45中C所示。选中头部与脖子相衔接的部分，设置权重值为0.5，如图3-46所示。

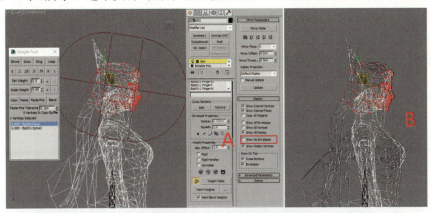

图3-44 关掉封套显示

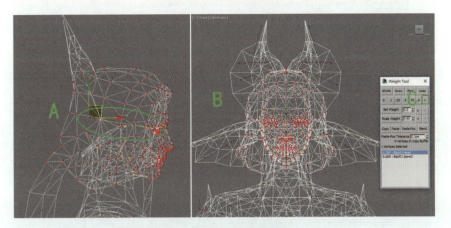

图3-45 调节头部权重为1

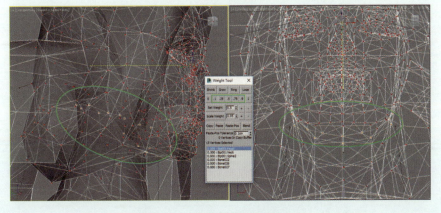

图3-46 调节头部权重为0.5

（4）调节上面头发骨骼权重。其方法为：参照头部赋予权重的方法，选中上面头发末端的权重链接，如图3-47中A所示。设置头发末端骨骼权重值为1，与第二节权重链接的权重值也设置为1，效果如图3-47中B所示。调节头发第二节骨骼的权重。其方法为：参照头发末端的调节方法。选中第二节骨骼的权重链接，如图3-48中A所示。与头发末端相衔接位置的权重值设置为0.5左右，与根骨骼链接位置的权重值设置为1，如图3-48中B所示。调节头发根骨骼的权重。其方法为：参照头发第二节骨骼的调节方法，选中根骨骼的权重链接，图3-49中A所示。与头发第二节骨骼相衔接位置的权重值设置为0.5左右，与根骨骼相衔接位置的权重值设置为1，与头部骨骼相衔接位置的权重值设置为0.5左右，如图3-49中B所示。

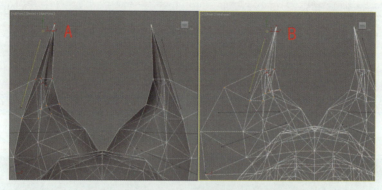

图3-47　调节上面头发末端的骨骼权重

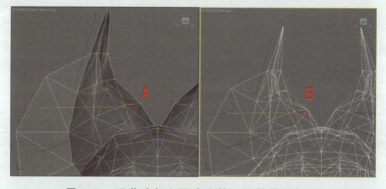

图3-48　调节头部上面头发第二根骨骼的权重

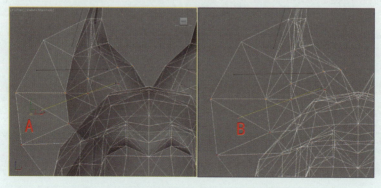

图3-49　调节头部上面头发根骨骼的权重

（5）调节盆骨骨骼权重。其方法为：参照头发赋予权重的方法。先选择盆骨骨骼权重的链接，设置其所在位置的权重值为1，盆骨与腰部相衔接位置的权重值设置为0.5左右，盆骨与尾部相衔接位置的权重值设置为0.5左右，效果如图3-50所示。

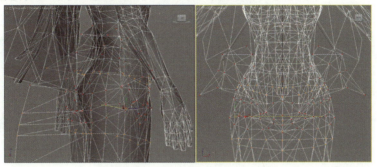

图3-50　调节臀部骨骼的权重

（6）调节腹部骨骼权重。其方法为：参照上面赋予权重的方法，选择腹部骨骼链接，设置其所在位置的权重值为1，与盆骨相衔接位置的权重值设置为0.5左右，与腰部骨骼相衔接位置权重值设置为0.5左右，效果如图3-51所示。

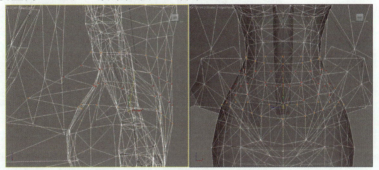

图3-51　调节腹部骨骼的权重

（7）调节腰部骨骼权重。其方法为：参照上面赋予权重的方法，选择腰部骨骼链接，设置其所在位置的权重值为1，与腹部以及胸腔相衔接位置的权重值设置为0.5左右。注意，在蒙皮时结合腰部装备及饰品等部分的权重值要统一，效果如图3-52所示。

图3-52　调节腰部骨骼的权重

（8）调节胸腔骨骼权重。其方法为：参照上面赋予权重的方法，选择胸腔骨骼链接，设置其所在位置的权重值为1，与腰部相衔接位置的权重值设置为0.5左右，与手臂、肩膀和脖子相衔接位置的权重值设置为0.5左右，效果如图3-53所示。

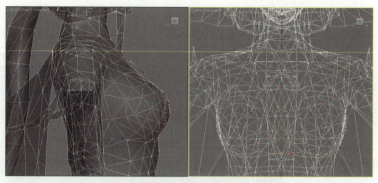

图3-53　调节胸腔骨骼的权重

（9）调节右侧肩膀骨骼权重。其方法为：参照上面赋予权重的方法，选择肩膀骨骼的权重链接，与胸腔相衔接位置的权重值设置为0.5左右，与手臂、脖子相衔接位置的权重值设置为0.5左右。注意处理好脖子与肩部及胸部之间权重值的过渡变化。效果如图3-54所示。

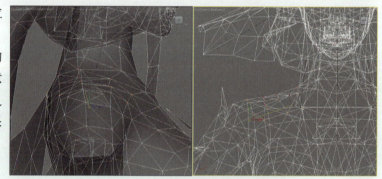

图3-54　调节右边肩膀骨骼的权重

（10）调节右手臂骨骼权重。其方法为：参照上面赋予权重的方法，选择肩臂骨骼的权重链接，与肩膀及肘臂骨骼相衔接位置的权重值设置为0.5左右，效果如图3-55中A所示。选择肘臂骨骼的权重链接，与肩臂及手掌骨骼相衔接位置的权重值设置为0.5左右，效果如图3-55中B所示。

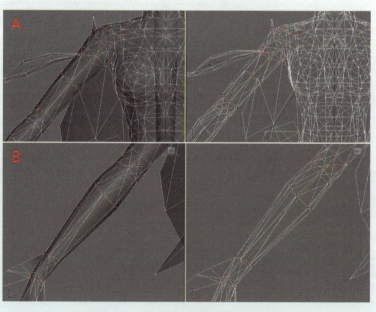

图3-55　调节右边手臂骨骼的权重

（11）调节右侧手部骨骼的权重。其方法为：参照上面赋予权重的方法，选择手掌骨骼的权重链接，设置其所在位置的权重值为1，与邻近骨骼相衔接位置的权重值设置为0.5左右，效果如图3-56中A所示。分别选择每一根手指的根骨骼的权重链接，与手掌相衔接位置的权重值设置为0.5左右，与手指末端相衔接位置的权重值设置为0.5左右，效果如图3-56中B所示。分别选择每一根手指的末端骨骼的权重链接，与根骨骼手指相衔接位置的权重值设置为0.5左右，与手指末端相衔接位置的权重值设置为1，效果如图3-56中C所示。

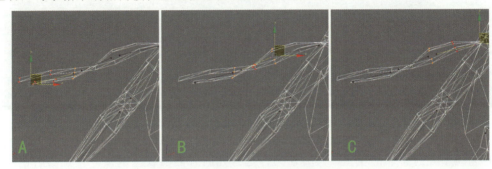

图3-56　调节右边手部骨骼的权重

（12）调节右臂飘带骨骼的权重。其方法为：参照上面赋予权重的方法，选择飘带第三节骨骼的权重链接，与第二节飘带骨骼相衔接位置的权重值设置为0.5左右，效果如图3-57中A所示。选择第二节骨骼的权重链接，与第三节相衔接位置的权重值设置为0.5左右，与根骨骼相衔接位置的权重值设置为0.5左右，效果如图3-57中B所示。选择飘带根骨骼的权重链接，与第二节骨骼相衔接位置的权重值设置为0.5左右，与肩臂相衔接位置的权重值设置为0.5左右，效果如图3-57中C所示。

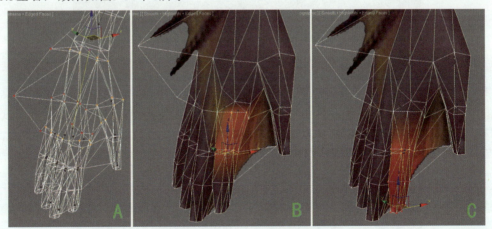

图3-57　调节右臂飘带骨骼的权重

（13）调节尾巴骨骼的权重。其方法为：参照上面赋予权重的方法，注意尾部的骨骼是根据鱼尾的造型设置，因此在设置权重时衔接部位权重值设置为0.5左右进行过渡，与身体部分也是按照骨骼分段进行权重值逐步递减，效果如图3-58所示。

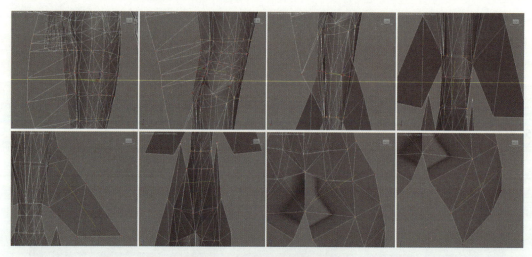

图3-58 调节尾巴骨骼的权重

（14）调节翅膀骨骼的权重。其方法为：选择翅膀骨骼的权重链接，设置其所在位置的权重值为1。与胸部相衔接位置的权重值设置为0.5左右。注意处理好左右翅膀与肩部衔接部位权重的变化。效果如图3-59所示。

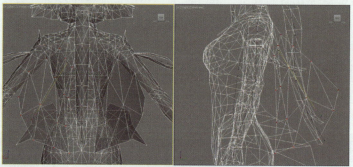

图3-59 调节翅膀骨骼的权重

（15）根据头发结构造型变化，调节后面头发骨骼的权重值。其方法为：参照尾巴赋予权重的方法，注意处理好与头顶衔接部位权重值的过渡变化，通过旋转工具反复调试后面头发运动的姿态，及时调整权重值的变化。效果如图3-60所示。

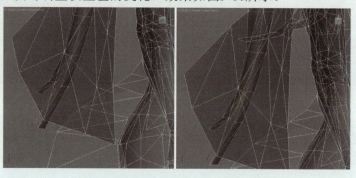

图3-60 调节后面头发骨骼的权重

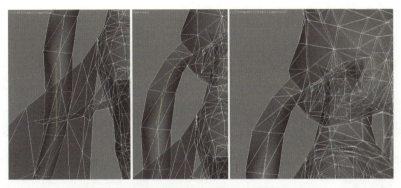

图3-60 调节后面头发骨骼的权重(续)

> 提示：左边与右边的肩膀、飘带、鱼鳍等权重的方法一致。在调节骨骼的权重时，如果不小心移动了权重链接的位置，必须按Ctrl+Z组合键撤销链接的移动。

3.3.3 调整美人鱼的武器权重

（1）取消对武器模型的隐藏。在视图中右击，从弹出的快捷菜单中选择Unhide All（全部取消隐藏）命令，从而取消被隐藏的模型和骨骼，如图3-61中A所示。然后框选美人鱼模型和骨骼，右击，从弹出的快捷菜单中选择Hide Selection（隐藏选定对象）命令，如图3-61中B所示，将美人鱼的模型和骨骼隐藏。

图3-61 隐藏美人鱼模型和骨骼

（2）为武器添加Skin（蒙皮）修改器。其方法为：选中美人鱼的武器模型，打开 Modify（修改）面板中的Modifier List（修改器列表）下拉菜单，选择Skin（蒙皮）修改器，在Parameters（参数）卷展栏下单击Add（添加）按钮，如图3-62中A所示。在弹出的Select Bones（选择骨骼）对话框中选择武器骨骼，如图3-62中B所示。接着单击Select（选择）按钮，将骨骼添加到蒙皮。

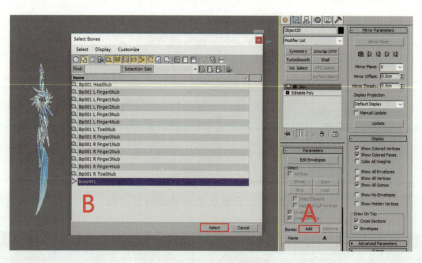

图3-62　添加武器骨骼

（3）调整武器的权重值。其方法为：单击并激活Edit Envelopes（编辑封套）按钮，再勾选Vertices（顶点）复选框，设定为顶点模式，此时可以选中模型的顶点，如图3-63中A所示。然后单击Parameters（参数）卷展栏下的 Weight Tool（权重工具）按钮，在弹出的Weight Tool（权重工具）面板中单击1按钮，从而将选中的武器模型顶点受骨骼的影响的权重值设置为1，如图3-63中B所示。

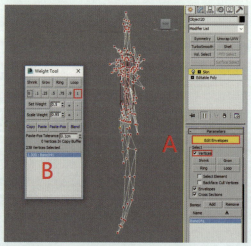

图3-63　调整武器骨骼上点的权重

（4）取消模型的冻结和恢复模型材质颜色。其方法为：右击，在弹出的快捷菜单中选择Unhide All（全部取消隐藏）命令，从而取消被隐藏的模型和骨骼。进入 Display（显示）面板，再打开Display Color（显示颜色）卷展栏，选中Shaded（明暗处理）模式中的Material Color（材质颜色）选项，此时美人鱼模型变成材质贴图；再选中Bone骨骼的末端骨骼，右击，在弹出的快捷菜单中选择Hide Selection（隐藏选定对象）命令，最终效果如图3-64所示。

图3-64 恢复模型的材质颜色和隐藏末端骨骼

3.4 制作美人鱼的动画

本章主要讲解网络游戏女法师——美人鱼的动画制作。美人鱼的动态造型设计思路上更多的借鉴鱼类的运动行为方式,再结合人类肢体语言特殊运动方式(主要结合体育运动——蛙泳)根据动作文案的需求进行动画制作,内容包括美人鱼的游动、特殊攻击以及三连击动画的制作。

3.4.1 制作美人鱼的游动动作

本节学习美人鱼的游动动画的制作。美人鱼游动的重点主要是头部、臀部及尾部3个阶段呈S形往前游动,并通过尾部的摆动推动身体前行。首先来看一下美人鱼游动动作图片序列和关键帧的安排,如图3-65所示。

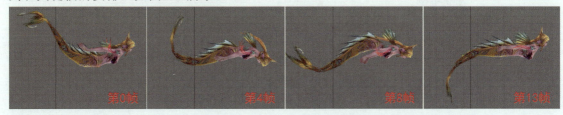

图3-65 美人鱼游动序列图

(1)按H键,弹出Select From Scene(从场景中选择)对话框,选择所有Biped骨骼,如图3-66中A所示。接着打开Motion(运动)命令面板下的Biped卷展栏,关闭Figure Mode(体形模式),最后单击Key Info(关键点信息)卷展栏下的Set Key(设置关键点)按钮,如图3-66中B所示。为Biped骨骼在第0帧处创建关键帧,如图3-66中C所示。

图3-66 为Biped骨骼创建关键帧

(2) 使用选择Biped骨骼的方式选中所有Bone骨骼，双击进行整体激活，如图3-67中A所示。单击Auto Key（自动关键点）按钮，为Bone骨骼在第0帧处创建关键帧，如图3-67中B所示。

图3-67 为Bone创建关键帧

(3) 单击动画控制区中的 Time Configuration（时间配置）按钮，在弹出的Time Configuration（时间配置）对话框中设置End Time（结束时间）为18，设置Speed速度模式为1/2x，单击OK按钮，如图3-68所示。从而将时间滑块长度设置为18帧。

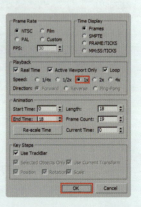

图3-68 设置时间配置

（4）选中质心，进入 Motion（运动）命令面板，依次单击Track Selection（轨迹选择）卷展栏下的 Lock COM Keying（锁定COM关键帧）按钮、Body Horizontal（躯干水平）按钮、Body Vertical（躯干垂直）按钮和 Body Rotation（躯干旋转）按钮，锁定质心3个轨迹方向；接着单击Key Info（关键点信息）卷展栏下的 Trajectories（轨迹）按钮来显示骨骼运动轨迹，如图3-69所示。

图3-69 锁定质心的轨迹选择

（5）调整美人鱼游动的初始帧。其方法为：使用 Select and Move（选择并移动）工具和 Select and Rotate（选择并旋转）工具调整美人鱼质心、脊椎、尾部、手臂和头骨骼的位置和角度。注意，在设置初始姿态时动作的幅度要适度夸张，如图3-70所示。

图3-70 美人鱼游动初始姿势

（6）为保持首尾关键帧衔接一致，对初始姿态帧复制到末尾帧。其方法为：为了方便观察动作的流畅性，选中所有骨骼，按住Shift的同时从第0帧拖至第18帧，游动动作整个动画节奏控制在18帧以内，更好地控制运动节奏，如图3-71所示。完成复制。

图3-71 美人鱼在第18帧的姿势

（7）调整美人鱼在第3帧、第6帧、第9帧和第13帧的姿势。其方法为：选中所有骨骼，将第0帧的姿势参照以上方法复制到第3帧，再使用 Select and Move（选择并移动）工具和 Select and Rotate（选择并旋转）工具调整美人鱼尾部、脊椎、头部和手臂骨骼的位置和角度，如图3-72所示。再选中所有骨骼，将第3帧的姿势复制到第6帧，使用上述方法进行调整。第9帧和第13帧同理进行复制、调整。注意，在逐帧调整动画关键帧时要将身体及四肢的动态从不同的视图进行反复调试，如图3-73～图3-75所示。

图3-72 美人鱼在第3帧的姿势

图3-73 美人鱼在第6帧的姿势

图3-74 美人鱼在第9帧的姿势

图3-75 美人鱼在第13帧的姿势

（8）调整美人鱼质心的位置。其方法为：选中质心，拖动时间滑块到第9帧，再使用 Select and Move（选择并移动）工具调整质心上移，制作美人鱼游动到最高点位置，制作出提臀的动态造型。质心位置变化的规律如图3-76所示。

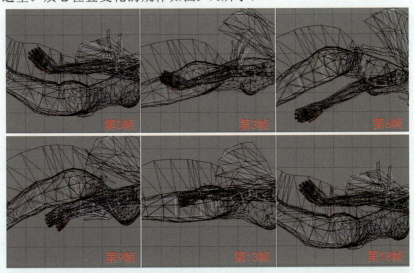

图3-76 质心的变化规律

(9) 调整头部的运动姿势。其方法为：选中美人鱼的头部骨骼，使用 Select and Rotate（选择并旋转）工具调整美人鱼头部的角度，制作出美人鱼游泳时头部力度的姿势展现。注意调整动作时头部与胸部运动节奏的变化，如图3-77所示。

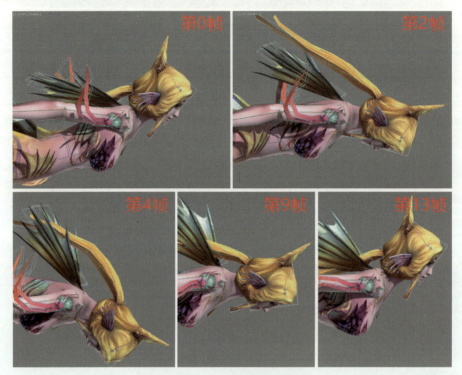

图3-77 头部的运动姿势

(10) 调整飘带根骨骼的位置。其方法为：拖动时间滑块到第6帧，使用 Select and Rotate（选择并旋转）工具调整手臂飘带骨骼向美人鱼手臂运动相反的方向偏移，制作出飘带跟随手臂的姿势，如图3-78所示。注意上臂、前臂及手掌部分的摆动节奏及速度的变化。

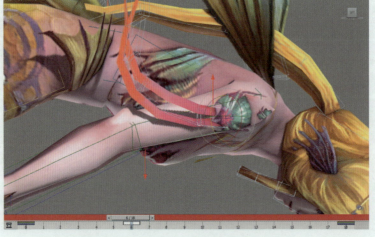

图3-78 在第6帧调整飘带骨骼的姿势

(11) 调整后面头发的姿势。其方法为：拖动时间滑块到第3帧，使用 Select and Rotate（选择并旋转）工具调整后面头发根骨骼向下稍微移动。同理，拖动时间滑块到第10帧，再调整后面头发的根骨骼向上稍微移动，如图3-79所示。

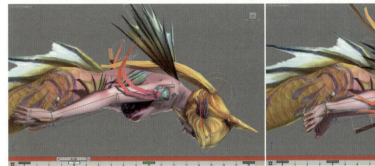

图3-79 调整背面头发根骨骼的姿势

（12）安装飘带插件制作动画。方法1：打开3ds Max软件，将"Spring Magic_飘带插件.mse"文件拖到视图中。方法2：将插件放到X:\Program Files\Autodesk\3ds Max 2014\Scripts\文件夹中，再进入3ds Max，执行MAX Script|Run Script菜单命令，然后在打开的文件夹中找到"Spring Magic_飘带插件.mse"文件，双击运行Spring Magic飘带插件面板，如图3-80所示。

图3-80 Spring Magic飘带插件面板

（13）使用插件分别为头发和飘带调整姿势。其方法为：选中飘带和头发骨骼中除根骨骼外的所有骨骼，如图3-81中A所示。打开Spring Magic飘带插件所在的文件夹，找到"Spring Magic_飘带插件.mse"文件并将其拖入到3ds Max的视图中，如图3-81中B所示。在Spring Magic面板中，将Spring参数设置为0.3，将Loops参数设置为4，单击Bone按钮，此时可以为选中的骨骼进行调节动作运算。Spring Magic飘带插件计算骨骼的运动轨迹，循环五次，循环完后的效果如图3-81中C所示。

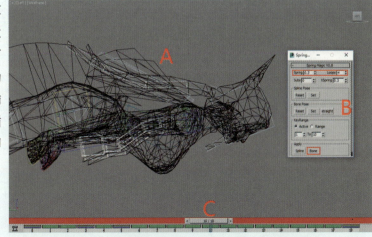

图3-81 使用插件为头发和飘带骨骼调整姿势

3.4.2 制作美人鱼的特殊攻击

法术特殊攻击是游戏中法术系职业不同角色的专属攻击，往往会结合特效法术技能的特殊表现进行整体调整。本节就来学习美人鱼法术特殊攻击动作的制作方法。在美人鱼的特殊攻击动作中，将会学到水中旋转翻滚及蓄力施法的攻击动作。首先来看一下美人鱼特殊攻击动作的主要序列图，如图3-82所示。

图3-82 美人鱼的技能攻击序列图

（1）链接武器。其方法为：使用 Select and Move（选择并移动）工具和 Select and Rotate（选择并旋转）工具调整武器骨骼的角度和位置，做出右手握剑的姿势，再将武器的骨骼链接给手掌，效果如图3-83所示。

（2）设置美人鱼特殊攻击的关键帧。其方法为：参照美人鱼游动的方法来设置关键帧。单击动画控制区中的 Time Configuration（时间配置）按钮，在弹出的Time Configuration（时间配置）对话框中设置End Time（结束时间）为27，设置Speed（速度）模式为1/2x，单击OK按钮，如图3-84所示。从而将时间滑块长度设置为27帧。

图3-83 将武器链接到手掌　　　图3-84 设置时间配置

（3）设置攻击前的初始姿势。其方法为：拖动时间滑块到第0帧。使用 Select and Move（选择并移动）工具和 Select and Rotate（选择并旋转）工具调整美人鱼的姿势。注意攻击姿态左右手及身体姿态的变化，如图3-85所示。

图3-85　美人鱼在第0帧的初始姿势

（4）调整第3帧的姿势。其方法为：选中所有的骨骼，将第0帧拖动到第3帧，再使用 Select and Move（选择并移动）工具和 Select and Rotate（选择并旋转）工具调整美人鱼质心、脊椎、头、手臂和尾部骨骼的位置和角度，制作出美人鱼水中旋转的姿势。注意旋转时头部及尾部的动态造型及运动速度的变化，如图3-86所示。

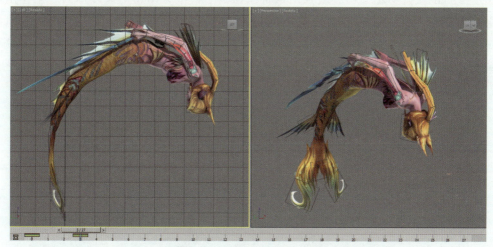

图3-86　美人鱼在第3帧的姿势

（5）调整第6帧到第13帧加速旋转的姿势。其方法为：选中质心，使用 Select and Rotate（选择并旋转）工具进行旋转，注意在制作旋转运动状态时身体与四肢动态的变化，特别是尾部旋转是快速翻滚抖动的效果。序列图如图3-87所示。

角色动画制作（下）

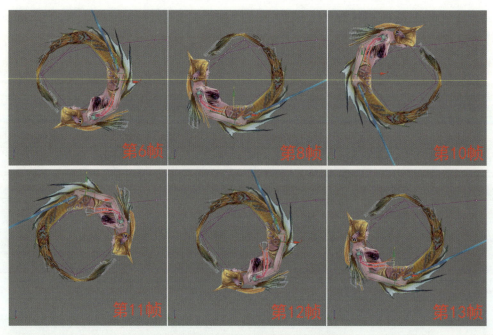

图3-87 美人鱼加速旋转的序列姿势

> 注意：美人鱼在空中转圈时，速度由慢变快，形成向前的姿态；最后进行动作的缓冲停止，产生动态的能量聚集。同时质心的轨迹尽量呈圆形，控制旋转的速度。

（6）在制作旋转动态变化后回收到预备攻击状态，准备出击。其方法为：选中所有骨骼从第13帧拖动至第14帧，再使用 Select and Move（选择并移动）工具和 Select and Rotate（选择并旋转）工具调整美人鱼质心、脊椎、手臂和武器骨骼的位置和角度，制作出美人鱼水中旋转后准备出击的姿势。同时根据角色武器的特点设置攻击的状态，如图3-88所示。

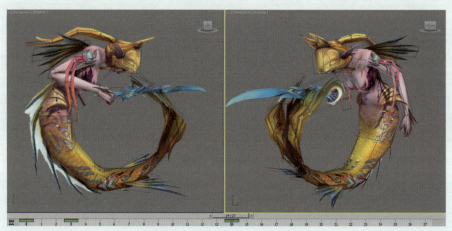

图3-88 美人鱼在第14帧的姿势

110

（7）施法攻击。主要是武器单手攻击，结合后续特效技能的攻击状态调整姿态。其方法为：选中所有骨骼，从第14帧拖动至第18帧，再使用 Select and Move（选择并移动）工具和 Select and Rotate（选择并旋转）工具调整美人鱼质心、脊椎、手臂和武器骨骼的位置和角度，制作出美人鱼出击的姿势，如图3-89所示。

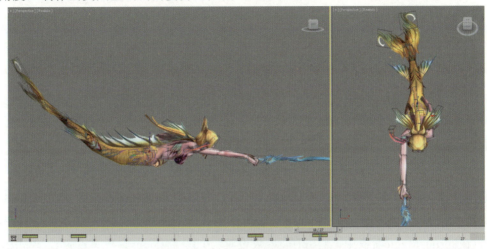

图3-89 美人鱼在第18帧的姿势

（8）接下来是美人鱼出击后向前游动紧逼对手的序列图。使用 Select and Move（选择并移动）工具和 Select and Rotate（选择并旋转）工具调整美人鱼的姿势，其中第17帧、第19帧、第21帧和第23帧为美人鱼尾部运动的过渡帧，制作出美人鱼游动的力度，如图3-90所示。接着调整质心向前加速移动的轨迹，如图3-91所示。

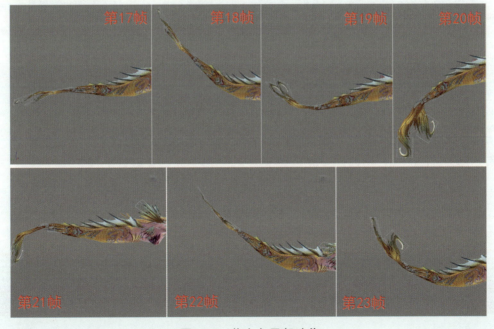

图3-90 美人鱼尾部动作

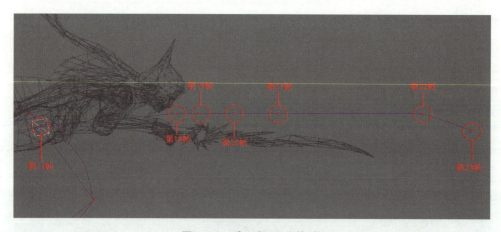

图3-91 质心的运动轨迹

（9）使用Spring Magic飘带插件为头发和飘带调整姿势。其方法为：选中头发和飘带骨骼中除根骨骼外的所有骨骼，如图3-92中A所示。打开Spring Magic_飘带插件所在的文件夹，找到"Spring Magic_飘带插件.mse"文件并将其拖入到3ds Max的视图中，如图3-92中B所示。在Spring Magic面板中，将Spring参数设置为0.3，将Loops参数为设置4，单击Bone按钮，此时可以为选中的骨骼进行调节动作运算。Spring Magic飘带插件计算骨骼的运动轨迹，循环五次。

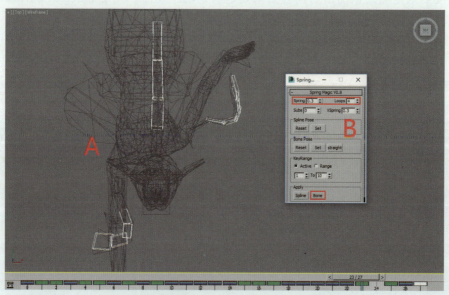

图3-92 使用插件为头发和飘带骨骼调整姿势

注意：Spring Magic飘带插件运算后可能会出现错误，这时候需要手动去反复调整完成。

3.4.3 制作美人鱼三连击动作

美人鱼属于法系职业。三连击特殊技能的表现更多的是法术结合武器特效技能的释放来实施的。通过操控武器对目标对象进行群体伤害或整体进行控场。本节重点精讲美人鱼三连击动作的制作技巧及制作流程。在美人鱼的三连击动作中，能学到旋转攻击、横扫攻击和下斩攻击。首先来看一下美人鱼三连击动作的主要序列图，如图3-93所示。

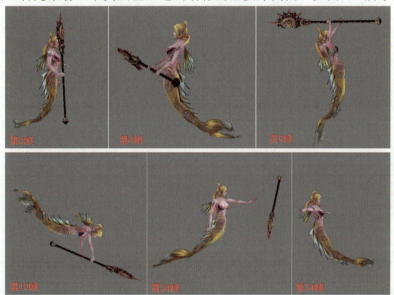

图3-93 美人鱼三连击攻击序列图

（1）按H键，弹出Select From Scene从场景中选择对话框，选择所有Biped骨骼，如图3-94中A所示。展开Motion（运动）命令面板下的Biped卷展栏，关闭Figure Mode（体形模式）；接着展开Key Info（关键点信息）卷展栏，单击Set Key（设置关键点）按钮，如图3-94中B所示。为Biped骨骼在第0帧处创建关键帧，如图3-94中C所示。

图3-94 为Biped骨骼创建关键帧

(2)将时间滑块拖动到第0帧,使用 Select and Move(选择并移动)工具和 Select and Rotate(选择并旋转)工具调整美人鱼质心、脊椎、头、手臂和尾部骨骼的位置和角度,使美人鱼眼睛注视前方,尾巴稍稍弯曲,保持水中站立姿势,如图3-95所示。

图3-95 美人鱼在第0帧的姿势

(3)第1帧到第8帧是一个序列的旋转攻击,使用 Select and Move(选择并移动)工具和 Select and Rotate(选择并旋转)工具调整美人鱼质心、脊椎、头、手臂和尾骨骼的位置和角度,制作出美人鱼攻击前旋转发力的感觉,如图3-96所示。

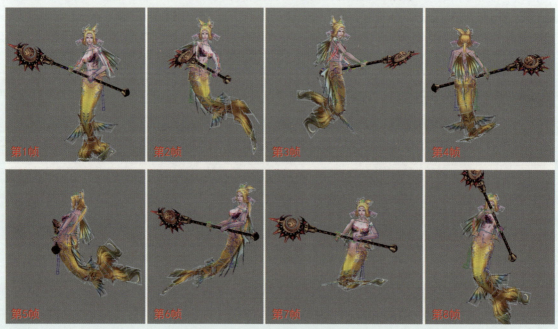

图3-96 第1帧到第8帧的序列图

（4）由于美人鱼是直线向上旋转，因此质心的轨迹必然是一条竖直向上的螺旋轨迹或竖直线。如图3-97所示的是竖直线轨迹。

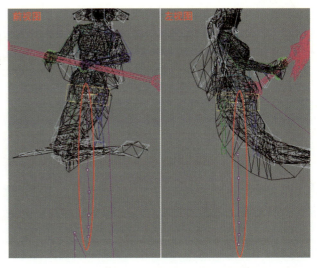

图3-97 美人鱼向上旋转的质心轨迹

（5）拖动时间滑块到第8帧，使用 Select and Move（选择并移动）工具和 Select and Rotate（选择并旋转）工具调整美人鱼质心、脊椎、头、手臂和尾部骨骼的位置和角度，使美人鱼质心稍微后移、身体后仰、双手向上挥动武器、尾巴稍微蜷曲，制作出美人鱼后移蓄力的姿势，如图3-98所示。然后选中所有的骨骼，把第8帧拖动到第9帧，再使用 Select and Move（选择并移动）工具细微调整质心下移、后移的姿势。

图3-98 制作美人鱼攻击的蓄力姿势

（6）拖动时间滑块到第9帧，使用 Select and Move（选择并移动）工具和 Select and Rotate（选择并旋转）工具调整美人鱼质心、脊椎和尾部骨骼的位置和角度，使质心向前、向下移动，制作出向下俯冲的姿势，如图3-99所示。第9帧到第10帧是迅速出击，质心位置轨迹如图3-100所示。

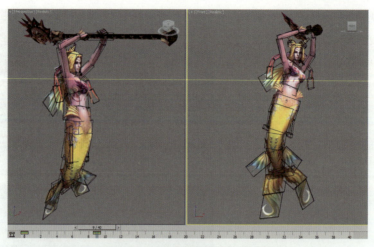

图3-99 美人鱼在第9帧的姿势

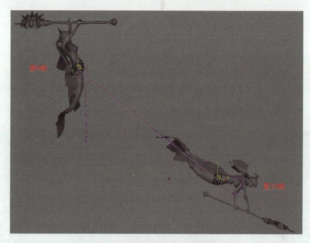

图3-100 质心的轨迹

（7）拖动时间滑块到第16帧，使用 Select and Move（选择并移动）工具和 Select and Rotate（选择并旋转）工具调整美人鱼质心、脊椎和尾部骨骼的位置和角度，结束第一击，如图3-101所示。

图3-101 美人鱼在第16帧的姿势

（8）拖动时间滑块到第13帧，使用 Select and Move（选择并移动）工具和 Select and Rotate（选择并旋转）工具调整美人鱼质心、脊椎和尾部骨骼的位置和角度，制作出结束招式的过渡帧，调整尾部稍微向上卷曲、武器向内收，如图3-102所示。

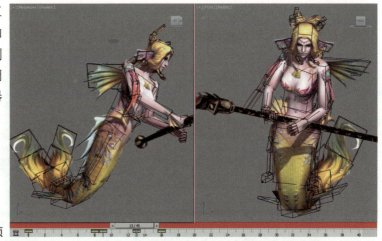

图3-102　结束招式的过渡帧

（9）第二击准备，将第0帧拖动到第19帧，使用 Select and Move（选择并移动）工具和 Select and Rotate（选择并旋转）工具将第19帧质心移到第16帧质心稍微向上、向前，如图3-103所示。

图3-103　第16帧到第19帧的质心轨迹

（10）拖动时间滑块到第21帧，使用 Select and Move（选择并移动）工具和 Select and Rotate（选择并旋转）工具调整美人鱼质心、脊椎和尾部骨骼的位置和角度，制作出美人鱼第二击的蓄力准备，调整武器向内收，左手附上武器，如图3-104所示。

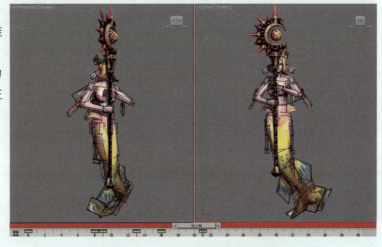

图3-104　美人鱼在第21帧的姿势

（11）拖动时间滑块到第22帧，使用 Select and Move（选择并移动）工具和 Select and Rotate（选择并旋转）工具调整美人鱼质心、脊椎和尾部骨骼的位置和角度，调整双手张开，武器向外掷出，如图3-105所示。

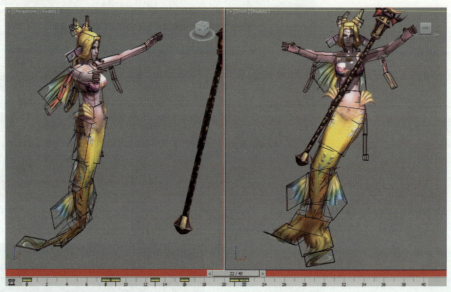

图3-105　美人鱼在第22帧的姿势

（12）第23帧到第31帧是美人鱼单手操控武器旋转的序列，这时只需要美人鱼的尾巴左右摆动保持平衡与发力和武器的旋转，如图3-106所示。

图3-106　美人鱼第二击的序列图

（13）拖动时间滑块到第33帧，使用 Select and Move（选择并移动）工具和 Select and Rotate（选择并旋转）工具调整美人鱼质心、脊椎和尾部骨骼的位置和角度，调整双手、收武器，如图3-107所示。

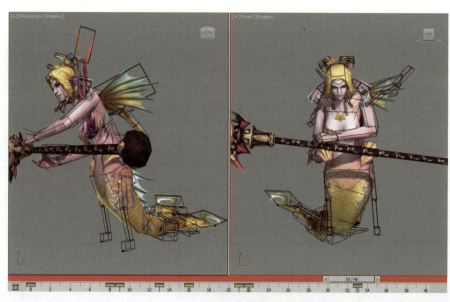

图3-107　美人鱼在第33帧的姿势

（14）拖动时间滑块到第34帧，使用 ✥Select and Move（选择并移动）工具和 ↻Select and Rotate（选择并旋转）工具调整美人鱼质心、脊椎和尾部骨骼的位置和角度，调整双手张开、身体向后飞去，如图3-108所示。此时可以看到第33帧和第34帧的质心轨迹。

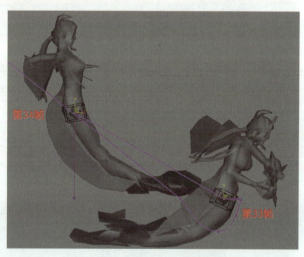

图3-108　第33帧和第34帧质心的轨迹

（15）设置时间配置。其方法为：单击动画控制区中的 Time Configuration（时间配置）按钮，在弹出的Time Configuration（时间配置）对话框中设置Speed（速度）模式为1/2x、End Time（结束时间）为40，单击OK按钮，从而将时间滑块长度设置为40帧，如图3-109所示。

图3-109　设置时间配置

角色动画制作（下）

（16）选中美人鱼的所有骨骼，将第0帧拖动复制到第40帧，将质心移到第34帧质心的下面，如图3-110所示。

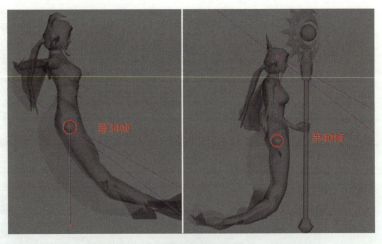

图3-110　第34帧到第40帧的质心轨迹

注意：单击 ▶ Playback（播放）按钮播放动画，此时可以看到美人鱼的连击攻击动作，观察动作是否流畅，略做适当的修改，完成美人鱼Biped骨骼的连击动作。

（17）使用Spring Magic飘带插件分别为头发和飘带调整姿势。其方法为：选中飘带和头发骨骼中除根骨骼外的所有骨骼，如图3-111中A所示。打开Spring Magic飘带插件所在的文件夹，找到"Spring Magic_飘带插件.mse"文件并将它拖入到3ds Max的视图中，如图3-111中B所示。在Spring Magic...面板中，将Spring参数设置为0.3、将Loops参数设置为4，单击"Bone"按钮，此时可以为选中的骨骼进行调节动作运算，Spring Magic飘带插件计算骨骼的运动轨迹，循环五次。

图3-111　使用插件为头发和飘带骨骼调整姿势

3.5 本章小结

  在本章中通过美人鱼的动画制作流程详细讲解人形NPC的动作设计思路和技巧。在整个讲解过程中，分别介绍了美人鱼的骨骼创建、蒙皮设定及动作设计的三大流程，重点讲解了人形NPC的动态设计创作过程，并演示了美人鱼游动、普通攻击、特殊攻击以及三连击的动画制作技巧。引导读者学习使用3ds Max配合飘带插件完成动画设计的流程和规范。通过对本章内容的学习，读者需要掌握以下几个要领。

（1）掌握美人鱼模型的骨骼创建方法。

（2）掌握美人鱼模型的蒙皮设定技法。

（3）了解美人鱼的基本运动规律。

（4）重点掌握美人鱼的动画制作技巧。

3.6 本章练习

操作题

  从提供的光盘文件夹中选择接近的法系职业进行动作的创意设计。利用本章讲解知识，在设置美人鱼创建骨骼及蒙皮的基础上根据动画制作技巧及流程，制作出美人鱼被击及死亡的动画。

第4章 小乔 写实角色动画制作

人类侠士——小乔的描述

侠士职业属于高敏捷、高爆击、高伤害的强烈DPS输出职业,在游戏产品角色职业定位中归属于物理属性的辅助性职业,同时也兼具法系应有的法术特殊技能。擅长远距离作战,属于游戏队伍中唯一能转职物理及法术的双修职业,高强度远程攻击及职业技能在团战中能更好地辅助队友。侠士防御性不是很高,装备主要以布料、皮革为主。因此,侠士也是一种对装备属性及操作技能依赖性很高的职业。

- **实践目标**
  - 掌握小乔的骨骼创建方法
  - 掌握小乔的蒙皮设定
  - 了解小乔的运动规律
  - 掌握小乔的动画制作方法
- **实践重点**
  - 掌握小乔的骨骼创建方法
  - 掌握小乔的蒙皮设定
  - 掌握小乔的动画制作方法

结合文案描述确定角色在产品中的动作技能及职业定位。通过对小乔的奔跑、普通攻击、特殊攻击、三连击动画的制作规范流程及动态创意设计，充分展示女性角色动画艺术创作在产品中的应用，动画效果如图4-1所示。通过本章的学习，读者应掌握创建骨骼、Skin蒙皮以及人物动画的基本制作方法。

（a） 小乔奔跑动画　　　　　　（b） 小乔普通攻击动画

（c） 小乔特殊攻击动画　　　　　（d） 小乔三连击动画

图4-1　小乔动画效果

4.1　创建小乔的骨骼

在创建小乔的骨骼时，将使用传统的CS骨骼和Bone骨骼相结合的方法。运用CS骨骼来匹配小乔身体骨干的模型，用Bone骨骼来匹配小乔的飘带、裙摆和头发的模型。小乔身体骨骼创建共分为小乔匹配骨骼前的准备、创建CS骨骼、匹配骨骼到模型3部分内容。

4.1.1　创建前的准备

（1）隐藏小乔的武器。其方法为：选中武器的模型，然后在"前"视图中右击，从弹出的快捷菜单中选择Hide Selection（隐藏选定对象）命令，如图4-2中A所示。完成小乔的武器隐藏，效果如图4-2中B所示。

图4-2 隐藏小乔的武器

（2）重置角色模型的顶点信息并设置模型的坐标，使模型归零。其方法为：选中小乔模型，右击工具栏上的 Select and Move（选择并移动）按钮，然后在弹出的Move Transform Type-In（移动变化输入）对话框中将Absolute:World（绝对：世界）的坐标值设置为（X=0.0，Y=0.0，Z=0.0），此时可以看到场景中的小乔位于坐标原点，如图4-3所示。

图4-3 模型坐标归零

（3）过滤小乔模型。其方法为：打开Selection Filter（选择过滤器）下拉列表，选择Bone（骨骼）模式，如图4-4所示。从而在选择骨骼时，只会选中骨骼，而不会发生误选模型的情况。

提示：在匹配小乔的骨骼之前，一定要在骨骼模式下操作，以便在后面创建小乔骨骼的过程中，小乔的模型不会因为被误选而出现移动、变形等问题。

图4-4 过滤小乔模型

4.1.2 创建Character Studio骨骼

（1）单击 Create（创建）命令面板下的 Systems（系统）中的Biped按钮，然后在"前"视图中拖出一个与模型等高的人物角色骨骼（Biped），如图4-5所示。

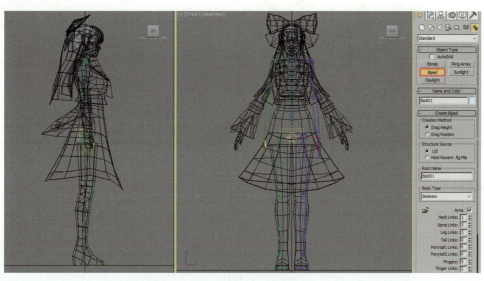

图4-5 拖出人物角色骨骼（Biped）

（2）调整质心到模型中心。选择人物角色骨骼（Biped）的任何一个部分，进入 Motion（运动）命令面板，展开Biped卷展栏，单击 Figure Mode（体形模式）按钮，再选择两足的质心，并使用 Select and Move（选择并移动）工具调整质心上移，对准盆骨，如图4-6中A所示。接着设置质心的X、Y轴坐标为0，如图4-6中B所示。从而把质心的位置调整到模型中心。

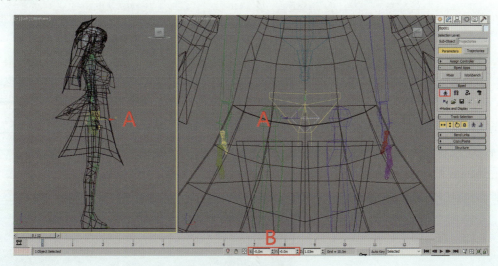

图4-6 调整质心到模型中心

（3）Biped骨骼属于标准的人物角色的结构，在匹配骨骼和模型之前，要根据小乔模型调整Biped的结构数据，使Biped骨骼结构更加符合小乔模型的结构。选择刚刚创建的Biped骨骼的任意骨骼，展开 Motion（运动）命令面板下的Structure（结构）卷展栏，然后修改Spine Links（脊椎链接）的结构参数为2、Fingers（手指）的结构参数为3、Fingers Links（手指链接）的结构参数为2、Toe Links（脚趾链接）的参数为1，如图4-7所示。

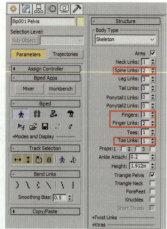

图4-7 修改Biped结构参数

4.1.3 匹配骨骼到模型

（1）匹配盆骨骨骼到模型。其方法为：选中盆骨，单击工具栏上的 Select and Uniform Scale（选择并均匀缩放）按钮，并更改坐标系为Local（局部），然后在"前"视图和"左"视图中调整盆骨骨骼的大小，与模型相匹配，如图4-8所示。

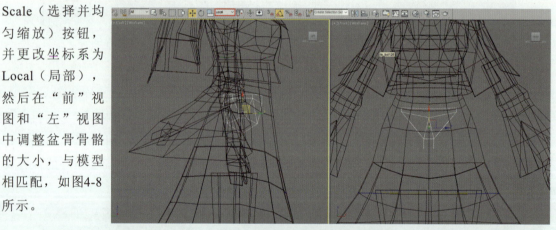

图4-8 匹配盆骨到模型

（2）匹配腿部骨骼到模型。其方法为：选中右腿骨骼，在"前"视图和"左"视图中使用 Select and Rotate（选择并旋转）工具和 Select and Uniform Scale（选择并缩放）工具把腿部骨骼和模型匹配对齐，如图4-9所示。

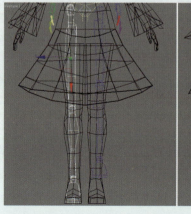

图4-9 匹配腿部骨骼到模型

（3）复制腿部骨骼姿态。由于小乔的腿部是左右对称的，因此在匹配小乔骨骼和模型时，可以调节好一边腿部骨骼的姿态，再复制给另一边的腿部骨骼，这样可以提高制作效率。其方法为：双击绿色大腿骨骼，从而选择腿部的整根骨骼，如图4-10中A所示。单击Cope/Paste（复制/粘贴）卷展栏下的 Create Collection（创建集合）按钮，再激活Posture（姿态）按钮，接着单击 Copy Posture（复制姿态）按钮，最后单击 Paste Posture Opposite（向对面粘贴姿态）按钮，如图4-10中B所示。这样，就把腿部骨骼姿态复制到另一边。

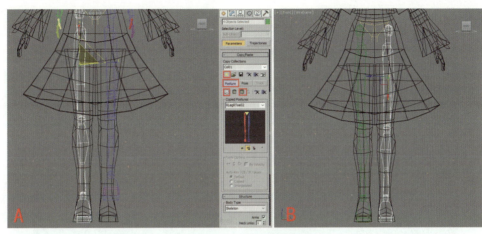

图4-10　复制腿部骨骼

（4）匹配脊椎骨骼到模型。其方法为：分别选中第一节和第二节脊椎骨骼，使用 Select and Move（选择并移动）工具、 Select and Rotate（选择并旋转）工具和 Select and Uniform Scale（选择并缩放）工具在"前"视图和"左"视图中匹配脊椎骨骼和模型对齐，效果如图4-11所示。

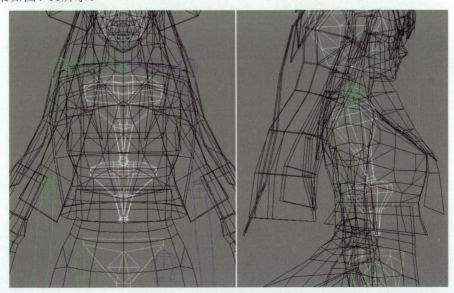

图4-11　匹配脊椎骨骼到模型

第4章　写实角色动画制作——小乔

127

(5)匹配手臂骨骼到模型。其方法为：选中绿色肩膀骨骼，使用 Select and Move（选择并移动）工具、Select and Rotate（选择并旋转）工具和 Select and Uniform Scale（选择并缩放）工具在"前"视图和"左"视图中调节肩膀骨骼与相对应的模型匹配对齐，如图4-12所示。按Page Down键，从而选中绿色上手臂骨骼，然后使用 Select and Rotate（选择并旋转）工具和 Select and Uniform Scale（选择并缩放）工具在"前"视图和"左"视图中匹配绿色大臂骨骼与模型对齐。同理，匹配绿色上臂及前臂与模型对齐，效果如图4-13所示。

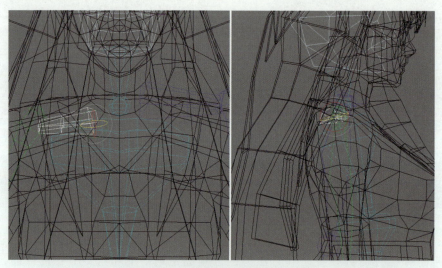

图4-12 匹配绿色肩膀骨骼到模型

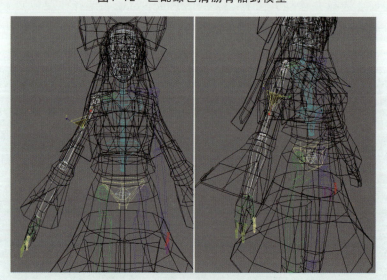

图4-13 匹配手臂骨骼到模型

(6)匹配手掌和手指骨骼到模型。其方法为：分别选中绿色手掌和手指骨骼，使用 Select and Rotate（选择并旋转）工具和 Select and Uniform Scale（选择并缩放）工具在"前"视图和"透视"图中匹配手掌和手指骨骼与模型对齐，如图4-14所示。

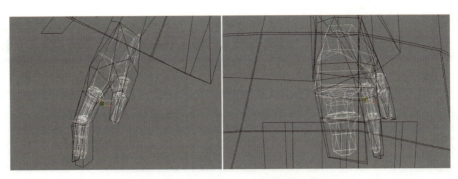

图4-14 匹配绿色手掌和手指到模型

（7）小乔手臂模型是左右对称的，因此可以把匹配好模型的绿色手臂骨骼的姿态复制给蓝色的手臂骨骼，从而提高制作效率和准确度。其方法为：双击绿色肩膀，从而选中整个手臂的骨骼，单击 Copy Posture（复制姿态）按钮，最后单击 Paste Posture Opposite（向对面粘贴姿态）按钮，效果如图4-15所示。

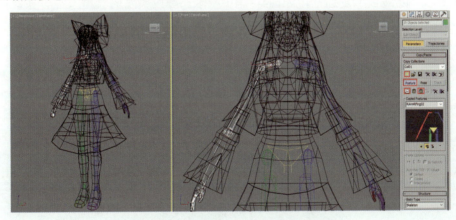

图4-15 复制绿色手臂到蓝色手臂

（8）颈部和头部的骨骼匹配。其方法为：选中颈部骨骼，使用 Select and Move（选择并移动）工具、 Select and Rotate（选择并旋转）工具和 Select and Uniform Scale（选择并缩放）工具在"前"视图和"左"视图中调整骨骼，将颈部骨骼与模型匹配对齐。然后选中头部骨骼，再使用 Select and Move（选择并移动）工具、 Select and Rotate（选择并旋转）工具和 Select and Uniform Scale（选择并缩放）工具在"前"视图和"左"视图中调整头部骨骼与模型匹配，效果如图4-16所示。

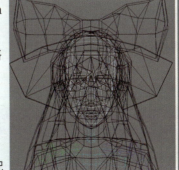

图4-16 颈部和头部的骨骼匹配

4.2 创建头发、发饰、衣袖和裙摆的骨骼

在创建小乔附属物品骨骼时，可以使用Bone骨骼。小乔附属物品的骨骼创建分为创建头发、发饰和胸前飘带的骨骼；创建裙摆、衣袖和武器模型的骨骼；骨骼的链接3部分内容。

4.2.1 创建头发、发饰和胸前飘带的骨骼

（1）创建背面头发骨骼。其方法为：进入"左"视图，单击 Create（创建）命令面板下的 Systems（系统）中的Bones按钮，可以先调好大小，如图4-17中A所示。创建骨骼之前，为了使骨骼创建的位置与模型更加匹配，先激活工具栏上的捕捉开关，再右击捕捉开关，弹出Grid and Snap Setting（栅格和捕捉设置）对话框，勾选Vertex（顶点）和Edge/Segment（边/线段）复选框，如图4-17中B所示。顺应头发的模型节点，在背面头发位置创建两节骨骼，右击结束创建，这时候会自动生成一段末端骨骼，选中末端骨骼，按Delete键删除，效果如图4-17中C所示。

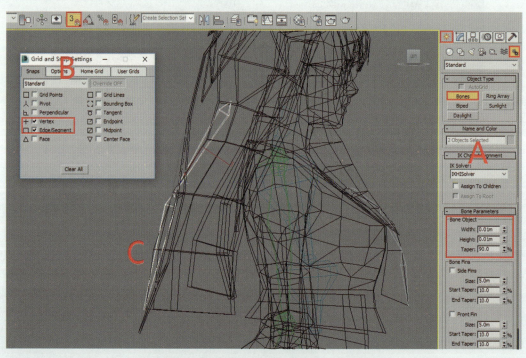

图4-17　创建小乔背面头发的Bone骨骼

> 提示：在拉出两节骨骼后系统会自动生成一根末端骨骼，这时就有了三节骨骼，不需要的可以直接删除。

（2）准确匹配骨骼到模型。其方法为：选中背面头发的第一、二节骨骼，执行Animation/Bone Tools（动画/骨骼工具）菜单命令，如图4-18中A所示。打开Bone Tools（骨骼工具）面板，进入Fin Adjustment Tools（鳍调整工具）卷展栏下的Bone Objects（骨骼对象）选项组中，调整Bone骨骼的宽度、高度和锥化参数，如图4-18中B所示。调整骨骼大小时要顺应头发模型的形状和大小，效果如图4-18中C所示。

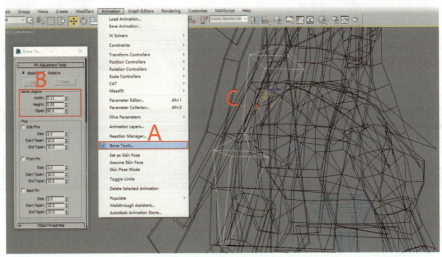

图4-18 调整骨骼大小

（3）创建头部前面头发的骨骼。其方法为：切换到"左"视图，并单击Bones按钮，顺应前面头发的模型，创建三节骨骼，右击结束创建，此时创建的骨骼处于模型中间，如图4-19所示。

图4-19 创建头部前面头发的骨骼

（4）匹配前面头发骨骼到模型。其方法为：选中根骨骼，使用 Select and Move（选择并移动）工具和 Select and Rotate（选择并旋转）工具调整骨骼的位置，使骨骼与模型对齐，再调整Bone骨骼的宽度、高度和锥化参数，效果如图4-20所示。

角色动画制作（下）

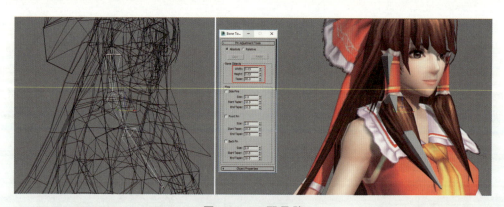

图4-20　匹配骨骼

> 提示：在激活Bone Edit Mode（骨骼编辑模式）按钮时，不能使用 Select and Rotate（选择并旋转）工具调整骨骼，不然会造成骨骼断链。同时，调整骨骼的大小时，也必须使Bone Edit Mode（骨骼编辑模式）按钮处于未激活状态。

（5）前面头发的骨骼复制。其方法为：为便于观察，这里隐藏了其他骨骼。首先双击刚刚创建的前面头发的根骨骼，从而选中整根骨骼，如图4-21中A所示。单击Bone Tools（骨骼工具）卷展栏下的Mirror（镜像）按钮，在弹出的Bone Mirror（骨骼镜像）对话框下的Mirror Axis（镜像轴）选项组中选中X，如图4-21中B所示。此时，视图中已经复制出以X轴对称的骨骼，如图4-21中C所示。单击OK按钮，完成前面头发的骨骼复制。

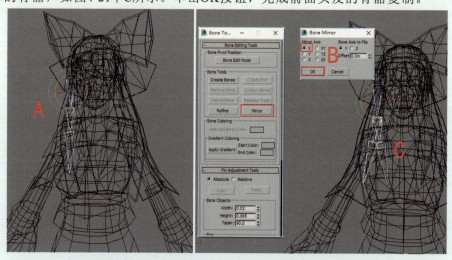

图4-21　复制右边头发骨骼

（6）调整复制的骨骼到模型。其方法为：在工具栏中将View（视图）转换成Parent（屏幕），如图4-22中A所示。使用 Select and Move（选择并移动）工具在"前"视图中调整骨骼的位置，使复制的骨骼与左边头发模型对齐，如图4-22中B所示。

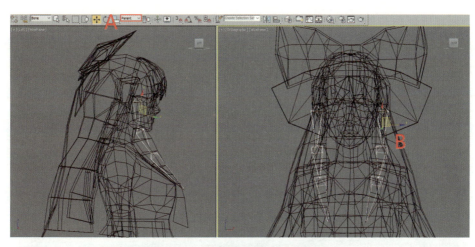

图4-22 调整复制的骨骼到模型

（7）创建右边发饰骨骼。其方法为：参考前面头发骨骼的创建过程，为小乔发饰模型各创建两节骨骼，右击结束创建，然后调整Bone骨骼的宽度、高度和锥化的参数，效果如图4-23所示。再参考前面头发骨骼的镜像过程，为左边发饰模型匹配骨骼，如图4-24所示。

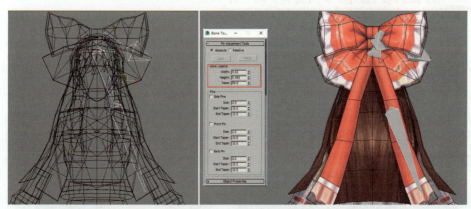

图4-23 创建右边发饰骨骼

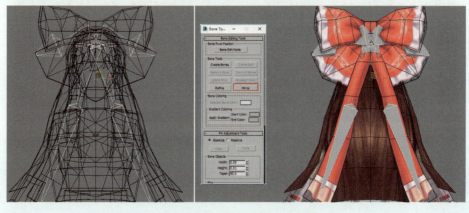

图4-24 把右边发饰骨骼镜像到左边

（8）创建胸前飘带的骨骼。其方法为：为了便于观察，将飘带骨骼设置为外框显示。参考前面头发骨骼的创建过程，为小乔胸前飘带模型创建三节骨骼，右击结束创建。然后调整Bone骨骼的宽度、高度和锥化的参数，效果如图4-25所示。

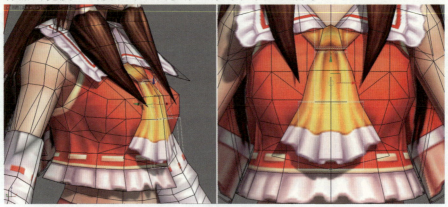

图4-25 创建胸前飘带的骨骼

4.2.2 创建裙摆和衣袖的骨骼

（1）创建裙摆前面飘带的骨骼。其方法为：切换到"前"视图，单击Bones按钮，开启点捕捉工具，然后在裙摆前面飘带位置创建三节骨骼，右击结束创建。使用 Select and Move（选择并移动）工具和 Select and Rotate（选择并旋转）工具调整骨骼的位置和角度，使骨骼的位置与模型对齐。在Bone Tools（骨骼工具）面板下的Fin Adjustment Tools（鳍调整工具）卷展栏中的Bone Objects（骨骼对象）选项组下调整Bone骨骼的宽度、高度和锥化的参数，效果如图4-26所示。

图4-26 匹配裙摆前面飘带的骨骼

（2）创建裙摆左边的骨骼。其方法为：切换到"前"视图，再参考裙摆前面飘带骨骼的创建过程，为小乔左边的裙摆创建三节骨骼，右击结束创建。然后调整Bone骨骼的宽度、高度和锥化的参数，再镜像出右边裙摆的骨骼，效果如图4-27所示。

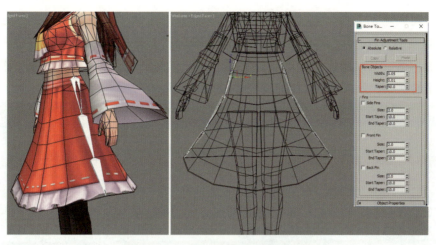

图4-27 创建裙摆左边裙摆的骨骼

（3）创建裙摆后边的骨骼。其方法为：参照创建前面或左边裙摆的方法来创建后面裙摆的骨骼，然后调整Bone骨骼的宽度、高度和锥化的参数，效果如图4-28所示。

图4-28 创建后面裙摆的骨骼

（4）创建右边衣袖的骨骼。其方法为：切换到"左"视图，为了在动画中更好地表现衣袖布料的柔软特性和流畅的运动轨迹，为小乔右边衣袖模型创建两节骨骼，右击结束创建。然后调整Bone骨骼的宽度、高度和锥化的参数，如图4-29所示。

图4-29 创建右边衣袖的骨骼

（5）创建武器的骨骼。其方法为：在视图中右击，从弹出的快捷菜单中选择Unhide All（全部取消隐藏）命令，此时视图中出现被隐藏的武器模型。单击Bones按钮，并切换到"前"视图，然后在武器位置创建一节骨骼，右击结束创建。接着调整Bone骨骼的宽度、高度和锥化的参数，效果如图4-30所示。

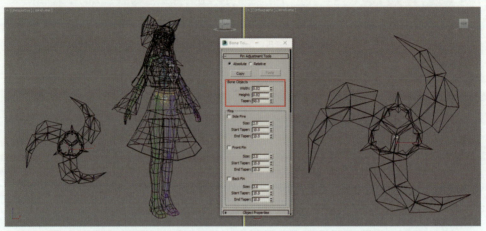

图4-30　创建武器的骨骼

4.2.3　骨骼的链接

（1）头发与发饰骨骼链接。其方法为：按住Ctrl键的同时，依次选中头发和发饰的根骨骼，再单击工具栏中的 Select and Link（选择并链接）按钮，然后按住鼠标左键拖动至头骨上，释放鼠标左键完成链接，如图4-31所示。

图4-31　头发与发饰骨骼链接到头骨

（2）裙摆骨骼链接。其方法为：按住Ctrl键的同时，依次选中裙摆的根骨骼，再单击工具栏中的 Select and Link（选择并链接）按钮，然后按住鼠标左键拖动至盆骨上，释放鼠标左键完成链接，如图4-32所示。

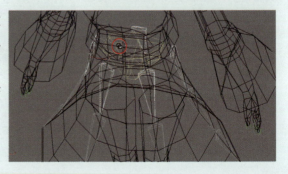

图4-32　裙摆骨骼链接到盆骨

（3）左边衣袖骨骼链接。其方法为：选中左边衣袖的根骨骼，再单击工具栏中的 Select and Link（选择并链接）按钮，然后按住鼠标左键拖动至左边小手臂骨骼上，释放鼠标左键完成链接，如图4-33所示。参照左边衣袖的链接方法，将右边的衣袖骨骼链接到右边小手臂上。

图4-33 左边衣袖骨骼链接

（4）胸前飘带骨骼链接。考虑到制作动画时，胸前飘带跟随胸腔运动，所以选中胸前飘带的根骨骼，再单击工具栏中的 Select and Link（选择并链接）按钮，然后按住鼠标左键拖动至胸腔骨骼上，释放鼠标左键完成链接，如图4-34所示。

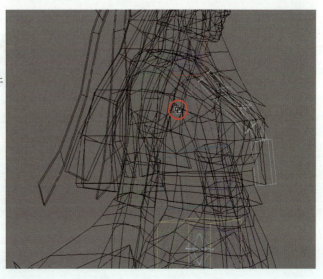

图4-34 胸前飘带骨骼链接到胸腔骨骼

4.3 小乔的蒙皮设定

Skin（蒙皮）的优点是可以自由选择骨骼进行蒙皮，调节权重也十分方便。本节内容包括添加Skin（蒙皮）修改器、调节骨骼权重等。

4.3.1 添加Skin（蒙皮）修改器

（1）选中模型。其方法为：在工具栏的Selection Filter（选择过滤器）下拉列表中选择All（全部）模式，然后可以选中模型，如图4-35所示。

137

图4-35 设置选择过滤器

（2）为了在给身体添加蒙皮的时候不误选到武器的模型和骨骼，可以将武器的模型和骨骼进行冻结。其方法为：选中武器的模型和骨骼，右击，在弹出的快捷菜单中选择 Freeze Selection（冻结选定对象）命令，如图4-36中A所示。从而冻结武器的模型和骨骼，效果如图4-36中B所示。

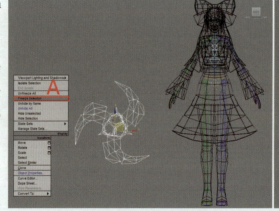

图4-36 冻结武器的模型和骨骼

（3）为小乔添加Skin（蒙皮）修改器。其方法为：选中小乔的模型，如图4-37中A所示。在 Modify（修改）命令面板中展开Modifier List（修改器）列表下拉菜单，选择Skin（蒙皮）修改器，如图4-37中B所示。在Parameters（参数）卷展栏中单击Add（添加）按钮，如图4-38中A所示。在弹出的Select Bones（选择骨骼）对话框中选择与小乔模型相对应的全部骨骼，再单击Select（选择）按钮，将骨骼添加到蒙皮，如图4-38中B所示。

图4-37 为身体添加Skin（蒙皮）修改器

图4-38 添加所有的骨骼

(4) 移除质心。其方法为：添加全部骨骼后，要将对小乔动作不产生作用的骨骼删除，以便减少系统对骨骼数目的运算，使蒙皮的骨骼对象更加简洁。其方法为：在Add（添加）列表框中选择质心骨骼Bip001，再单击Remove（移除）按钮移除，如图4-39所示。

图4-39 移除质心

(5) 设置骨骼显示模式。其方法为：选中所有的骨骼，如图4-40中A所示。右击，从弹出的快捷菜单中选择Object Properties（对象属性）命令，然后在弹出的Object Properties（对象属性）对话框中勾选Display as Box（显示为外框）复选框，如图4-40中B所示。单击OK按钮，可以看到视图中骨骼变为外框显示，如图4-41所示。

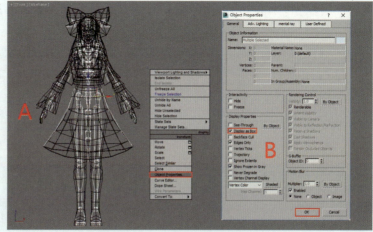

图4-40 选择骨骼并改变显示模式

角色动画制作（下）

图4-41 小乔的骨骼显示为外框

4.3.2 调整骨骼权重

> 提示：在调节权重时，看到权重中的点上的颜色变化，不同颜色代表着这个点受这节骨骼权重的权重值不同，红色的点受这节骨骼的影响的权重值最大为1.0，蓝色点受这节骨骼的影响的权重值最小，白色的点代表没有受这节骨骼的影响，权重值为0.0。
>
> 为骨骼指定Skin（蒙皮）修改器后，还不能调节小乔的动作。因为这时骨骼对模型顶点的影响范围往往是不合理的，在调节动作时会使模型产生变形和拉伸。因此在调节动画之前要先使用"Weight Tool（权重工具）对模型顶点的影响控制在合理范围内。

（1）隐藏骨骼。为了便于观察，可以先把骨骼隐藏起来。其方法为：双击质心，选中所有的骨骼，如图4-42中A所示。右击，在弹出的快捷菜单中选择Hide Selection（隐藏当前选择）命令，如图4-42中B所示。隐藏所有的骨骼，如图4-42中C所示。

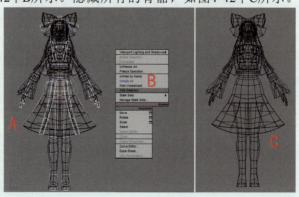

图4-42 隐藏骨骼

（2）激活权重。其方法为：选中小乔的身体模型，如图4-43中A所示。激活Skin（蒙皮）修改器，激活Edit Envelopes（编辑封套）按钮，勾选Vertices（顶点）复选框，如图4-43中B所示。再单击 Weight Tool（权重工具），如图4-44中A所示。弹出快捷窗口Weight Tool（权重工具）面板来编辑权重，如图4-44中B所示。

图4-43　激活编辑封套

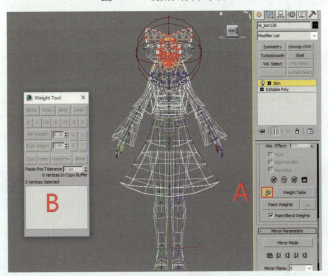

图4-44　激活权重

提示：在调整蒙皮的权重时，可以使用蒙皮权重的减法运算，如为头部和脖子相链接的地方赋予权重值，方法是先选中头部骨骼的权重链接，设置头部与脖子相链接的点权重值为1，再选中脖子的权重链接，设置脖子与头部相衔接的点权重值为0.5，结果显示头部和脖子在它们相链接的点权重值均为0.5，这就是权重的减法运算。

（3）调整头部的权重。其方法为：为了便于观察，可以关掉封套显示。在Display（显示）卷展栏中取消勾选Show No Envelopes（不显示封套）复选框，如图4-45中A所示。关掉封套后，效果如图4-45中B所示。选中头部的权重链接，如图4-46中A所示。使用权重工具调节与头部所有相关的调整点，如图4-46中B所示。设置头部所在位置的权重值为1，头部与脖子、头发和发饰相衔接位置的权重值为0.5左右，如图4-46中C所示。

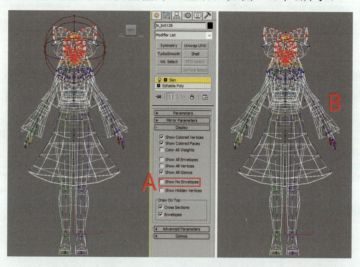

图4-45 关掉封套显示

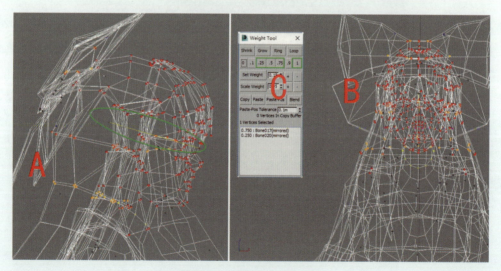

图4-46 调整头部的权重

（4）调整后面头发骨骼的权重。其方法为：首先选中头发末端骨骼的权重链接，如图4-47中A所示。再选中所有头发的调整点，设置头发末端位置的调整点的权重值为1，如图4-47中B所示。再选中头发根骨骼的权重链接，如图4-48中A所示。使用权重工具设置根骨骼位置的调整点的权重值为0.75左右，再根据头发模型的布线，设置与头部骨骼和头发末端骨骼相衔接部分的调整点的权重值为0.25左右，效果如图4-48中B所示。

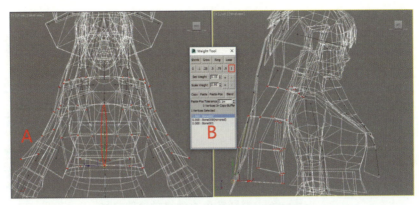

图4-47 调整头发末端骨骼的权重

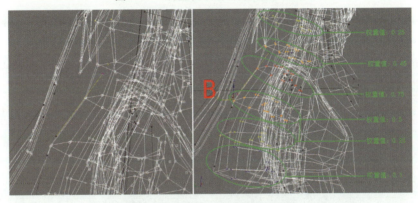

图4-48 调整头发根骨骼的权重

(5) 调整发饰右边飘带骨骼的权重。其方法为：先选择发饰飘带的末端骨骼的权重链接，如图4-49中A所示。设置所在位置的调整点的权重值为1，如图4-49中B所示。再选择根骨骼权重的链接，如图4-50中A所示。设置根骨骼位置的调整点的权重值为1，与头部骨骼和头发末端骨骼相衔接位置的调整点的权重值为0.5左右，此部分根据实际情况对权重值进行灵活调整，效果如图4-50中B所示。同理，调整发饰左边飘带骨骼的权重。

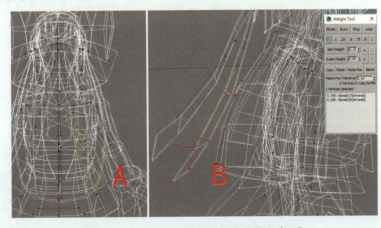

图4-49 调整发饰飘带末端骨骼的权重

图4-50 调整发饰飘带根骨骼的权重

（6）调整发饰蝴蝶结骨骼的权重。其方法为：先选中右边蝴蝶结末端骨骼权重的链接，如图4-51中A所示。设置所在位置的调整点的权重值为1，与根骨骼相衔接位置的权重值设置为0.5左右，如图4-51中B所示。再选中蝴蝶结根骨骼的权重链接，如图4-52中A所示。设置所在位置的点权重值为1，与末端骨骼相衔接位置的调整点的权重值设置为0.5左右，与发饰相衔接位置的权重值设置为0.5左右，如图4-52中B所示。同理，调整左边蝴蝶结骨骼的权重。

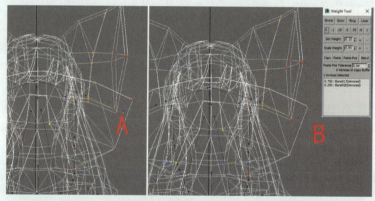

图4-51 调整发饰蝴蝶结末端骨骼的权重

图4-52 调整发饰蝴蝶结根骨骼的权重

(7)调整前面头发骨骼的权重值。其方法为:先选中右边头发末端骨骼的权重链接,设置调整点的权重值为1,再设置与第二节骨骼相衔接部分的调整点的权重值为0.5,如图4-53中A所示。再选中头发根骨骼权重的链接,设置调整点的权重值由中间位置向两边头发递减,效果如图4-53中B所示。同理,调整左边头发骨骼的权重。

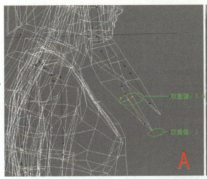

图4-53 调整前面头发骨骼的权重

(8)调整盆骨骨骼的权重。其方法为:参照头发赋予权重的方法。先选择盆骨骨骼权重的链接,如图4-54中A所示。设置盆骨所在位置的调整点的权重值为1,效果如图4-54中B所示。

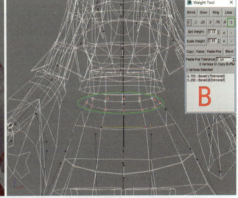

图4-54 调整臀部骨骼的权重

(9)调整腰部骨骼的权重。其方法为:选择腰部骨骼的权重链接,从下往上,设置与盆骨相链接的调整点的权重值为0.5左右,再调节身体的第一、二圈调整点的权重值为0.5左右,衣服的第一圈调整点的权重值为1,衣服的第二圈调整点的权重值为0.9,衣服第三圈点和身体的第三圈调整点的权重值为0.75,第四圈调整点的权重值为0.5,再根据模型的布线对腰部骨骼的权重值进行灵活的权重变化,如图4-55所示。

图4-55 调整腰部骨骼的权重

（10）延续腰部的权重调节进一步调整胸腔的权重，调整胸腔骨骼的权重。其方法为：选择胸腔骨骼的权重链接，设置其所在位置的调整的权重值为1，与腰部相衔接位置的权重值为0.5左右，与手臂、肩膀和脖子相衔接位置的权重值为0.5左右，在调整胸腔的权重时，要着重调整好胸腔到腹部的递减变化，调整完成后可以旋转扭曲腹部和胸腔骨骼，观察权重调整是否正确，再对权重进行适当调整，效果如图4-56所示。

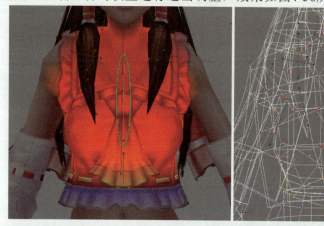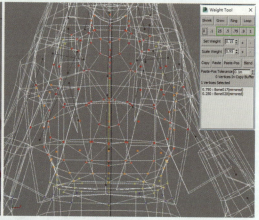

图4-56　调整胸腔骨骼的权重

（11）调整右边肩膀骨骼的权重。其方法为：参照上面赋予权重的方法，选择肩膀骨骼的权重链接，设置肩膀位置的调整点的权重值为1，与胸腔相衔接位置的权重值为0.5左右，与手臂、脖子相衔接位置的权重值为0.5左右，效果如图4-57所示。

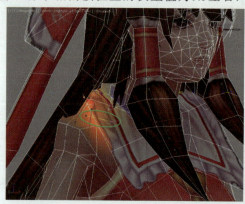

图4-57　调整右边肩膀骨骼的权重

（12）调整右手臂骨骼的权重。其方法为：选择上臂骨骼的权重链接，设置其所在位置的调整点的权重值为1，与肩膀相衔接位置的权重值为0.5左右，与小臂相衔接位置的权重值为0.5左右，效果如图4-58中A所示。选择小臂骨骼的链接，设置其所在位置的调整点的权重值为1，与上臂相衔接位置的权重值为0.5左右，与手腕和袖子相衔接位置的权重值为0.5左右，注意不要发生漏选点的情况，否则制作动画时就会出现错位、变形等情况。效果如图4-58中B所示。

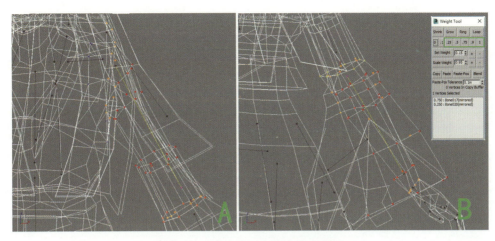

图4-58 调整右边手臂骨骼的权重

（13）调整手掌骨骼的权重。其方法为：参照上面赋予权重的方法，选择手掌骨骼的权重链接，设置手掌位置的调整点的权重值为1，与小臂相衔接位置的权重值为0.5左右，与手指相衔接位置的权重值为0.5左右，效果如图4-59中A所示。先选择食指的根骨骼的权重链接，与手掌相衔接位置的调整点权重值为0.5左右，与食指末端相衔接位置的权重值为0.5左右，效果如图4-59中B所示。再选择食指的末端骨骼的权重链接，与食指根骨骼衔接部分的权重值为0.5左右，食指末端的权重值为1，效果如图4-59中C所示。同理，完成其他手指的权重值设置。

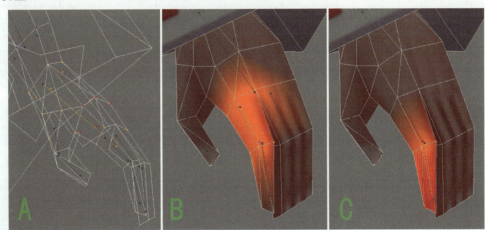

图4-59 调整手部骨骼的权重

（14）调整衣袖骨骼的权重。其方法为：参照上面赋予权重的方法，选择衣袖末端骨骼的权重链接，设置其所在位置的调整点的权重值为1，与根骨骼相衔接位置的权重值为0.5左右，效果如图4-60中A所示。再选择根骨骼的权重链接，设置根骨骼所在位置的调整点权重值为1，与小手臂相衔接位置的权重值为0.5，与末端骨骼相衔接位置的权重值为0.5左右，如图4-60中B所示。

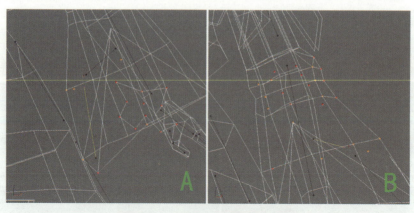

图4-60 调整衣袖骨骼的权重

（15）调整右腿骨骼的权重。其方法为：参照上面赋予权重的方法，选择大腿骨骼的权重链接，设置大腿所在位置的调整点的权重值为1，与盆骨相衔接位置的权重值为0.5左右，与小腿相衔接位置的权重值为0.5左右，效果如图4-61中A所示。选择小腿骨骼的权重链接，设置小腿所在位置的调整点权重值为1，与大腿、脚踝骨骼相衔接位置的权重值为0.5左右，效果如图4-61中B所示。同理，调整左腿骨骼的权重。

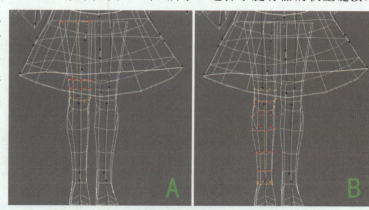

图4-61 调整右腿骨骼的权重

（16）调整右脚骨骼的权重。其方法为：参照上面赋予权重的方法，选择脚掌骨骼的权重链接，与小腿相衔接位置的权重值为0.5左右，设置脚掌所在位置的调整点的权重值为1，与脚尖相衔接位置的权重值为0.5左右，效果如图4-62中A所示。选择脚尖骨骼的权重链接，设置与脚掌相衔接位置的调整点的权重值为0.5左右，设置脚尖位置的调整点的权重值为1，效果如图4-62中B所示。同理，调整左脚骨骼的权重。

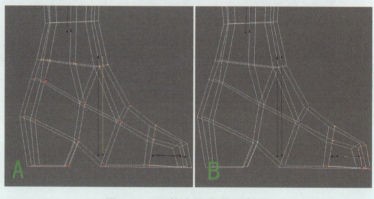

图4-62 调整右脚骨骼的权重

（17）调整胸前飘带骨骼的权重。其方法为：选中飘带末端骨骼的权重链接，设置飘带末端骨骼的调整点的权重值为1，与根骨骼相衔接地方的调整点的权重值为0.5左右，效果如图4-63所示。再选中第二根骨骼的权重链接，设置第二根骨骼的调整点的权重值为0.75，再根据实际情况设置权重值向根骨骼和末端骨骼递减，效果如图4-64所示。选中根骨骼的权重链接，设置根骨骼的调整点的权重值为0.5，效果如图4-65所示。

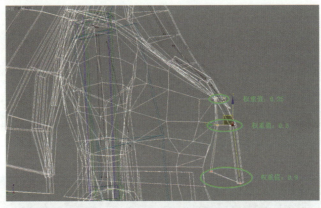

图4-63　调整飘带末端骨骼的权重

图4-64　调整飘带第二节骨骼的权重

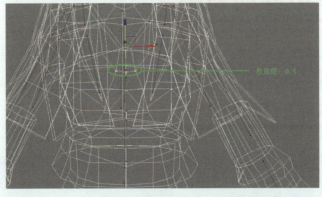

图4-65　调整飘带根骨骼的权重

（18）调整后裙摆骨骼的权重。其方法为：选择后裙摆末端骨骼的权重链接，设置其所在位置的调整点的权重值为1，与临近骨骼相衔接位置的权重值为0.5左右，效果如图4-66中A所示。再选中第二根骨骼的权重链接，设置第二根骨骼的中间点的权重值为1，再调整权重值向末端骨骼和根骨骼的递减为0.5左右，效果如图4-66中B所示。再选中根骨骼的权重链接，设置根骨骼的权重值为0.75，向第二根骨骼的递减为0.5左右，效果如图4-66中C所示。

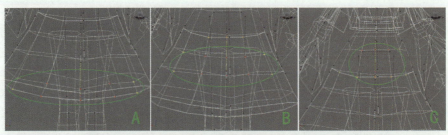

图4-66 后裙摆的权重

> 提示：前面裙摆骨骼和左右两侧裙摆骨骼，请参照上面后裙摆骨骼的权重设置方法进行调整。

（19）调整小乔武器的权重。其方法为：先选中武器的权重链接，再框选武器模型的所有的调整点，设置其权重值为1，效果如图4-67所示。

图4-67 调整武器的权重

4.4 制作小乔的动画

本章主要讲解网络游戏女主角——小乔的动画制作，内容包括小乔的奔跑、普通攻击、特殊攻击以及三连击动画。

4.4.1 制作小乔的奔跑动作

战斗奔跑在很多动画设计中，是最能体现角色性格特点和个性表现的动作，通过对小乔奔跑动作的创作流程和设计思路的讲解，掌握游戏中女性侠士奔跑风格和特色。首先来看一下小乔奔跑动作序列图和关键帧，如图4-68所示。

图4-68 小乔奔跑序列图

（1）按H键，打开Select From Scene（从场景中选择）对话框，选择所有的Biped骨骼，如图4-69中A所示。单击OK按钮，即可选中所有Biped骨骼。展开 Motion（运动）命令面板下的Biped卷展栏，关闭Figure Mode（体形模式），然后单击Key Info（关键点信息）卷展栏下的 Set Key（设置关键点）按钮，如图4-69中B所示。为Biped骨骼在第0帧创建关键帧，如图4-69中C所示。再选中所有的Bone骨骼，如图4-70中A所示，按K键，为Bone骨骼在第0帧创建关键帧，如图4-70中B所示。

图4-69 为Biped骨骼创建关键帧

图4-70 为Bone骨骼创建关键帧

提示：武器调整时需放在手掌合适的位置再进行绑定。

角色动画制作（下）

（2）单击动画控制区中的 Time Configuration（时间配置）按钮，在弹出的Time Configuration（时间配置）对话框中设置End Time（结束时间）为12，设置Speed（速度）模式为1/2，单击OK按钮，如图4-71所示。从而将时间滑块长度设置为12帧。

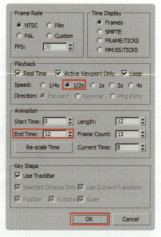

图4-71　设置时间配置

（3）调整小乔的初始姿势。其方法为：拖动时间滑块到第0帧，使用 Select and Move（选择并移动）工具和 Select and Rotate（选择并旋转）工具分别调整小乔质心、腿部、身体、头和手臂骨骼的位置和角度，使小乔质心左移、绿色腿抬起、身体前倾、头稍微向下，右手拿武器向后、左手向前，如图4-72所示。然后选中小乔的绿色脚掌骨骼，单击 Motion（运动）命令面板中Key into（关键点信息）卷展栏中的 Set Free Key（设置自由关键点）按钮，为脚掌取消滑动关键帧，如图4-73所示。

图4-72　小乔奔跑中初始姿势

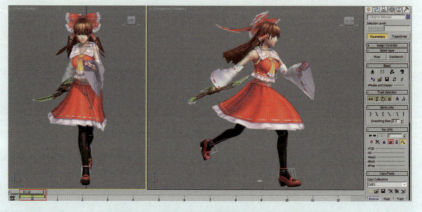

图4-73　设置脚掌骨骼为自由关键帧

（4）为质心创建关键点。其方法为：进入 Motion（运动）命令面板，分别单击Track Selection（轨迹选择）卷展栏下的 Lock COM Keying（锁定COM关键帧）、 Body Horizontal（躯干水平）、 Body Vertical（躯干垂直）和 Body Rotation（躯干旋转）按钮，锁定质心3个轨迹方向，然后单击 Set Key（设置关键点）按钮，为质心创建关键帧，如图4-74所示。

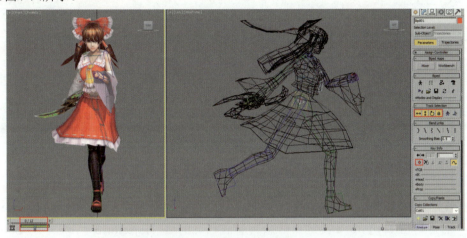

图4-74　为质心创建关键点

（5）复制姿态。其方法为：选中任意的Biped骨骼后，进入 Motion（运动）命令面板的Cope/Paste（复制/粘贴）卷展中，先单击Pose（姿势）按钮，再单击 Cope Pose（复制姿势）按钮，最后单击 Create Collection（创建集合）按钮，如图4-75中A所示。接着在Paste Options（粘贴选项）选项组下单击 Copy Pose（复制姿势)按钮，然后拖动时间滑块到第12帧，再单击 Paste Pose（粘贴姿势）按钮，将第0帧骨骼姿势复制到第12帧，效果如图4-75中B所示。然后拖动时间滑块到第6帧，单击 Paste Pose Opposite（向对面粘贴姿态）按钮，效果如图4-76所示。从而把第0帧的姿态向对面复制到第6帧，以便使动画能够流畅地衔接起来。

图4-75　复制姿态

153

角色动画制作（下）

图4-76 复制出的第6帧姿势

（6）调整第3帧姿势。其方法为：拖动时间滑块到第3帧，使用 Select and Move（选择并移动）然后单击Key Info（关键点信息）卷展栏下的 Trajectories（轨迹）按钮来显示骨骼运动轨迹，再使用 Select and Move（选择并移动）工具和 Select and Rotate（选择并旋转）工具调整小乔手臂骨骼的位置和角度，制作出小女子跑步特点的姿势，如图4-77所示。

图4-77 小乔在第3帧的姿势

（7）参考第0帧的姿势复制到第12帧的过程，把第3帧的姿势复制粘贴到第9帧，然后使用 Select and Move（选择并移动）工具和 Select and Rotate（选择并旋转）工具调整小乔绿色手臂骨骼的位置和角度，如图4-78所示。

154

图4-78 小乔在第9帧的姿势

提示：奔跑动作是一个循环的动作，只需调整好一帧的姿势后，就可以复制给下一帧。

（8）调整小乔绿色脚掌骨骼的过渡帧。其方法为：选择绿色脚掌的骨骼，分别拖动滑块到第0帧、第2帧、第3帧、第4帧、第6帧、第7帧、第9帧、第11帧，然后使用 Select and Move（选择并移动）工具和 Select and Rotate（选择并旋转）工具调整小乔绿色脚掌骨骼的位置和角度，如图4-79所示。

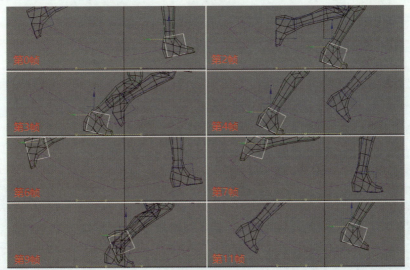

图4-79 小乔绿色脚掌骨骼的运动规律

提示：蓝色脚掌请参照绿色脚掌骨骼的运动规律调整。

（9）为绿色脚掌设定滑动关键点。其方法为：拖动时间滑块到第3帧，选中绿色脚掌骨骼，然后单击Key Into（关键点信息）卷展栏下的 Set Sliding Key（设置滑动关键点）按钮，此时时间滑块上的帧点变成黄色，如图4-80所示。同理，为第2帧、第4帧的脚掌骨骼也设置成滑动关键帧，轨迹如图4-81所示。

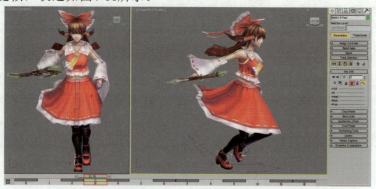

图4-80　在第3帧为绿色脚掌设置滑动关键帧

图4-81　脚掌的运动轨迹

（10）调整绿色腿部的过渡帧。其方法为：进入"前"视图，分别拖动时间滑块到第0帧、第3帧、第6帧、第7帧、第9和第11帧，使用 Select and Move（选择并移动）工具和 Select and Rotate（选择并旋转）工具调整小乔绿色腿部骨骼的位置和角度，制作出小乔奔跑过程中带有小猫步的人物性格特点的运动变化，如图4-82所示。

图4-82　调整绿色腿部的运动变化

提示：蓝色腿部骨骼请参照绿色腿部骨骼进行调整。

（11）调整质心骨骼的运动姿势。其方法为：选中质心，进入"前"视图中，使用 Select and Move（选择并移动）工具调整小乔质心骨骼的位置，制作出小乔在跑步时因重力而发生的变化，轨迹如图4-83所示。

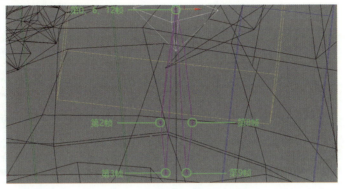

图4-83　质心骨骼的运动轨迹

（12）调整右手骨骼的过渡帧。其方法为：进入"右"视图中，使用 Select and Move（选择并移动）工具和 Select and Rotate（选择并旋转）工具调整右手骨骼在第1帧和第11帧的角度和位置，制作出右手臂滞留的效果，如图4-84所示。

图4-84　调整右手骨骼的运动轨迹

（13）调整左手的运动姿势。其方法为：选中左手骨骼，进入"左"视图中，使用 Select and Move（选择并移动）工具和 Select and Rotate（选择并旋转）工具调整左手骨骼的角度和位置，制作出因左手拿着武器，动作幅度较小的效果，序列图如图4-85所示。

图4-85　调整左手的运动姿势

角色动画制作（下）

（14）调整头部骨骼的运动姿势。其方法为：选中头部骨骼，进入"前"视图，使用 Select and Rotate（选择并旋转）工具调整头部骨骼在第4帧稍微向下、向左偏移（脚踩地的那边，注意幅度不可太大），第10帧稍微向下、向右偏移，制作出头部随身体运动而摆动的效果，如图4-86所示。

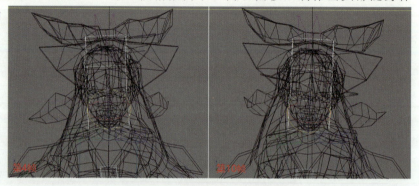

图4-86 调整头部的运动姿势

（15）调整发饰飘带的姿势。其方法为：选中发饰飘带，使用 Select and Rotate（选择并旋转）工具调整发饰飘带的位置和角度，由于飘带是较轻的物体，因此摆动频率相对较快，呈上下摆动的规律，如图4-87所示。

图4-87 调整发饰飘带的姿势

（16）调整发饰蝴蝶结的姿势。其方法为：选中蝴蝶结骨骼，使用 Select and Rotate（选择并旋转）工具调整发饰飘带的位置和角度，制作出由于气流而产生上下抖动的姿势，如图4-88所示。

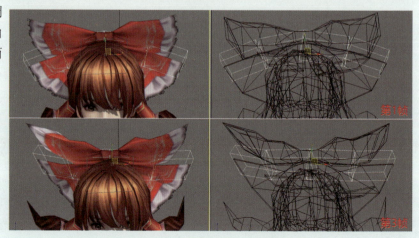

图4-88 调整蝴蝶结的姿势

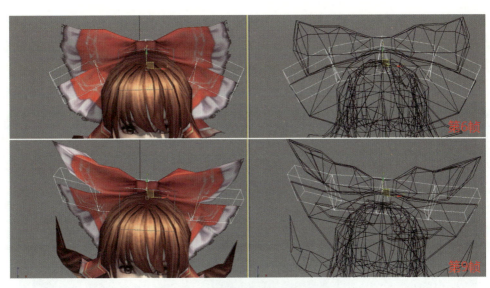

图4-88 调整蝴蝶结的姿势（续）

（17）使用飘带插件为前面头发调整姿势。其方法为：先选中头发根骨骼，将其向身体后面旋转，制作出受空气阻力的运动趋势。再选中除头发根骨骼外的所有骨骼，如图4-89中A所示。打开Spring Magic飘带插件的文件夹，找到"spring magic_飘带插件.mse"文件并将其拖入到3ds Max的视图中，然后设置Spring参数为0.3、Loop参数为3，单击Bone按钮，如图4-89中B所示。此时，飘带插件开始为选中的骨骼进行运算，并循环4次，运算之后的关键帧为绿色，效果如图4-89中C所示。

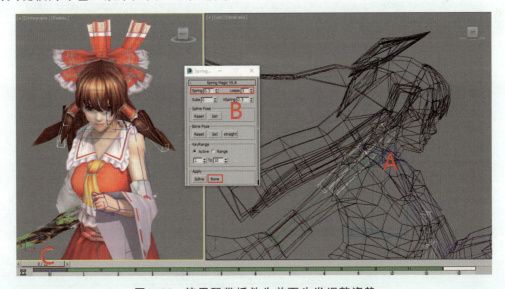

图4-89 使用飘带插件为前面头发调整姿势

提示：飘带比头发质量轻，因此运动要更频繁。

（18）调整胸前飘带的姿势。其方法为：参照前面头发的制作方法，先选中飘带根骨骼，调整好适当的位置；再选中飘带所有骨骼，将时间滑块拖到第0帧，按住Shift键拖动第0帧到第18帧，胸前飘带运动的大致趋势如图4-90所示。选中除一、二根骨骼外的所有骨骼，再打开Spring Magic飘带插件的文件夹，找到"Spring Magic_飘带插件.mse"文件并将其拖入到3ds Max的视图中，如图4-91中A所示。然后设置Spring参数为0.3、Loop参数为3，单击Bone按钮，如图4-91中B所示。此时，飘带插件开始为选中的骨骼进行运算，并循环4次，效果如图4-91中C所示。

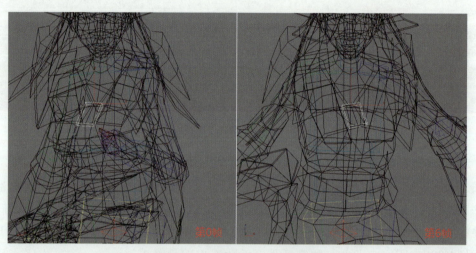

图4-90 胸前飘带的运动规律

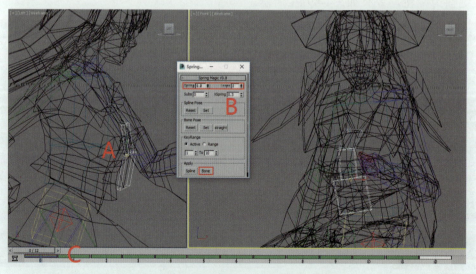

图4-91 使用飘带插件为胸前飘带调节姿势

（19）调整衣袖的姿势。其方法为：选中衣袖骨骼，使用 Select and Rotate（选择并旋转）工具调整衣袖的位置和角度，制作出衣袖被手部带动受空气阻力的影响，而产生与手臂运动相反方向运动的效果，如图4-92所示。

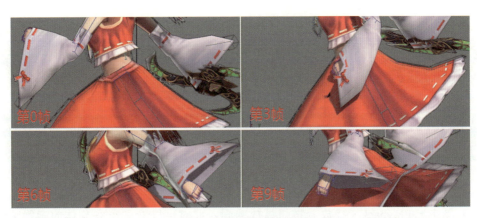

图4-92 调整衣袖的姿势

提示：左手请参照右手的运动规律调整，因为拿了武器，左边衣袖运动的幅度相对右手的要小一些。

（20）调整裙子的姿势。其方法为：使用 Select and Rotate（选择并旋转）工具调整裙摆骨骼在第0帧和第6帧随着身体的运动左右摆动的姿势，再在第3帧和第9帧调整裙摆向左和向右的滞留，播放动画，观察裙摆的运动，若有不恰当的运动轨迹可以进行适当调整，如图4-93所示。

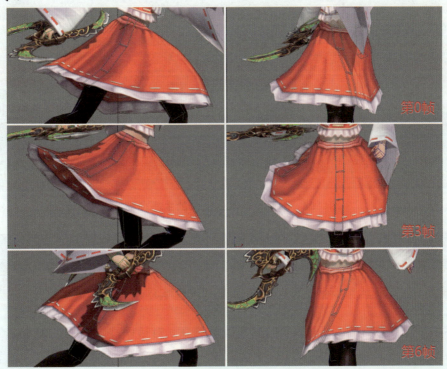

图4-93 调整裙摆的姿势

角色动画制作（下）

图4-93　调整裙摆的姿势（续）

（21）单击 Playback（播放）按钮播放动画，此时可以看到小乔身体的奔跑动作。在播放动画时，如果发现幅度过大或抖动不正确的地方，可以适当调整。

4.4.2 制作小乔的普通攻击动作

普通攻击是游戏中最常见的战斗之一，本节将学习小乔普通攻击的制作过程。在小乔的攻击动作中，能学到蓄力、发力以及收势的基本动作制作方法。首先来看一下小乔普通攻击动作的主要序列图，如图4-94所示。

图4-94　小乔普通攻击动作的主要序列图

> 提示：只有在脚掌是滑动关键帧的模式下，移动质心身体才不会全部移动；所以在需要调整质心的关键帧上，为脚掌打上滑动关键帧。

（1）按H键，打开Select From Scene（从场景中选择）对话框，选择所有的Biped骨骼，如图4-95中A所示。单击OK按钮，即可选中所有Biped骨骼。展开Motion（运动）命令面板下的Biped卷展栏，关闭Figure Mode（体形模式），接着单击Key Info（关键点信息）卷展栏下的Set Key（设置关键点）按钮，如图4-95中B所示。为Biped骨骼在第0帧创建关键帧，如图4-95中C所示。再选中所有Bone骨骼，如图4-96中A所示。按K键，为Bone骨骼在第0帧创建关键帧，如图4-96中B所示。

图4-95　为Biped骨骼创建关键帧

图4-96　为Bone骨骼创建关键帧

（2）隐藏Bone骨骼。其方法为：选中所有的Bone骨骼，右击，在弹出的快捷菜单中选择Hide Selection（隐藏选定对象）命令，如图4-97所示。将Bone骨骼隐藏。

图4-97　隐藏Bone骨骼

（3）调整蓄力的姿势。其方法为：拖动时间滑块到第7帧，使用 Select and Move（选择并移动）工具和 Select and Rotate（选择并旋转）工具调整小乔质心、脊椎、头、手臂和腿部骨骼的位置和角度，使小乔质心向下、身体稍微后倾、绿色腿后移向外旋转、蓝色手臂朝身体方向弯曲，制作出发力的感觉，如图4-98所示。

图4-98　调整小乔在第7帧时蓄力的姿势

（4）调整发力的姿势。其方法为：拖动时间滑块到第16帧，使用 Select and Move（选择并移动）工具和 Select and Rotate（选择并旋转）工具调整小乔质心、脊椎、头、手臂和腿部骨骼的位置和角度，使小乔质心向前移、身体向前倾、绿色脚向前一步、绿色手臂向前甩出，如图4-99所示。

图4-99　调整小乔在第16帧时发力的姿势

（5）调整收势的姿势。其方法为：拖动时间滑块到第26帧，使用 Select and Move（选择并移动）工具和 Select and Rotate（选择并旋转）工具调整小乔质心、脊椎、头、手臂和腿部骨骼的位置和角度，使小乔质心向上、绿色脚向后退一步。绿色手臂受飞回的武器的冲击力的姿势如图4-100所示。

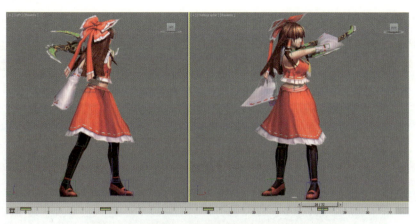

图4-100 调整小乔在第26帧时收势的姿势

提示：做蓄力、发力、收势动作时要有一个3帧不等的停顿来过渡到下一个动作，这样制作出来的动作才会显得有张有弛，有节奏感。

（6）单击动画控制区中的 Time Configuration（时间配置）按钮，在弹出的Time Configuration（时间配置）对话框中设置End Time（结束时间）为32，设置Speed（速度）模式为1/2x，单击OK按钮，如图4-101所示。从而将时间滑块长度设置为32帧。

（7）使用飘带插件为裙摆调整姿势。其方法为：选中除裙摆根骨骼外的所有骨骼，如图4-102中A所示。打开Spring Magic飘带插件的文件夹，找到"Spring Magic_飘带插件.mse"并将其拖入到3ds Max的视图中，设置Spring参数为0.3、Loop参数为3，单击Bone按钮，如图4-102中B所示。此时，飘带插件开始为选中的骨骼进行运算，并循环4次。

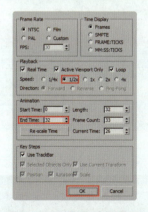

图4-101 设置时间配置

图4-102 使用飘带插件为裙摆调整姿势

提示：使用飘带插件后要检查裙摆是否出现错误，如果有则只能手动调整好出错的位置。

（8）使用飘带插件为胸前飘带调整姿势。其方法为：选中除飘带根骨骼外的所有骨骼，如图4-103中A所示。打开Spring Magic飘带插件的文件夹，找到"Spring Magic_飘带插件.mse"文件并将其拖入到3ds Max的视图中，设置Spring参数为0.3、Loop参数为3，单击Bone按钮，如图4-103中B所示。此时，飘带插件开始为选中的骨骼进行运算，并循环4次。

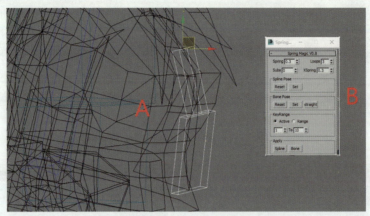

图4-103 使用飘带插件为飘带调整姿势

提示：前面头发请参照裙摆以及胸前飘带方法进行调整。

（9）调整右边衣袖的姿势。其方法为：选中衣袖骨骼，使用 Select and Rotate（选择并旋转）工具调整衣袖骨骼随着手臂的运动在第2帧、第8帧、第11帧、第17帧、第30帧的运动变化，效果如图4-104所示。

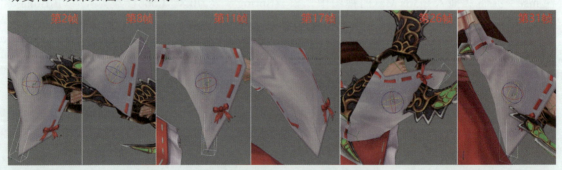

图4-104 调整右边衣袖的姿势

提示：为了更直观地理解衣袖的运动规律，这里会在"透视"图下的各个角度进行截图。

（10）调整左边衣袖的姿势。其方法为：选中衣袖骨骼，使用 Select and Rotate（选择并旋转）工具调整衣袖骨骼在第2帧、第8帧、第20帧、第30帧的角度，效果如图4-105所示。

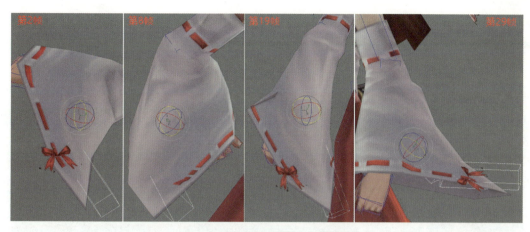

图4-105 调整左边衣袖的姿势

> 提示：衣袖的运动方向要与手臂运动的方向相反，另外衣袖的材质是质量较轻的布材质，因此在运动的过程中适当做一些随风上下飘动的效果，飘动时节奏要快，运动流畅且柔软，注意不要产生抖动的效果。

（11）调整发饰飘带的姿势。其方法为：选中飘带骨骼，使用 Select and Rotate（选择并旋转）工具调整飘带骨骼的角度，效果如图4-106所示。

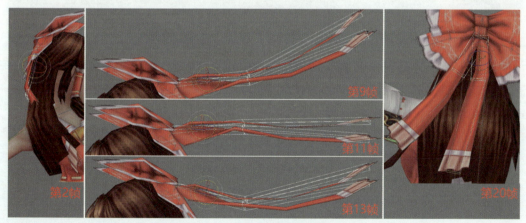

图4-106 调整发饰飘带的姿势

> 提示：调节武器时要注意武器离手前和到手后都要给武器设置一个关键帧。武器飞出去后再飞回来之间的动作可以自行设计，注意角度和位置不能一成不变，飞出去再飞回来的位移是一个加速度过程，飞到一定程度时也要稍微滞留一下。

（12）单击 Playback（播放）按钮播放动画，此时可以看到小乔的攻击动作。在播放动画时，如果发现幅度过大或抖动等不正确的地方，可以适当调整。

角色动画制作(下)

4.4.3 制作小乔的特殊攻击动作

特殊技能攻击是角色最复杂和最具有表现力的动作,需要根据角色的造型特点和职业特性进行动画制作。在小乔的特殊攻击动作中,可以学到快速移动、起跳、空中转弯、空中攻击、空中旋转等特色动作的制作技巧及创作思路。首先来看一下小乔攻击动作的主要序列图,如图4-107所示。

图4-107 小乔特殊攻击动作的主要序列图

(1)单击动画控制区中的 Time Configuration(时间配置)按钮,在弹出的Time Configuration(时间配置)对话框中设置End Time(结束时间)为73,设置Speed(速度)模式为1/2x,单击OK按钮,如图4-108所示。从而将时间滑块长度设置为73帧。

图4-108 设置时间配置

(2)调整小乔特殊攻击的初始帧。其方法为:拖动时间滑块到第0帧,分别选中脚掌的骨骼,如图4-109中A所示。进入 Motion(运动)命令面板,单击Key Info(关键信息点)卷展栏下的 Set Sliding Key(设置滑动关键点)按钮,将脚掌骨骼设置为滑动关键帧,如图4-109中B所示。设置为滑动关键帧后,帧的颜色会变成黄色,效果如图4-109中C所示。然后使用 Select and Move(选择并移动)工具和 Select and Rotate(选择并旋转)工具调整小乔的手部、质心、腿部等,制作出战斗待机的姿势,如图4-110所示。

图4-109　设置脚掌为滑动关键帧

图4-110　调整小乔特殊攻击的初始帧

（3）调整小乔蓄力的姿势。其方法为：拖动时间滑块到第3帧，然后使用 Select and Move（选择并移动）工具和 Select and Rotate（选择并旋转）工具调整小乔的骨骼，质心向下移动并向后旋转、手脚弯曲，制作出蓄积力量的姿势，如图4-111所示。

图4-111　小乔在第3帧时蓄力的姿势

（4）调整小乔在第6帧时的姿势。其方法为：拖动时间滑块到第6帧，然后使用 Select and Move（选择并移动）工具和 Select and Rotate（选择并旋转）工具调整小乔的骨骼，制作出快速移动前爆发的姿势，如图4-112所示。

图4-112　调整小乔在第6帧时的姿势

（5）调整小乔在第8帧时的姿势。其方法为：拖动时间滑块到第8帧，然后使用 Select and Move（选择并移动）工具和 Select and Rotate（选择并旋转）工具调整小乔的骨骼，制作出向前快速移动的姿势，如图4-113所示。

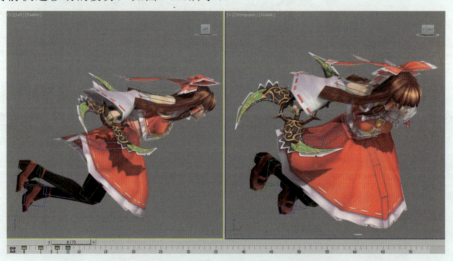

图4-113　调整小乔在第8帧时的姿势

（6）调整小乔在第11帧、第12帧、第13帧、第14帧时的姿势。其方法为：拖动时间滑块到第11帧、第12帧、第13帧、第14帧，然后使用 Select and Move（选择并移动）工具和 Select and Rotate（选择并旋转）工具调整小乔的骨骼，制作出起跳转弯的姿势，序列图如图4-114所示。

图4-114 调整小乔在第11帧、第12帧、第13帧、第14帧时的姿势

（7）调整小乔在第16帧、第18帧、第19帧、第20帧时的姿势。其方法为：拖动时间滑块到第16帧、第18帧、第19帧、第20帧，然后使用 Select and Move（选择并移动）工具和 Select and Rotate（选择并旋转）工具调整小乔的骨骼，制作出在空中起跳的姿势，序列图如图4-115所示。

图4-115 小乔在空中起跳的姿势序列帧

（8）调整小乔在第23帧、第24帧、第25帧、第27帧时的姿势。其方法为：拖动时间滑块到第23帧、第24帧、第25帧、第27帧，然后使用 Select and Move（选择并移动）工具和 Select and Rotate（选择并旋转）工具调整小乔的骨骼，制作出下落在假想物体上的姿势，序列图如图4-116所示。

图4-116　小乔下落在假想物体上的姿势序列帧

（9）调整小乔在第34、第35帧时的姿势。其方法为：拖动时间滑块到第34、第35帧，然后使用 Select and Move（选择并移动）工具和 Select and Rotate（选择并旋转）工具调整小乔的骨骼，制作出在空中攻击的姿势，序列图如图4-117所示。

图4-117　小乔空中攻击的主要序列帧

（10）调整小乔在第36~43帧时的姿势。其方法为：进入"左"视图，分别拖动时间滑块到第36~43帧，然后使用 Select and Move（选择并移动）工具和 Select and Rotate（选择并旋转）工具调整小乔的骨骼，制作出小乔在空中旋转的姿势，序列图如图4-118所示。

图4-118　小乔空中旋转姿势的主要序列帧

（11）调整小乔在第45帧、第47帧、第48帧、第49帧时的姿势。其方法为：进入左视图，分别拖动时间滑块到第45帧、第47帧、第48帧、第49帧，然后使用 ✥ Select and Move（选择并移动）工具和 ⟳ Select and Rotate（选择并旋转）工具调整小乔的骨骼，制作出小乔落地的姿势，序列图如图4-119所示。

图4-119　小乔落地姿势的主要序列帧

（12）调整小乔在第59帧、第63帧、第67帧、第71帧、第73帧时的收力姿势。其方法为：进入"左"视图，分别拖动时间滑块到第59帧、第63帧、第67帧、第71帧、第73帧，然后使用 ✥ Select and Move（选择并移动）工具和 ⟳ Select and Rotate（选择并旋转）工具调整小乔的骨骼，制作出小乔收力的姿势，序列图如图4-120所示。

图4-120　小乔收势的主要序列帧

提示：在每个动作达成时都需要有稍微停顿，停顿时间的长短按照动作所需要的节奏来决定，但不能把动作定死（每个帧的动作不能一模一样），如小乔落在假想物体上时的一个停顿，如图4-121所示。这个占了第27帧、第28帧、第29帧的停顿恰好表现出明显的节奏感，并且很好地链接了小乔从落下到攻击两个动作。

角色动画制作（下）

图4-121 小乔落在假想物体上时的一个停顿

（13）单击 Playback（播放）按钮播放动画，此时可以看到小乔的攻击动作。在播放动画时，如果发现幅度过大或抖动等不正确的地方，可以适当调整。

4.4.4 制作小乔的三连击动作

三连击在很多动作技能攻击中是根据角色的武器造型及装备属性进行设计的，小乔属敏捷型物理偏法术的职业，三连击特殊技能具有很强的伤害爆发点，也是最能表现角色职业技能特点的动态造型。在小乔的连击动作中，重点制作小乔旋转落地的攻击动画，3个动作有主有次才能更好地体现动作的节奏感。首先来看一下小乔连击动作的主要序列图，如图4-122所示。

图4-122 小乔连击动作的主要序列图

(1) 单击动画控制区中的 Time Configuration（时间配置）按钮，在弹出的 Time Configuration（时间配置）对话框中设置End Time（结束时间）为56，设置Speed（速度）模式为1/2x，单击OK按钮，如图4-123所示。从而将时间滑块长度设置为56帧。

图4-123　设置时间配置

(2) 调整小乔蓄力的姿势。其方法为：拖动时间滑块到第4帧，使用 Select and Move（选择并移动）工具和 Select and Rotate（选择并旋转）工具调整小乔质心、脊椎、头、手臂和腿部骨骼的位置和角度，制作出小乔蓄力的姿势，如图4-124所示。

图4-124　调整小乔蓄力的姿势

(3) 调整小乔在第7帧、第9帧、第10帧、第11帧时的姿势。其方法为：使用 Select and Move（选择并移动）工具和 Select and Rotate（选择并旋转）工具调整小乔质心、脊椎、头、手臂和腿部骨骼的位置和角度，制作出第一击的第一个旋转的姿势，如图4-125所示。

图4-125　调整小乔在第7帧、第9帧、第10帧、第11帧时的姿势

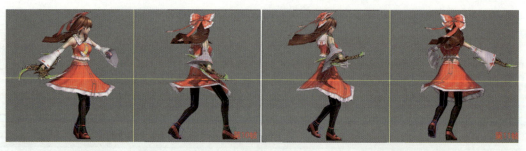

图4-125　调整小乔在第7帧、第9帧、第10帧、第11帧时的姿势（续）

（4）调整小乔在第12~15帧时的姿势。其方法为：使用 Select and Move（选择并移动）工具和 Select and Rotate（选择并旋转）工具调整小乔质心、脊椎、头、手臂和腿部骨骼的位置和角度，制作出第一击的第二个旋转的姿势，如图4-126所示。

图4-126　调整小乔在第12~15帧时的姿势

（5）调整小乔在空中旋转的姿势。其方法为：使用 Select and Move（选择并移动）工具和 Select and Rotate（选择并旋转）工具调整小乔质心、脊椎、头、手臂和腿部骨骼的位置和角度，制作出在第16~25帧空中旋转的姿势，轨迹如图4-127所示。

图4-127　空中旋转的轨迹

提示：首先调整好小乔在第16帧的姿势和第25帧的姿势，旋转3圈，再在每一帧上调整小乔旋转的高度。

（6）调整小乔在第27~30帧的姿势。其方法为：使用 Select and Move（选择并移动）工具和 Select and Rotate（选择并旋转）工具调整小乔质心、脊椎、头、手臂和腿部骨骼的位置和角度，制作出小乔在旋转完毕落地的姿势，序列图如图4-128所示。

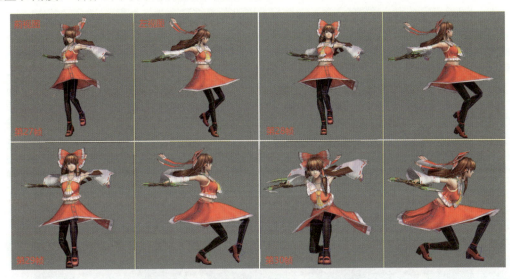

图4-128　调整小乔在第27~30帧的姿势

（7）调整小乔在第31帧、第33帧、第35帧的姿势。其方法为：使用 Select and Move（选择并移动）工具和 Select and Rotate（选择并旋转）工具调整小乔质心、脊椎、头、手臂和腿部骨骼的位置和角度，制作出小乔的身体在落地后由于惯性向前迈步的姿势，序列图如图4-129所示。

图4-129　调整小乔在第31帧、第33帧、第35帧的姿势

（8）调整小乔攻击和收势的姿势。其方法为：使用 Select and Move（选择并移动）工具和 Select and Rotate（选择并旋转）工具调整小乔质心、脊椎、头、手臂和腿部骨骼的位置和角度，序列图如图4-130所示。

图4-130　调整小乔攻击和收势的姿势

（9）单击 Playback（播放）按钮播放动画，此时可以看到小乔三连击动作。在播放动画时，如果发现幅度过大或抖动等不正确的地方，可以适当调整。

4.5　本章小结

本章讲解了人类侠士——小乔的动画制作及制作流程，重点讲解人物角色的动作设计思路和创作技巧。在整个讲解过程中，分别介绍了小乔的骨骼创建、蒙皮设定及动作设计的3大流程，重点讲解了人物由静止到动作设计完成过程，并演示了小乔奔跑、普通攻击、特殊攻击以及三连击的动画制作技巧。引导读者学习使用3ds Max配合飘带插件完成动画设计的流程和规范。通过对本章内容的学习，读者需要掌握以下几个要领。

（1）掌握人物模型的骨骼创建方法。
（2）掌握人物模型的蒙皮设定技法。
（3）了解人物的基本运动规律。
（4）重点掌握人物的动画制作技巧。

4.6 本章练习

操作题

根据光盘中提供的角色模型及动画项目资源,任选一个人物角色,利用本章所讲解的知识,根据人物模型的特色,为人物角色创建骨骼和蒙皮,并重点制作出奔跑以及普通攻击动画。

第5章 精灵射手 写实角色动画制作

丛林守护神——精灵射手

　　精灵射手使用弓箭，身形娇小，行动灵活，善于与大自然中的生物交朋友，并在战斗中得到它们的帮助。弓箭使得射手具有了远距离伤害输出能力，往往在敌人靠近自己之前将其消灭，还可以在任意地方布设陷阱，利用陷阱伤害或困住对手。有的射手也能通过投掷特殊植物的种子或者毒蜂窝，攻击敌人，当种子发芽生长，还能对敌人造成进一步伤害。可以召唤熊作为战斗宠物，除了让熊单独攻击敌人外，还可以通过骑熊战斗的方式，大幅提升自己的近战攻击能力。

　　本章通过对网络游戏主角——精灵射手的动画设计及制作流程，重点讲解精灵射手动画的创作技巧及动作设计思路，结合策划文案的描述更深入地了解游戏主角在产品设计中各个职业动作设计的应用。

● 实践目标

– 掌握精灵射手角色的骨骼创建方法

– 掌握精灵射手角色的蒙皮设定

– 了解人物角色的运动规律

– 掌握精灵射手角色的动画制作方法

– 掌握飘带插件制作飘带动画的方法

● 实践重点

– 掌握精灵射手角色的骨骼创建方法

– 掌握精灵射手角色的蒙皮设定制作流程及技巧

– 掌握精灵射手角色的动画制作方法

本章将讲解网络游戏中的主角——精灵射手的站立待机、奔跑、三连击、死亡动画的制作方法。动画效果如图5-1所示。通过本案例的学习，读者应掌握创建CS基础骨骼和Bone骨骼、Skin蒙皮以及战士动画的基本制作方法。

（a）精灵射手站立待机动画

（b）精灵射手奔跑动画

（c）精灵射手三连击动画

（d）精灵射手死亡动画

图 5-1　精灵射手动画效果

5.1　创建精灵射手的骨骼

在创建精灵射手的骨骼时，将使用传统的CS骨骼和Bone骨骼相结合。精灵射手身体骨骼创建分为精灵射手创建骨骼前的初始设定、创建CS骨骼、匹配骨骼到模型三部分内容。

5.1.1　创建骨骼前的初始设定

（1）为便于给精灵射手进行骨骼的设置，首先隐藏精灵射手的武器。其方法为：选中弓的模型，如图5-2中A所示；然后在"前"视图中右击，从弹出的快捷菜单中选择Hide Selection（隐藏选定对象）命令，完成精灵射手的武器隐藏，如图5-2中B所示。

图5-2 隐藏精灵射手的武器

（2）激活精灵射手模型，对模型的法线及顶点信息进行重置归位，位移坐标也归零。其方法为：选中精灵射手的模型，然后右击工具栏上的 Select and Move（选择并移动）按钮，在弹出的Move Transform Type-In（移动变化输入）对话框中将Absolute：World（绝对：世界）的坐标值设置为X＝0.0、Y＝0.0、Z＝0.0，如图5-3中A所示，此时可以看到场景中的精灵射手位于坐标原点，如图5-3中B所示。

图5-3 模型坐标归零

（3）为防止出现模型位移、旋转等误操作，在创建骨骼前可以冻结精灵射手模型。其方法为：选择精灵射手的模型，再进入 Display（显示）命令面板，然后展开Display Properties（显示属性）卷展栏，取消Show Frozen in Gray（以灰色显示冻结对象）复选框的勾选，如图5-4中A所示。从而使精灵射手模型被冻结后显示出真实的颜色，而不是冻结的灰色。再右击，从弹出的快捷菜单中选择Freeze Selection（冻结当前选择）命令，如图5-4中B所示。完成精灵射手的模型冻结。

图5-4 冻结精灵射手的模型

> 提示：在匹配精灵射手的骨骼之前，要把精灵射手的模型选中并且冻结，以便在后面创建精灵射手骨骼的过程中，精灵射手的模型不会因为被误选而出现移动、变形等问题。

5.1.2 创建Character Studio骨骼

（1）单击 Create（创建）命令面板下的 Systems（系统）中的Biped按钮，然后在"透视"图中拖出一个与模型等高的人物角色骨骼（Biped），注意在设置骨骼时要根据角色模型的结构进行体型的匹配，如图5-5所示。

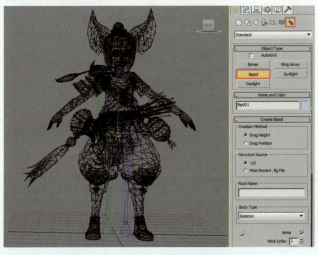

图5-5 拖出一个Biped两足角色

角色动画制作（下）

(2) 选中精灵射手角色骨骼（Biped）的任何一个部分，进入 Motion（运动）命令面板，展开Biped卷展栏，单击 Figure Mode（体形模式）按钮，再次选择骨骼的质心，并使用Select and Move（选择并移动）工具调整质心下移，匹配到盆骨，如图5-6中A所示；接着设置质心的X、Y轴坐标为0，如图5-6中B所示。从而把质心的位置调整到模型中心。

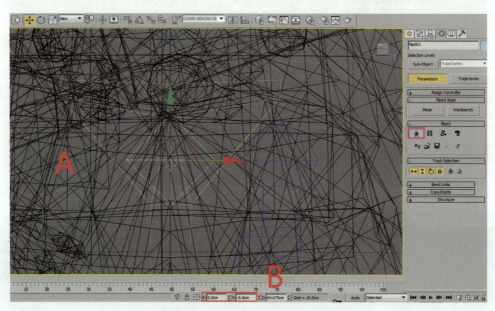

图5-6 调整质心到模型中心

(3) Biped骨骼属于标准的人物角色的结构，与精灵射手模型的身体结构有差别，因此在匹配骨骼到模型之前，要根据精灵射手模型调整Biped骨骼的结构数据，使Biped骨骼结构更加符合精灵射手模型的结构。选择刚刚创建的Biped骨骼的任意骨骼，展开 Motion（运动）面板下的Structure（结构）卷展栏，修改Spine Links（脊椎链接）的结构参数为2，Fingers（手指）的结构参数为5，Fingers Links（手指链接）的结构参数为2，Toes（脚趾）的参数为1，Toe Links（脚趾链接）的参数为1，如图5-7所示。

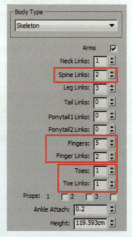

图5-7 修改Biped结构参数

5.1.3 匹配骨骼和模型

(1) 匹配盆骨骨骼到模型。其方法为：选中盆骨，单击工具栏上的 Select and Uniform Scale（选择并均匀缩放）按钮，并更改坐标系为Local（局部），然后在"前"视图和"左"视图调整臀部骨骼的大小，与模型相匹配，如图5-8所示。

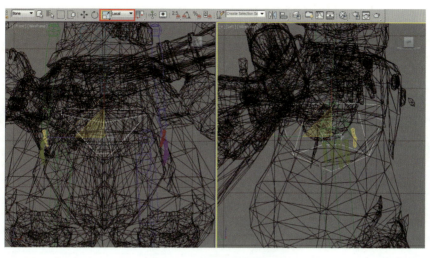

图5-8 匹配盆骨到模型

（2）匹配腿部骨骼到模型。其方法为：分别选中右腿中大腿、小腿和脚掌的骨骼，在"前"视图和"左"视图中使用 Select and Move（选择并移动）工具、 Select and Rotate（选择并旋转）工具和 Select and Uniform Scale（选择并缩放）工具调整腿部骨骼和模型匹配对齐，如图5-9所示。

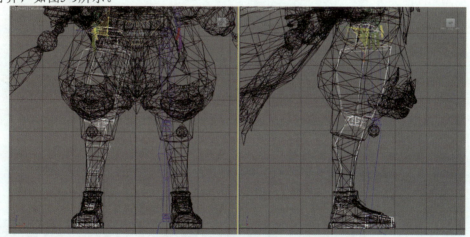

图5-9 匹配右腿骨骼到模型

（3）复制腿部骨骼姿态。由于精灵射手的腿部骨骼是左右对称的，因此在匹配精灵射手骨骼到模型时，可以调整好一边腿部骨骼的姿态，再复制给另一边的腿部骨骼，这样可以提高制作效率。其方法为：双击绿色大腿骨骼，从而选择整个腿部的骨骼，如图5-10中A所示。激活Cope/Paste（复制/粘贴）卷展栏下的Posture（姿态）按钮，再单击 Create Collection（创建集合）按钮，接着单击 Copy Posture（复制姿态）按钮，最后单击 Paste Posture Opposite（向对面粘贴姿态）按钮，这样就把腿部骨骼姿态复制到另一边，效果如图5-10中B所示。

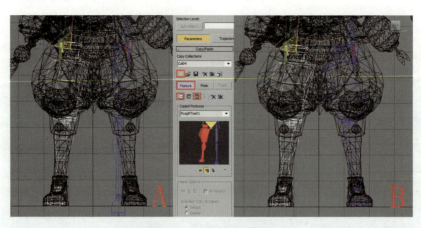

图5-10 复制腿部骨骼

（4）匹配脊椎骨骼。其方法为：分别选中第一节和第二节脊椎骨骼，使用 Select and Move（选择并移动）工具、 Select and Rotate（选择并旋转）工具和 Select and Uniform Scale（选择并缩放）工具在"前"视图和"左"视图中调整脊椎骨骼与模型相匹配，效果如图5-11所示。

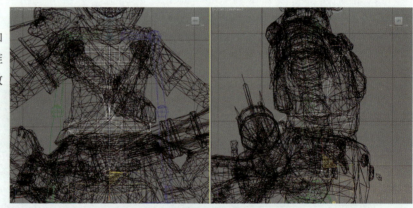

图5-11 匹配脊椎骨骼到模型

（5）匹配手臂骨骼。其方法为：选中绿色肩膀骨骼，使用 Select and Move（选择并移动）工具、 Select and Rotate（选择并旋转）工具和 Select and Uniform Scale（选择并缩放）工具在"前"视图和"左"视图调整肩膀骨骼与模型的肩膀相匹配，如图5-12所示。再选中绿色大臂骨骼，在前视图和左视图中调整绿色大臂骨骼跟模型匹配。同理，调整绿色小手臂和模型相匹配，效果如图5-13所示。

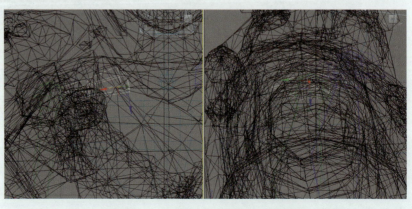

图5-12 匹配绿色肩膀骨骼到模型

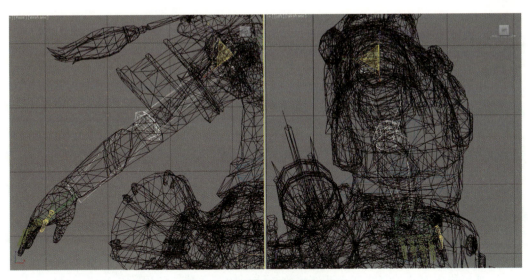

图5-13 匹配手臂骨骼到模型

（6）匹配手掌和手指骨骼，其方法为：分别选中绿色手掌和手指骨骼，使用 Select and Rotate（选择并旋转）工具和 Select and Uniform Scale（选择并缩放）工具在"前"视图和"透视"图中调整手掌和手指骨骼跟模型相匹配，如图5-14所示。

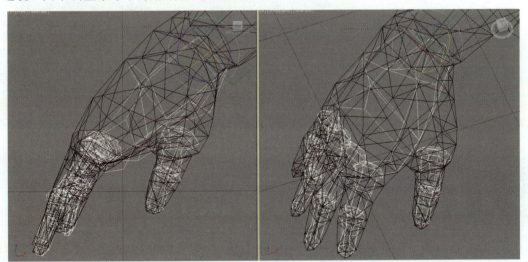

图5-14 匹配绿色手掌和手指到模型

（7）精灵射手手臂模型是左右对称的，因此可以将匹配好模型的绿色手臂骨骼的姿态复制给蓝色的手臂骨骼，从而提高制作效率和准确度。其方法为：双击绿色肩膀，从而选中整个绿色手臂的骨骼。激活Cope/Paste（复制/粘贴）卷展栏下的Posture（姿态）按钮，再单击 Create Collection（创建集合）按钮，接着单击 Copy Posture（复制姿态）按钮，最后单击 Paste Posture Opposite（向对面粘贴姿态）按钮，这样就把手臂骨骼姿态复制到另一边，效果如图5-15所示。

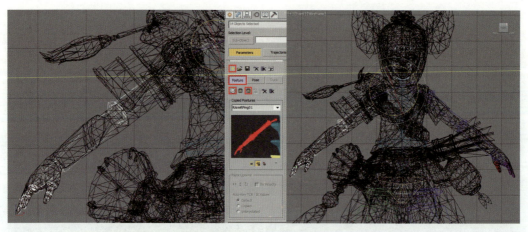

图5-15 复制手臂骨骼的姿态

（8）颈部和头部的骨骼匹配。其方法为：选中颈部骨骼，使用 ✥ Select and Move（选择并移动）工具、⟳ Select and Rotate（选择并旋转）工具和 ▣ Select and Uniform Scale（选择并缩放）工具在"前"视图和"左"视图中调整骨骼，把颈部骨骼跟模型匹配对齐。然后选中头部骨骼，在前视图和左视图中调整头部骨骼与模型匹配，效果如图5-16所示。

图5-16 颈部和头部骨骼的匹配

5.2 创建精灵射手附属物品的骨骼

在创建精灵射手附属物品骨骼时，将使用Bone骨骼。精灵射手附属物品的骨骼分为创建头发和耳朵、创建飘带和饰品的骨骼、创建尾巴的骨骼、创建武器模型的骨骼、骨骼的链接五部分内容。

5.2.1 创建头发和耳朵的骨骼

（1）创建背面头发骨骼。其方法为：进入"左"视图，单击 ▣ Create（创建）命令面板下的 ▣ Systems（系统）中的Bones按钮，在背面头发位置创建四节骨骼，右击结束创建，如图5-17所示。

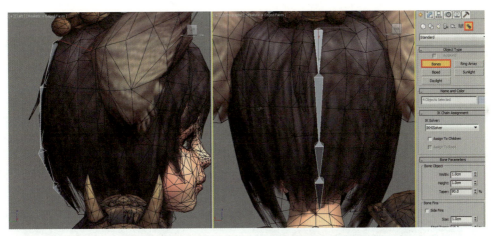

图5-17 创建精灵射手背面头发的Bone骨骼

提示：在拉出四节骨骼后系统会自动生成一根末端骨骼，这时就有了五节骨骼。按Delete键删除不需要的末端骨骼。

（2）准确匹配骨骼到模型。其方法为：选中背面头发骨骼的根骨骼，如图5-18中A所示。执行Animation（动画）/Bone Tools（骨骼工具）菜单命令，如图5-18中B所示。打开Bone Tools（骨骼工具）面板，接着进入Fin Adjustment Tools（鳍调整工具）卷展栏的Bone Objects（骨骼对象）选项组中，调整Bone骨骼的宽度、高度和锥化参数，如图5-18中C所示。同理，调整好第二节、第三节和第四节骨骼的大小。

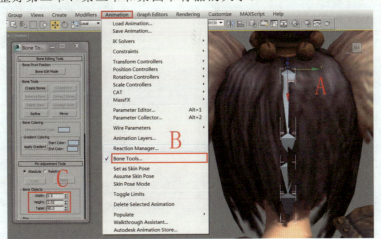

图5-18 使用Bone Tools（骨骼工具）面板调整骨骼大小

提示：调整骨骼大小时要顺应头发的形状和大小，使骨骼和模型进行合理的适配。

角色动画制作（下）

（3）创建头部前面鬓角头发的骨骼。其方法为：切换到"左"视图，单击Bones按钮，在前面鬓角头发位置创建三节骨骼，然后右击结束创建。先删除末端骨骼，再调整Bone骨骼的宽度、高度和锥化的参数，如图5-19所示。

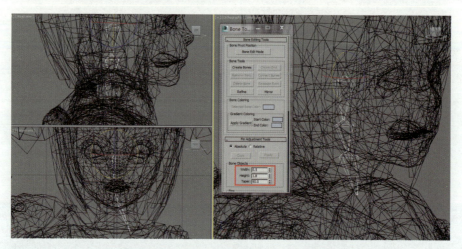

图5-19　创建头部前面头发的骨骼

（4）匹配前面鬓角头发骨骼到模型。其方法为：选中根骨骼，然后单击Bone Tools（骨骼工具）面板中的Bone Edit Mode（骨骼编辑模式）按钮，如图5-20中A所示。使用工具栏中的 Select and Move（选择并移动）工具调整骨骼的位置，使骨骼的位置和精灵射手的右边头发模型能够基本匹配，如图5-20中B所示。

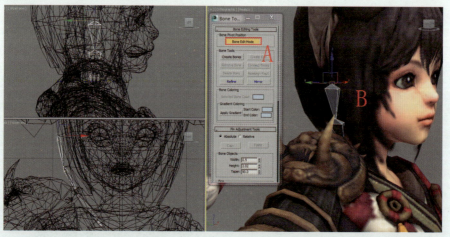

图5-20　调整骨骼的位置

> 提示：在激活Bone Edit Mode（骨骼编辑模式）按钮时，不能使用 Select and Rotate（选择并旋转）工具调整骨骼，不然会造成骨骼断链；同时，调整骨骼的大小时，也必须退出Bone Edit Mode（骨骼编辑模式）按钮。

（5）前面鬓角头发的骨骼复制。其方法为：双击刚刚创建的前面鬓角头发的根骨骼，从而选中整根骨骼，如图5-21中A所示。单击Bone Tools（骨骼工具）卷展栏下的Mirror（镜像）按钮，在弹出的Bone Mirror（骨骼镜像）对话框中选中Mirror Axis（镜像轴）选项组下的X单选按钮，如图5-21中B所示，此时视图中已经复制出以X轴对称的骨骼，如图5-21中C所示。单击OK按钮，完成前面头发的骨骼复制。

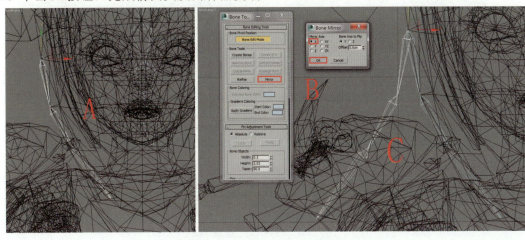

图5-21 复制右边头发骨骼

（6）调整复制的骨骼到模型。其方法为：在工具栏中将View（视图）转换成Parent（屏幕），如图5-22中A所示。使用 Select and Move（选择并移动）工具在"前"视图中调整骨骼的位置，使复制的骨骼和左边头发模型对齐，如图5-22中B所示。

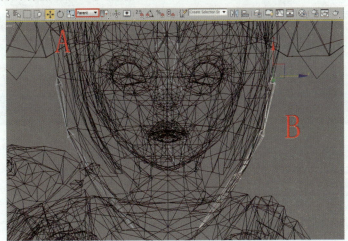

图5-22 调整复制的骨骼到模型

提示：因为前面鬓角的头发两侧有些细微的不同，所以可以对前面的头发骨骼根据模型位置进行细微的调整。

（7）创建右边耳朵骨骼。其方法为：参考前面头发骨骼的创建过程，为精灵射手耳朵模型创建三节骨骼，然后右击结束创建。删除末端骨骼，然后调整Bone骨骼的宽度、高度和锥化的参数，效果如图5-23所示。再参考前面头发骨骼的镜像过程，为左边耳朵模型匹配骨骼，如图5-24所示。

图5-23　创建右边耳朵骨骼

图5-24　把右边耳朵骨骼镜像到左边

5.2.2 创建飘带、饰品的骨骼

（1）创建身体前面飘带骨骼。其方法为：切换到"左"视图，单击Bones按钮，在身体前面飘带的位置创建三节骨骼，然后右击结束创建。删除末端骨骼，接着使用 Select and Move（选择并移动）工具和 Select and Rotate（选择并旋转）工具调整骨骼的位置和角度，使骨骼的位置和模型对齐，再设置Bone Tools（骨骼工具）面板下的Fin Adjustment Tools（鳍调整工具）卷展栏中的Bone Objects（骨骼对象）选项组下Bone骨骼的宽度、高度和锥化的参数，效果如图5-25所示。

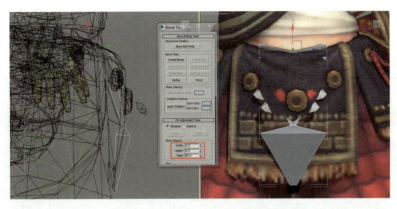

图5-25 匹配身体前面飘带骨骼

（2）创建身体左边的装饰品灯笼的骨骼。其方法为：切换到"前"视图，再参考身体前面飘带骨骼的创建过程，为精灵射手灯笼模型创建四节骨骼，然后右击结束创建。删除末端骨骼，然后调整Bone骨骼的宽度、高度和锥化的参数，效果如图5-26所示。

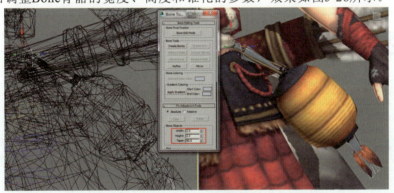

图5-26 创建身体左边装饰品灯笼的骨骼

（3）身体右边装饰品骨骼的创建。其方法为：切换到"前"视图，再参考左边的饰品骨骼的创建过程，为精灵射手左边的饰品模型创建七节骨骼，然后右击结束创建。删除末端骨骼，然后依次调整Bone骨骼的宽度、高度和锥化的参数，效果如图5-27所示。

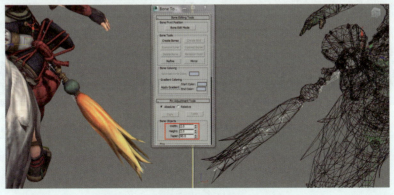

图5-27 创建身体右边装饰品的骨骼

（4）创建肩膀护甲上飘带的骨骼。其方法为：切换到"前"视图，再参考身体前面飘带骨骼的创建过程，为精灵射手右边肩膀上的飘带模型创建五节骨骼，然后右击结束创建。删除末端骨骼，然后调整Bone骨骼的宽度、高度和锥化的参数，效果如图5-28所示。

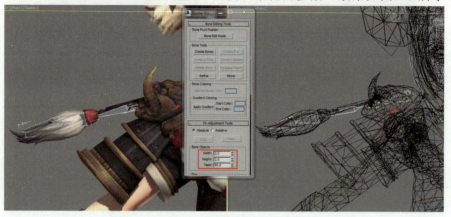

图5-28 创建肩膀护甲上的飘带的骨骼

5.2.3 创建尾巴的骨骼

（1）创建主体尾巴骨骼。其方法为：单击Bones按钮，然后在尾巴位置创建九节骨骼，右击结束创建，再参照上面执行Animation（动画）/Bone Tools（骨骼工具）菜单命令，使用 Select and Move（选择并移动）工具和 Select and Rotate（选择并旋转）工具调整骨骼位置和角度，再双击根骨骼选中所有骨骼，在Fins（鳍）选项组中勾选Side Fins（侧鳍）、Front Fin（前鳍）、Back Fin（后鳍）复选框，如图5-29中A所示。

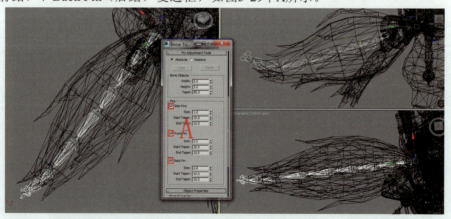

图5-29 创建主体尾巴的骨骼

（2）调整主体尾巴的骨骼。其方法为：根据主体尾巴模型调整Side Fins（侧鳍）、Front Fin（前鳍）、Back Fin（后鳍）骨骼的Size（大小）、Start Taper（始端锥化）、End Taper（末端锥化）的参数，效果如图5-30所示。

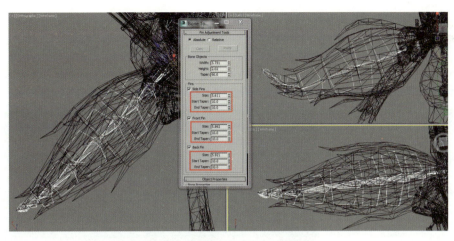

图5-30 调整主体尾巴的骨骼

（3）创建支干尾巴骨骼。其方法为：切换到"左"视图，单击Bones按钮，然后在其中一节小尾巴位置创建七节骨骼，右击结束创建。删除末端骨骼，接着使用 Select and Move（选择并移动）工具和 Select and Rotate（选择并旋转）工具调整骨骼的位置和角度，使骨骼的位置和模型对齐。然后再设置Bone Tools（骨骼工具）中的Bone Objects（骨骼对象）选项组中Bone骨骼的宽度、高度和锥化的参数，效果如图5-31所示。

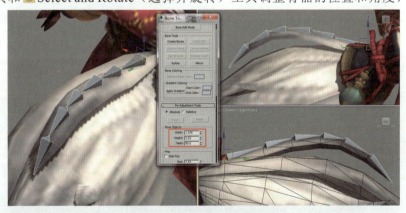

图5-31 创建支干尾巴骨骼

（4）创建全部支干尾巴骨骼。其方法为：参照上面支干小尾巴骨骼的创建方法，根据尾巴模型的布线依次创建其他支干上的骨骼，如图5-32所示。

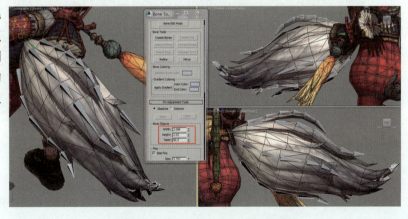

图5-32 创建全部支干尾巴骨骼

角色动画制作（下）

5.2.4 创建武器的骨骼

创建武器骨骼。其方法为：在视图中右击，从弹出的快捷菜单中选择Unhide All（全部取消隐藏)命令，此时视图中出现所有被隐藏的武器模型，再单击Bones按钮，并切换到前视图，然后在武器位置创建一节骨骼，右击结束创建。删除末端骨骼，接着调整Bone骨骼的宽度、高度和锥化的参数，如图5-33所示。

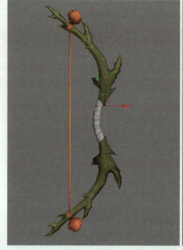
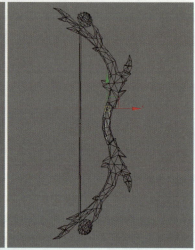

图5-33 创建武器骨骼

5.2.5 骨骼的链接

（1）身体前面飘带和饰品骨骼的链接。其方法为：按住Ctrl键的同时，依次选中身体前面的飘带、灯笼和飘带（鼓）的根骨骼，单击工具栏中的 Select and Link（选择并链接）按钮，然后按住鼠标左键拖动至盆骨上，再释放鼠标左键完成链接，如图5-34所示。

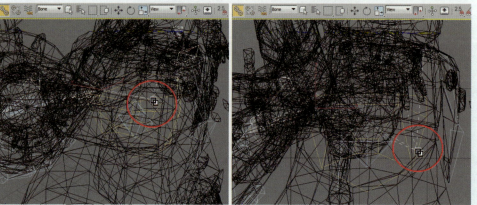

图5-34 身体前面的飘带、灯笼和飘带（鼓）骨骼的链接

（2）主体尾巴骨骼链接。其方法为：选中主体尾巴的根骨骼，单击工具栏中的 Select and Link（选择并链接）按钮，然后按住鼠标左键拖动至盆骨上，再释放鼠标左键完成链接，如图5-35所示。

196

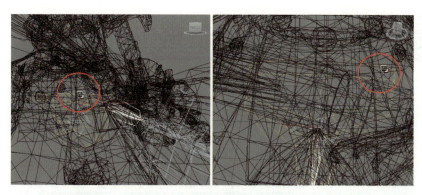

图5-35 主体尾巴骨骼链接

（3）支干尾巴骨骼链接。其方法为：按住Ctrl键的同时，依次选中所有支干尾巴的根骨骼，单击工具栏中的 Select and Link（选择并链接）按钮，然后按住鼠标左键拖动至主体尾巴根骨骼上，再释放鼠标左键完成链接，如图5-36所示。

图5-36 支干骨骼链接

（4）头发、耳朵和肩膀飘带骨骼链接。其方法为：按住Ctrl键的同时，依次选中头发和耳朵的根骨骼，单击工具栏中的 Select and Link（选择并链接）按钮，然后按住鼠标左键拖动至头骨骼上，如图5-37中A所示，释放鼠标左键完成链接。再按照此方法将肩膀护甲上飘带的骨骼链接到绿色肩膀上，如图5-37中B所示。

图5-37 头发、耳朵和肩膀护甲上飘带的骨骼链接

5.3 精灵射手的蒙皮设定

Skin（蒙皮）的优点是可以自由选择骨骼来进行蒙皮，调节权重也十分的方便。本节内容包括添加Skin（蒙皮）修改器和分离多边形、调节身体骨骼权重、调节尾巴的权重、调节精灵射手头发、飘带和装饰品的权重、调节武器的权重等。

5.3.1 添加Skin（蒙皮）修改器和分离多边形

（1）解除模型的冻结。其方法为：在视图中右击，从弹出的快捷菜单中选择Unfreeze All（全部解冻）命令，解除模型的冻结，如图5-38所示。

图5-38　精灵射手模型解冻

> 提示：由于精灵射手模型面片太多，权重的调节有一定难度，为了便于操作，可以将精灵射手的一些部件模型分离出来单独蒙皮。

（2）分离头发。其方法为：选中精灵射手的模型，在 Modify（修改）命令面板下Editable Poly（可编辑多边形）中的Selection（选择）卷展栏中激活 Element（元素）模式，如图5-39中A所示。再选中头发的面片，如图5-39中B所示。单击Edit Geometry（编辑多边形）卷展栏中Detach（分离）按钮，如图5-39中C所示。从而将头发的模型分离出来。

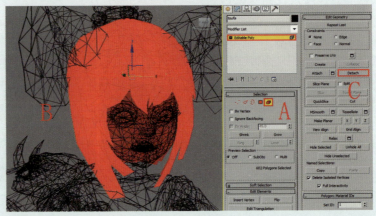

图5-39　分离头发

(3) 分离身体前面的飘带和肩膀上护甲、飘带。其方法为：参照上面分离头发的方法，选中精灵射手的模型，在 Modify（修改）命令面板下Editable Poly（可编辑多边形）中的Selection（选择）卷展栏中激活 Element（元素）模式，选中身体前面飘带的面片，单击Detach（分离）按钮，将身体前面的飘带分离出来，如图5-40中A所示；再选中肩膀上护甲、飘带的面片，单击Detach（分离）按钮，将肩膀上的护甲和飘带分离出来，如图5-40中B所示。

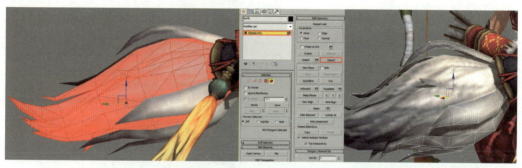

图5-40　分离身体前面的飘带和肩膀上的护甲、飘带

(4) 分离主体尾巴和支干尾巴。其方法为：参照上面分离方法，选中精灵射手的模型，分别选中主体尾巴和支干上的尾巴，单击Detach（分离）按钮，将主体尾巴和支干尾巴分离出来，如图5-41所示。

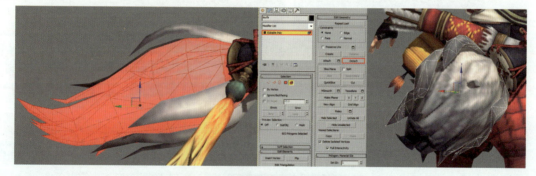

图5-41　分离主体尾巴和支干尾巴

(5) 为方便在后续给角色身体做蒙皮及设置权重值调整，此时需要对左、右边的装饰品的模型进行分离。其方法为：参照上面分离方法，将左、右边的装饰品依次分离出来，如图5-42所示。

图5-42　分离左、右边装饰品

（6）为精灵射手的身体添加Skin（蒙皮）修改器。其方法为：选中精灵射手的身体模型，打开 Modify（修改）命令面板中的Modifier List（修改器列表）下拉菜单，选择Skin（蒙皮）修改器，如图5-43所示。然后单击Add（添加）按钮，如图5-44中A所示。在弹出的Select Bones（选择骨骼）对话框中选择全部身体和耳朵的骨骼，再单击Select（选择）按钮，将骨骼添加到蒙皮，如图5-44中B所示。

图5-43　为身体添加Skin（蒙皮）修改器

图5-44　添加所有的骨骼

（7）为头发添加Skin（蒙皮）修改器。其方法为：参照上面Skin（蒙皮）修改器的添加方法，为头发添加Skin（蒙皮）修改器，然后单击Add（添加）按钮，在弹出的Select Bones（选择骨骼）对话框中选择头发对应的所有骨骼，再单击Select（选择）按钮，将骨骼添加到蒙皮，如图5-45所示。

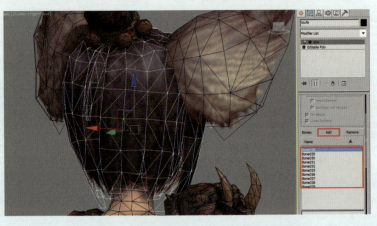

图5-45　为头发添加Skin（蒙皮）修改器

（8）为右边装饰品添加Skin（蒙皮）修改器。其方法为：参照上面Skin（蒙皮）修改器的添加方法，为右边装饰品添加Skin（蒙皮）修改器，然后单击Add（添加）按钮，在弹出的Select Bones（选择骨骼）对话框中选择右边装饰品对应的所有骨骼，再单击Select（选择）按钮，将骨骼添加到蒙皮，如图5-46所示。

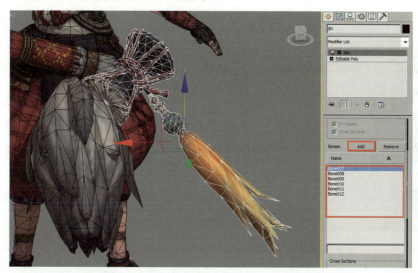

图5-46　为右边装饰品添加Skin（蒙皮）修改器

（9）为左边装饰品添加Skin（蒙皮）修改器。其方法为：参照上面Skin（蒙皮）修改器的添加方法，为左边装饰品添加Skin（蒙皮）修改器，然后单击Add（添加）按钮，在弹出的Select Bones（选择骨骼）对话框中选择与左边装饰品相对应的所有骨骼，再单击Select（选择）按钮，将骨骼添加到蒙皮，如图5-47所示。

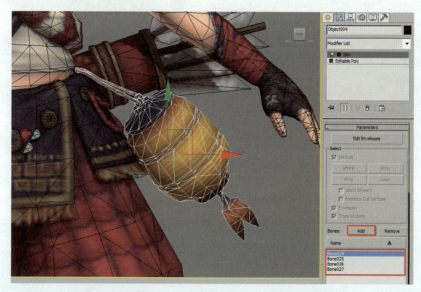

图5-47　为左边装饰品添加Skin（蒙皮）修改器

（10）分别为身体前面的飘带和肩膀上的护甲、飘带添加Skin（蒙皮）修改器。其方法为：参照上面Skin蒙皮修改器的添加方法，为身体前面的飘带添加Skin（蒙皮）修改器，然后单击Add（添加）按钮，在弹出的Select Bones（选择骨骼）对话框中选择与身体前面的飘带相对应的骨骼，再单击Select（选择）按钮，将骨骼添加到蒙皮。再使用这种方法为肩膀上的护甲、飘带添加Skin（蒙皮）修改器，如图5-48所示。

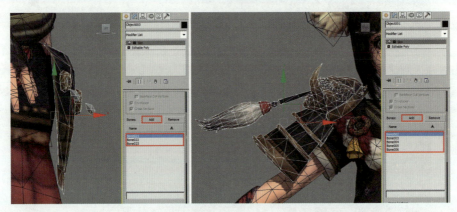

图5-48　为身体前面的飘带和肩膀上的护甲、飘带添加Skin（蒙皮）修改器

（11）为主体和支干尾巴添加Skin（蒙皮）修改器。其方法为：参照上面Skin（蒙皮）修改器的添加方法，为主体尾巴添加Skin蒙皮修改器，然后单击Add（添加）按钮，在弹出的Select Bones（选择骨骼）对话框中选择与主体尾巴相对应的所有骨骼，再单击Select（选择）按钮，将骨骼添加到蒙皮，如图5-49中A所示。再使用这种方法完成支干上的小尾巴Skin（蒙皮）修改器的添加，如图5-49中B所示。

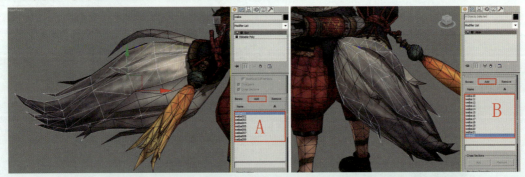

图5-49　为主体和支干尾巴添加Skin（蒙皮）修改器

（12）运用同样的方法为武器添加Skin（蒙皮）修改器。注意，武器是独立于身体之外的模型，在添加Skin（蒙皮）修改器时也是针对弓箭全部模型，效果如图5-50所示。

（13）添加完全部骨骼后，要将对精灵射手动作不产生作用的骨骼删除，以便减少系统对骨骼数目的运算。其方法为：选中身体模型，在Add（添加）列表中选择质心骨骼Bip001，再单击Remove（移除）按钮移除，如图5-51所示。这样，使蒙皮的骨骼对象更加简洁。

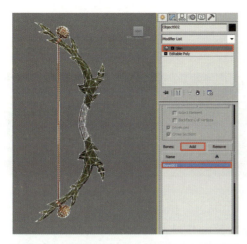

图5-50 为武器添加Skin（蒙皮）修改器

图5-51 移除质心

（14）设置骨骼显示模式。其方法为：双击质心，选中所有的骨骼，如图5-52中A所示。右击，在弹出的快捷菜单中选择Object Properties（对象属性）命令，接着在弹出的Object Properties（对象属性）对话框中勾选Display as Box（显示为外框）复选框，如图5-52中B所示。单击OK按钮，可以看到视图中骨骼变为外框显示，然后检查骨骼的搭建是否不合理，如图5-53所示。

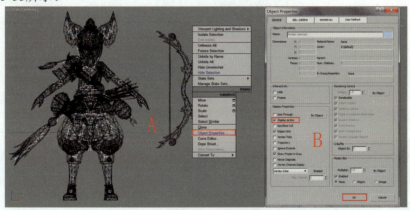

图5-52 选择骨骼并改变显示模式

图5-53 精灵射手的骨骼显示为外框

角色动画制作（下）

5.3.2 调整身体权重

> 提示：在调整权重时，可以看到权重上的点的颜色变化，不同颜色代表着这个点受这节骨骼权重的权重值不同，红色的点受这节骨骼的影响的权重值最大为1.0，蓝色点受这节骨骼的影响的权重值为0.1，白色的点代表没有受这节骨骼的影响，权重值为0.0。

为骨骼指定Skin（蒙皮）修改器后，还不能调整精灵射手的动作；因为此时骨骼对模型的调整点的影响范围往往是不合理的，在调整动作时会使模型产生变形和拉伸。因此，在调节之前要先使用权重工具来调节骨骼的权重值。

（1）隐藏骨骼。为了便于观察，可以先把骨骼隐藏起来。其方法为：双击质心，选中所有的骨骼，如图5-54中A所示。右击，在弹出的快捷菜单中选择Hide Selection（隐藏选定对象）命令，如图5-54中B所示。隐藏所有骨骼，如图5-54中C所示。

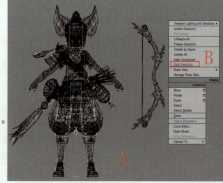

图5-54 隐藏骨骼

（2）激活权重。其方法为：选中精灵射手身体的模型，激活Skin（蒙皮）修改器，激活Edit Envelopes（编辑封套）按钮，勾选Vertices（顶点）复选框，效果如图5-55所示。再单击 Weight Tool（权重工具）按钮，如图5-56中A所示。在弹出的Weight Tool（权重工具）面板中来编辑权重，如图5-56中B所示。

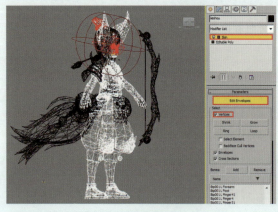

图5-55 激活编辑封套

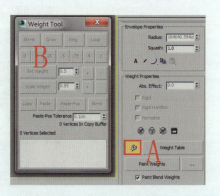

图5-56 激活权重

（3）调整头部的权重。其方法为：为了便于观察，可以关掉封套显示，在Display（显示）卷展栏中勾选Show No Envelopes（不显示封套）复选框，如图5-57中A所示。关掉封套显示效果，如图5-57中B所示。选中头部的权重链接，如图5-58中A所示。再选中与头部相关的所有调整点，如图5-58中B所示。设置权重值为1，如图5-58中C所示。显示调整点为红色点。再选中头部与脖子、耳朵相衔接的部分，设置权重值为0.5左右，显示调整点为黄色点，如图5-59所示。

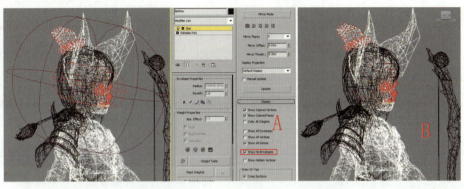

图5-57 关掉封套显示

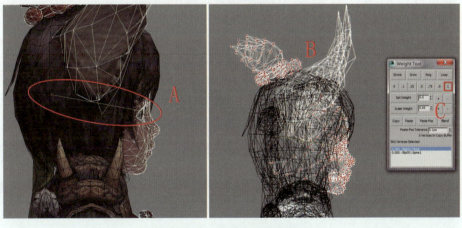

图5-58 调整头部的权重

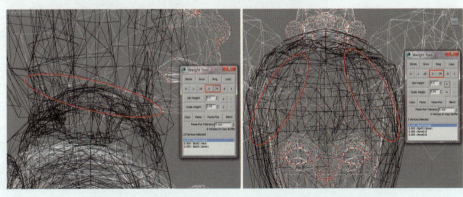

图5-59 调整头部与耳朵、脖子相衔接的部分的权重

（4）调整右边耳朵骨骼的权重。其方法为：选中右边耳朵末端骨骼的权重链接，如图5-60中A所示，设置属于耳朵末端骨骼所在位置的调整点权重值为1，与耳朵第二根骨骼相链接的位置的调整点的权重值为0.5左右，效果如图5-60所示。调节耳朵第二根骨骼的权重。其方法为：选中耳朵第二根骨骼的权重链接，如图5-61中A所示。设置与耳朵末端骨骼相衔接的位置的调整点的权重值为0.5左右，第二根骨骼所在位置的调整点为1，与耳朵根骨骼相链接的点为0.5左右，如图5-61所示。调节耳朵根骨骼的权重，其方法为：选中根骨骼的权重链接，如图5-62中A所示。设置与耳朵第二根骨骼相衔接地方的权重值为0.5左右，根骨骼所在位置的调整点为1，与头部骨骼相链接的部分为0.5左右，如图5-62所示。

图5-60　调整头部右边耳朵末端骨骼的权重

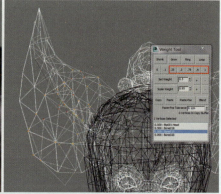

图5-61　调整耳朵第二节骨骼的权重

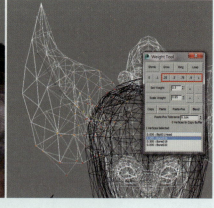

图5-62　调整耳朵根骨骼的权重

（5）调整臀部骨骼的权重。其方法为：先选择臀部骨骼的权重链接，如图5-63中A所示。设置臀部与腰部相衔接的地方的权重值为0.5左右，臀部所在位置的权重值为1，臀部与大腿相衔接的权重值为0.5左右，箭筒的权重值全部为1，如图5-63中B所示。

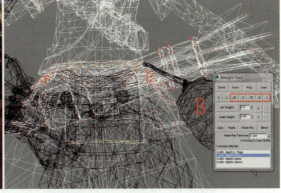

图5-63　调整臀部骨骼的权重

（6）调整腰部骨骼的权重。其方法为：选择腰部骨骼的权重链接，设置与臀部相衔接的部分的权重值为0.5左右，腰部位置的权重值为1，与胸腔相接位置的权重值为0.5左右，效果如图5-64所示。

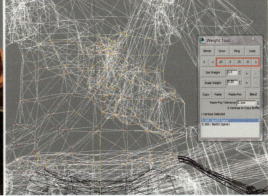

图5-64　调整腰部骨骼的权重

（7）调整胸腔骨骼的权重。其方法为：选择胸腔骨骼的权重链接，设置与腰部相衔接部分的权重值为0.5左右，胸腔位置的权重值为1，与手臂、肩膀和脖子相衔接位置的权重值为0.5左右，效果如图5-65所示。

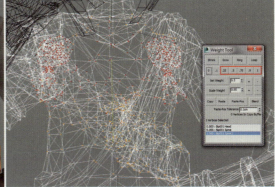

图5-65　调整胸腔骨骼的权重

(8) 调整右边肩膀骨骼的权重。其方法为：选择肩膀骨骼的权重链接，设置与胸腔相衔接部分的权重值为0.5左右，肩膀所在位置的权重值为1，与手臂、脖子相衔接位置的权重值为0.5左右，效果如图5-66所示。

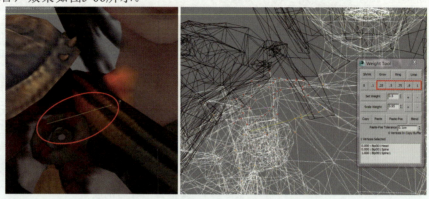

图5-66 调整右边肩膀骨骼的权重

(9) 调整右手臂骨骼的权重。其方法为：选择大臂骨骼的权重链接，设置与肩膀相衔接的部分的权重值为0.5左右，大臂所在位置的权重值为1，与小臂相接位置的权重值为0.5左右，效果如图5-67中A所示。选择小臂骨骼的权重链接，设置与大臂相衔接部分的权重值为0.5左右，小臂所在位置的权重值为1，与手腕相接位置的权重值为0.5左右，效果如图5-67中B所示。

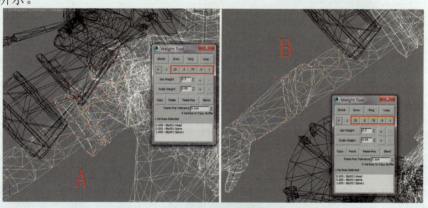

图5-67 调整右边手臂骨骼的权重

(10) 调整右边手部骨骼的权重。其方法为：选择手掌骨骼的权重链接，设置与小臂相衔接部分的权重值为0.5左右，与手指相衔接位置的权重值为0.5左右，手掌所在位置的权重值为1，效果如图5-68中A所示。选择食指根骨骼的权重链接，设置与手掌相衔接部分的权重值为0.5左右，与手指末端骨骼相衔接位置的权重值为0.5左右，食指根骨骼所在位置的权重值为1，效果如图5-68中B所示。选择食指末端骨骼的权重链接，设置与根骨骼相衔接部分的权重值为0.5左右，手指末端骨骼的权重值为1，效果如图5-68中C所示。参照食指调节权重的方法，完成其余手指的权重调节。

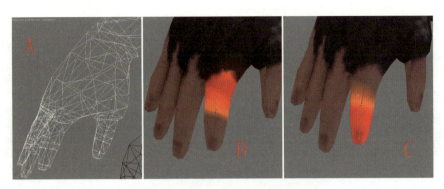

图5-68 调整右边手部骨骼的权重

（11）调整右边腿部骨骼的权重。其方法为：选择大腿骨骼的权重链接，设置与臀部相衔接部分的权重值为0.5左右，与小腿相衔接位置的权重值为0.5左右，大腿骨骼所在位置的权重值为1，效果如图5-69中A所示。选择小腿骨骼的权重链接，设置与大腿相衔接部分的权重值为0.5左右，与脚踝相衔接位置的权重值为0.5左右，小腿骨骼所在位置的权重值为1，效果如图5-69中B所示。

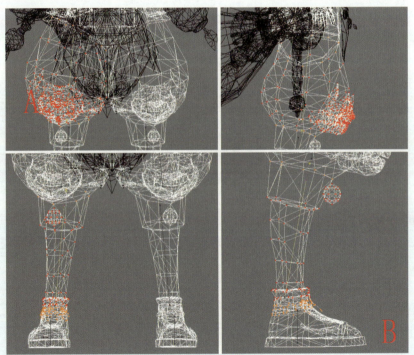

图5-69 调整右腿骨骼的权重

（12）调整右脚脚掌骨骼的权重。其方法为：选择脚掌骨骼的权重链接，设置与小腿相衔接部分的权重值为0.5左右，脚掌所在位置的权重值为1，与脚尖相衔接位置的权重值为0.5左右，如图5-70中A所示。再选择脚尖骨骼的权重链接，设置与脚掌相衔接部分的权重值为0.5左右，脚尖所在位置的权重值为1，效果如图5-70中B所示。

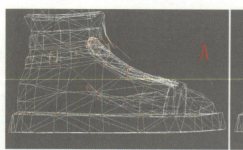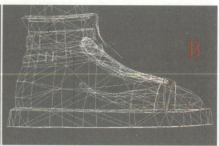

图5-70　调整右脚脚掌骨骼的权重

提示：左边与右边的肩膀、手和脚设置权重的方法一致。参考右边的权重调节完成身体左边的权重调整。

5.3.3 调整精灵射手尾巴的权重

（1）调整主体尾巴的权重。其方法为：为了便于观察，可以把主体尾巴孤立出来，选中主体尾巴模型如图5-71中A所示。单击状态栏中的 Isolate Selection Toggle（孤立当前选择切换）按钮，孤立出主体尾巴的模型，效果如图5-71中B所示。参照上一节的方法，先激活尾巴的Skin（蒙皮）修改器，再激活Edit Envelopes（编辑封套）按钮，勾选Vertices（顶点）复选框，单击 Weight Tool（权重工具）按钮，在弹出的Weight Tool（权重工具）面板中编辑权重，选择尾巴骨骼的根骨骼权重链接，参照以上方法，设置根骨骼的权重值，效果如图5-72所示。

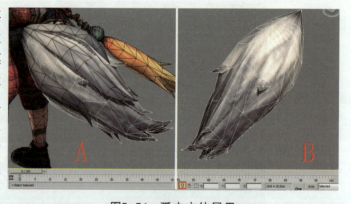

图5-71　孤立主体尾巴

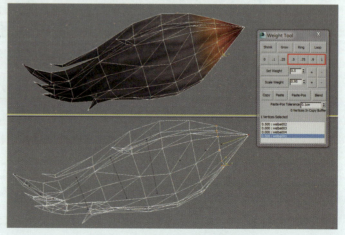

图5-72　调整尾巴根骨骼权重值

(2) 调整主体尾巴的权重，其方法为：参照主体尾巴调整权重的方法，根据尾巴模型的布线灵活设置尾巴其他骨骼的权重，注意调整好相链接点的权重值，不要漏选点，否则调动作时会发生拉伸、变形等一系列问题，如图5-73所示。

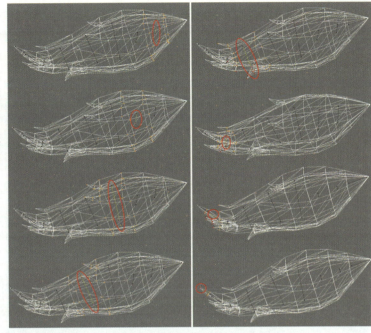

图5-73　调整主体尾巴权重

(3) 调整支干上的小尾巴。其方法为：单击状态栏中的 Isolate Selection Toggle（孤立当前选择切换）按钮，解除主体尾巴的孤立，然后选择所有小尾巴的模型，孤立出小尾巴模型，再激活Skin（蒙皮）修改器，激活Edit Envelopes（编辑封套）按钮，勾选Vertices（顶点）复选框，再单击 Weight Tool（权重工具）按钮，在弹出的Weight Tool（权重工具）面板中编辑权重，参照主体尾巴的权重设置来调节小尾巴的权重值，整体上设置骨骼之间衔接地方的权重值为0.5，末端权重值为1，效果如图5-74所示。

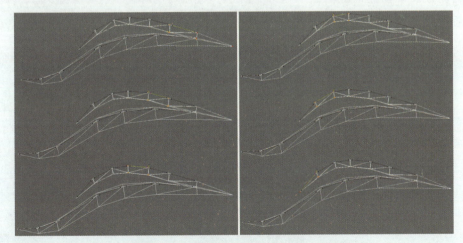

图5-74　调整支干上的小尾巴的权重

提示：其他小尾巴的权重赋予的方法一致，参考上面做出其他小尾巴。

5.3.4 调整精灵射手头发、飘带和装饰品的权重

（1）调整精灵射手头发的权重。其方法为：参照前面的方法，孤立出头发的模型，先激活Skin（蒙皮）修改器，再激活Edit Envelopes（编辑封套）按钮，勾选Vertices（顶点）复选框，再单击 Weight Tool（权重工具）按钮，在弹出的Weight Tool（权重工具）面板中编辑权重。头发中的发顶不需要运动，所以把头顶部分的头发全部附在一根骨骼上，设置权重值为1，在可以运动的部分设置权重值为0.5左右，如图5-75所示。

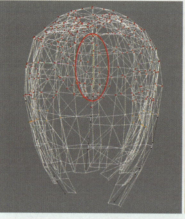
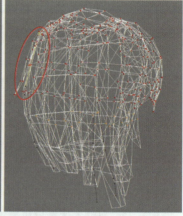

图5-75 调整头顶的权重

（2）参照以上方法调整头发其他骨骼权重，设置头发骨骼之间的权重值为0.5左右，要注意不要漏选后面头发骨骼和两侧头发骨骼之间的点，调整完成后对骨骼进行旋转移动来观察调整的权重是否适配骨骼，若有拉伸和变形的情况，再对权重进行再次调节，效果如图5-76所示。

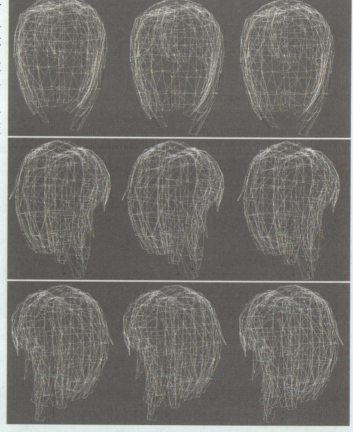

图5-76 调整头发的权重

（3）调整肩膀上护甲、飘带的权重。其方法为：由于硬度高的东西不会有拉伸，所以设置肩膀上护甲的权重值为1，如图5-77所示。硬度低的部分会有运动，设置护甲与飘带相衔接的权重值为0.5左右，参照上面的方法完成飘带骨骼的权重，效果如图5-78所示。

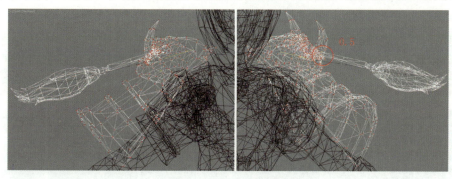

图5-77 护甲的权重

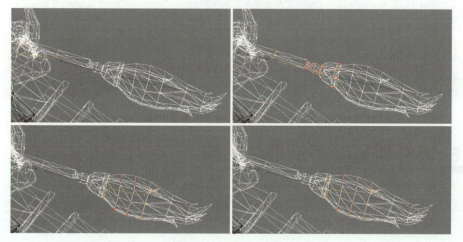

图5-78 飘带的权重

（4）调整左边灯笼的权重。其方法为：参照上面的方法，孤立灯笼，激活Skin（蒙皮）修改器，激活Edit Envelopes（编辑封套）按钮，勾选Vertices（顶点）复选框，再单击 Weight Tool（权重工具）按钮，在弹出的Weight tool（权重工具）面板中编辑权重，效果如图5-79所示。

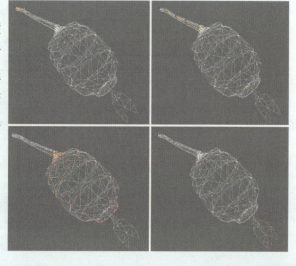

图5-79 调整灯笼的权重

第5章 写实角色动画制作——精灵射手

213

（5）调整右边装饰品的权重。其方法为：参照上面的方法，孤立右边的装饰品，激活Edit Envelopes（编辑封套）按钮，勾选Vertices（顶点）复选框，再单击 Weight Tool（权重工具）按钮，在弹出的Weight Tool（权重工具）面板中编辑权重。由于不需要拉伸变形，所以将其赋予在一节骨骼上，权重值为1，飘带部分参照上面的方法来设置，效果如图5-80所示。使用同样的方法为身体前面的飘带设置权重。

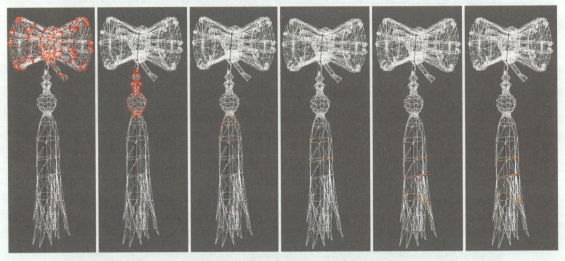

图5-80 调整右边装饰品的权重

5.3.5 调整精灵射手武器的权重

调整精灵射手武器的权重。其方法为：选中武器的权重链接，再选中武器的所有调整点，将权重值设置为1，效果如图5-81所示。

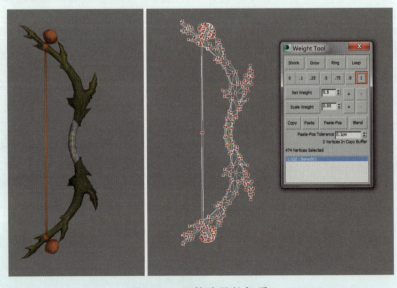

图5-81 调整武器的权重

5.4 制作精灵射手的动画

在完成精灵射手的骨骼创建及蒙皮的基础工作后，根据文案描述以及在产品中主角的定位，结合精灵射手人物性格特点及动作设计需求，通过精灵射手站立待机、奔跑、三连击、死亡4个动画的制作加深对制作技巧及制作规范的理解。

5.4.1 制作精灵射手的站立待机动画

本节学习精灵射手的普通站立待机动画的制作。站立呼吸和攻击初始动态是站立待机构成的两个关键环节，也是对人物个性特征的体现。首先来看一下精灵射手站立待机动作图片序列和关键帧的安排，如图5-82所示。

图5-82　精灵射手站立待机序列图

（1）按H键，打开Select From Scene（从场景中选择)对话框，选择所有的Biped骨骼，如图5-83中A所示。单击OK按钮后，选中所有Biped骨骼。展开Motion（运动）命令面板下的Biped卷展栏，关闭Figure Mode（体形模式）；单击Key Info（关键点信息）卷展栏下的Set Key（设置关键点）按钮，如图5-83中B所示。为Biped骨骼在第0帧创建关键帧，如图5-83中C所示。再选中所有Bone骨骼，如图5-84中A所示。按K键，为Bone骨骼在第0帧创建关键帧，如图5-84中B所示。

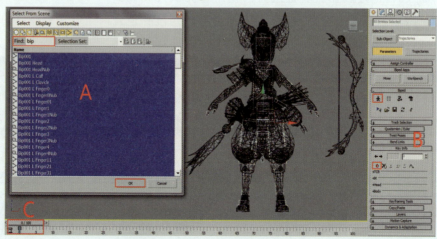

图5-83　为Biped骨骼创建关键帧

角色动画制作（下）

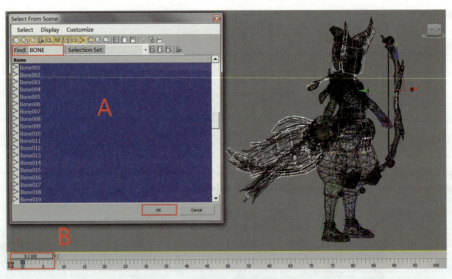

图 5-84　为Bone骨骼创建关键帧

（2）激活Auto Key（自动关键点）按钮，单击动画控制区中的 Time Configuration（时间配置）按钮，在弹出的Time Configuration（时间配置）对话框中设置End Time（结束时间）为12，设置Speed（速度）模式为1/4x，单击OK按钮，如图5-85所示，从而将时间滑块长度设置为12帧。

图5-85　设置时间配置

（3）链接武器。其方法为：使用 Select and Move（选择并移动）工具和 Select and Rotate（选择并旋转）工具调整武器骨骼的角度和位置，做出左手握弓的姿势，再将武器的骨骼链接给手掌，效果如图5-86所示。

图5-86　将武器链接给手掌

216

（4）拖动时间滑块到第0帧，分别选中脚掌的骨骼，如图5-87中A所示。进入 Motion（运动）命令面板，单击Key Info（关键信息点）卷展栏下的 Set Sliding Key（设置滑动关键点）按钮，将脚掌骨骼设置为滑动关键帧，如图5-87中B所示。设置为滑动关键帧后，帧的颜色会变成黄色，效果如图5-87中C所示。

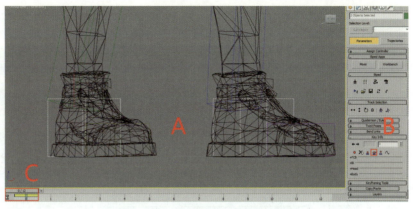

图5-87　设置脚掌为滑动关键帧

（5）调整精灵射手站立待机的初始帧。其方法为：在第0帧处，隐藏Bone骨骼，使用 Select and Move（选择并移动）工具和 Select and Rotate（选择并旋转）工具调整精灵射手的质心和腿部，使身体稍微下蹲、蓝色脚向前迈出、绿色腿后移、质心向身体的右边稍微旋转、绿色手叉腰、蓝色手握弓在身体前面、胸腔稍微抬起的初始姿态，效果如图5-88所示。

图5-88　精灵射手站立待机的初始帧

（6）复制姿态到第12帧。其方法为：选中任意的Biped骨骼，进入 Motion（运动）命令面板的Cope/Paste（复制/粘贴）卷展栏中，单击Pose（姿势）按钮，单击 Create Collection（创建集合）按钮，然后再单击 Cope Pose（复制姿势）按钮，如图5-89中A所示。接着拖动时间滑块到第12帧，再单击 Paste Pose（粘贴姿势）按钮，将第0帧骨骼姿势复制到第12帧，效果如图5-89中B所示。

图5-89　复制姿态到第12帧

（7）调整第6帧的质心。其方法为：拖动时间滑块到第6帧，选择质心，进入 Motion（运动）命令面板的Track Selection（轨迹选择）卷展栏中，激活 Body Vertical（躯干垂直）按钮，再激活Key Info（关键点信息）卷展栏中的 Trajectories（轨迹）按钮，移动质心，使质心向下向后，做出弓箭手在第6帧呼吸身体向下的姿势，效果如图5-90所示。

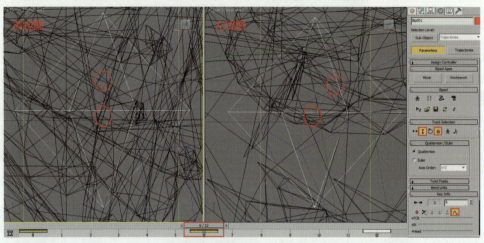

图5-90　调整第6帧的质心

（8）调整身体在第6帧的姿势。其方法为：使用 Select and Move（选择并移动）工具和 Select and Rotate（选择并旋转）工具调整出精灵射手的腰、胸腔向下旋转、左手随着身体呼吸向下、右手叉腰不变的姿态，效果如图5-91所示。

图5-91　调整身体在第6帧的姿势

注：胸腔向下旋转，叉腰的手会随着胸腔向下，为了表现手叉腰不变的姿态，可以把手稍微上移。

（9）调整头部的运动姿势。其方法为：使用 Select and Rotate（选择并旋转）工具调整头部的角度和位置，效果如图5-92所示。

图5-92　调整头部的运动姿势

（10）调整尾巴根骨骼的运动姿势。其方法为：在"右"视图中，使用 Select and Rotate（选择并旋转）工具调整尾巴根骨骼在第0帧和第6帧的角度和位置（上下运动），效果如图5-93所示。再选中尾巴根骨骼，拖动时间滑块到第0帧，并选中第0帧，按住Shift键，将第0帧拖动复制到第12帧，完成尾巴根骨骼的复制，效果如图5-94所示。

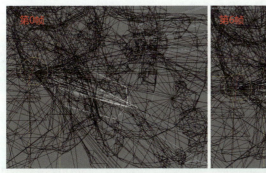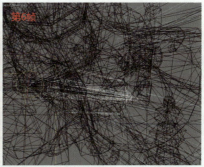

图5-93　调整尾巴根骨骼的运动变化

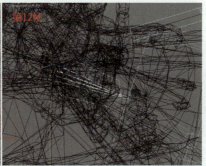

图5-94　尾巴根骨骼的姿势复制

（11）使用飘带插件为尾巴调节姿势。其方法为：选中除尾巴根骨骼外的所有骨骼，打开Spring Magic飘带插件的文件夹，找到"Spring Magic_飘带插件.mse"文件并将其拖入到3ds Max的视图中，如图5-95中A所示。然后设置Spring参数为0.3、Loop参数为3，单击Bone按钮，如图5-95中B所示。此时，飘带插件开始为选中的骨骼进行运算，并循环三次，运算之后的关键帧效果如图5-95中C所示。

角色动画制作（下）

图5-95 使用飘带插件为尾巴调节姿势

> 提示：右边飘带的根骨骼在鼓上面不需要做动作，所以飘带的运动从第二根骨骼开始。

（12）使用飘带插件为右边飘带调整动画。参照尾巴制作方法，先为第二根根骨骼在第0帧和第6帧做动作（左右运动），如图5-96所示。选中第0帧，按住Shift键，将第0帧拖动复制到第12帧，再选中除根骨骼和第二根骨骼外的所有骨骼，打开Spring Magic飘带插件的文件夹，找到"Spring Magic_飘带插件.mse"文件并将其拖入到3ds Max的视图中，如图5-97中A所示。然后设置Spring参数为0.3、Loop参数为3，单击Bone按钮，如图5-97中B所示。此时，飘带插件开始为选中的骨骼进行运算，并循环三次，运算之后的关键帧效果如图5-97中C所示。

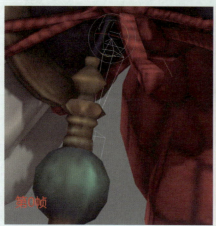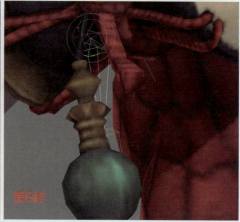

图5-96 调节飘带根骨骼

图5-97 使用飘带插件为右边飘带调整姿势

（13）调整肩部护甲上飘带的运动。其方法为：使用 Select and Rotate（选择并旋转）工具调整飘带在第0帧和第6帧的角度和位置（前后运动）。选中全部飘带，按住Shift键，将第0帧拖动复制到第12帧，使用 Select and Rotate（选择并旋转）工具调整飘带在第3帧和第9帧的角度和位置，为飘带做滞留动作，效果如图5-98所示。

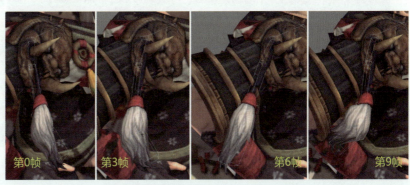

图5-98 肩部飘带的运动序列图

（14）调整身体前面飘带的运动。其方法为：使用 Select and Rotate（选择并旋转）工具调整身体前面飘带在第0帧和第6帧的角度和位置，并按住Shift键，将第0帧拖动复制到第12帧，使用 Select and Rotate（选择并旋转）工具调整身体前面飘带在第3帧和第9帧的角度和位置，为飘带做滞留动作，效果如图5-99所示。

图5-99 身体前面飘带的运动序列图

（15）调整左边装饰品的运动。其方法为：使用 Select and Rotate（选择并旋转）工具调整左边装饰品在第0帧和第6帧的角度和位置，并按住Shift键，将第0帧拖动复制到第12帧，使用 Select and Rotate（选择并旋转）工具调整左边装饰品在第3帧和第9帧的角度和位置，为飘带做滞留动作，效果如图5-100所示。

图5-100　灯笼的运动序列图

（16）调整头发的运动。其方法为：使用 Select and Rotate（选择并旋转）工具调整头发在第0帧和第6帧的角度和位置，并按住Shift键，将第0帧拖动复制到第12帧，使用 Select and Rotate（选择并旋转）工具调整头发在第3帧和第9帧的角度和位置，为发尾做滞留动作，效果如图5-101所示。

图5-101　头发的运动序列图

提示：耳朵相比较头发要硬一点，并且是表达性格的一种重要表现。

（17）调整耳朵的运动。其方法为：参照上面的方法，使用 Select and Rotate（选择并旋转）工具调整耳朵在第0帧和第6帧的角度和位置，效果如图5-102所示。再将第0帧复制到第12帧。上下抖动耳朵做性格表现，其方法为：使用 Select and Rotate（选择并旋转）工具，在第8~11帧处做上下抖动动作，效果如图5-103所示。

图 5-102　调整耳朵的角度和位置

图5-103　调节耳朵性格表现

（18）单击 ▶ Playback（播放）按钮播放动画，此时可以看到精灵射手站立待机完成的动画。在播放动画时，如果发现幅度不正确的地方，可以适当调整。

5.4.2　制作精灵射手的战斗奔跑动画

战斗奔跑是精灵射手最具特色的动作表现，充分展示猎手高灵敏、快运动、强攻击的特点，具有很强的生存力，属于远程物理职业中伤害输出的王者职业。本节就来学习战斗奔跑动作的制作方法。首先来看一下精灵射手战斗奔跑动作序列图和关键帧的安排，如图5-104所示。

图5-104　精灵射手战斗奔跑序列图

（1）激活Auto Key（自动关键点）按钮，单击动画控制区中的 Time Configuration（时间配置）按钮，在弹出的Time Configuration（时间配置）对话框中设置End Time（结束时间）为18。设置Speed（速度）模式为1/2，单击OK按钮，如图5-105所示。从而将时间滑块长度设置为18帧。

图5-105　设置时间配置

（2）调整精灵射手的初始姿势。其方法为：拖动时间滑块到第0帧，使用 Select and Move（选择并移动）工具和 Select and Rotate（选择并旋转）工具分别调整精灵射手质心、腿部、身体、头和手臂骨骼的位置和角度，使精灵射手质心右移（蓝色腿方向）、绿色腿抬起、身体前倾、头低下、左手拿弓向后、右手向前，如图5-106所示。选中精灵射手的绿色脚掌骨骼，单击 Motion（运动）命令面板下Key into（关键点信息）卷展栏中的 Set Free Key（设置自由关键点）按钮，为脚掌取消滑动关键帧，如图5-107所示。

图5-106　弓箭手奔跑中初始姿势

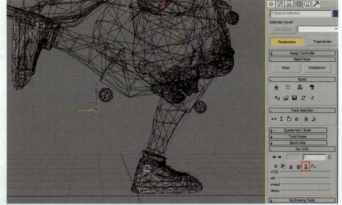

图5-107　设置脚掌骨骼为自由关键帧

（3）为质心创建关键点。其方法为：进入 Motion（运动）命令面板，分别单击Track Selection（轨迹选择）卷展栏下的 Lock COM Keying（锁定COM关键帧）、 Body Horizontal（躯干水平）、 Body Vertical（躯干垂直）和 Body Rotation（躯干旋转）按钮，锁定质心3个轨迹方向；然后单击 Set Key（设置关键点）按钮，为质心创建关键帧，如图5-108所示。

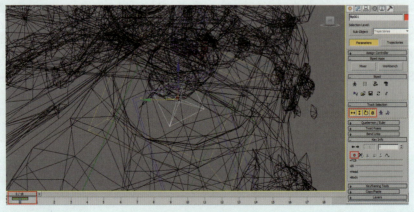

图5-108　为质心创建关键点

（4）复制姿态。其方法为：选中任意的Biped骨骼，如图5-109中A所示。进入 Motion（运动）命令面板的Cope/Paste（复制/粘贴）卷展栏中，单击Pose（姿势）按钮，再单击 Create Collection（创建集合）按钮，再单击 Copy Pose（复制姿势）按钮，接着拖动时间滑块到第18帧，再单击 Paste Pose（粘贴姿势）按钮，将第0帧处的骨骼姿势复制到第18帧，效果如图5-109中B所示。然后拖动时间滑块到第9帧，单击 Paste Pose Opposite（向对面粘贴姿势）按钮，如图5-110所示。从而将第0帧的姿态向对面复制到第9帧，使动画能够衔接起来。

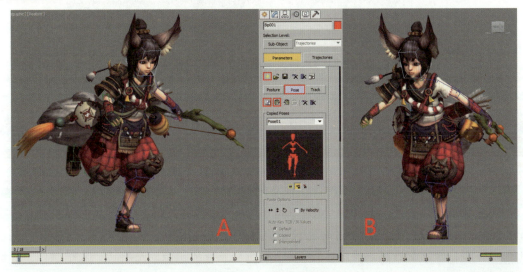

图5-109　复制姿态

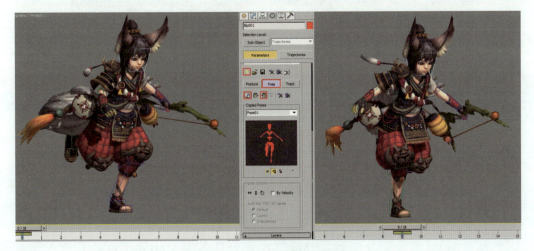

图5-110　向对面复制到第9帧

（5）调整第9帧姿势。其方法为：使用 Select and Move（选择并移动）工具和 Select and Rotate（选择并旋转）工具调整精灵射手手臂骨骼的位置和角度，制作出小孩子跑步特点的姿势（手臂摆得很开），如图5-111所示。

图5-111　精灵射手在第9帧姿势

> 提示：奔跑动作是一个循环的动作，只需调整好一半的动作后，通过姿态复制即可完成另外一半的动作。

（6）调整精灵射手在第5帧的姿势。其方法为：拖动时间滑块到第5帧，使用 Select and Move（选择并移动）工具和 Select and Rotate（选择并旋转）工具分别调整精灵射手质心、腿部、身体、头和手臂骨骼的位置和角度，使质心上移、两腿前后分开、绿色腿前迈并脚跟踮起、蓝色腿后移并伸直、臀部沿X轴扭动、身体稍微向左旋转、头稍微低下、蓝色手臂前伸、绿色手臂后摆，制作出精灵射手奔跑过程中的腾空姿势，如图5-112所示。

图5-112　精灵射手在第5帧的腾空姿势

（7）参考第0帧的姿态复制到第18帧的过程，进入 Motion（运动）命令面板的Cope/Paste（复制/粘贴）卷展栏中，单击 Pose（姿势）按钮，再单击 Create Collection（创建集合）按钮，再单击 Copy Pose（复制姿势）按钮，最后单击 Paste Pose Opposite（向对面粘贴姿势）按钮，将第5帧的姿态向对面复制粘贴到第14帧，从而复制出精灵射手的腾空姿势，如图5-113所示。

图5-113　精灵射手在第14帧的姿势

（8）调整精灵射手在第2帧的姿势。其方法为：拖动时间滑块到第2帧，使用 Select and Move（选择并移动）工具和 Select and Rotate（选择并旋转）工具分别调整精灵射手质心、腿部、身体、头和手臂骨骼的位置和角度，使精灵射手质心左移、绿色腿抬起、身体前倾、头微抬，制作出精灵射手奔跑过程中身体处于最低位置的姿势，如图5-114所示。参考以上复制方法，将精灵射手在第2帧的姿势向对面复制粘贴到第11帧，效果如图5-115所示。

图5-114　精灵射手在第2帧的下蹲姿势

图5-115　复制出的第11帧姿势

（9）根据精灵射手运动规律，逐步调整绿色腿部的过渡帧。其方法为：进入"左"视图，分别拨动时间滑块到第1、3、4、6、7和8帧，使用 Select and Move（选择并移动）工具和 Select and Rotate（选择并旋转）工具调整精灵射手绿色腿部骨骼的位置和角度，制作出精灵射手奔跑过程中绿色腿部的运动变化，如图5-116所示。

图5-116　调整绿色腿部的运动变化

（10）为绿色脚掌设定滑动关键点。其方法为：拖动时间滑块到第9帧，再选中绿色脚掌骨骼，然后单击Key Into（关键点信息）卷展栏下的 Set Sliding Key（设置滑动关键点）按钮，此时时间滑块上的帧点变成黄色，如图5-117所示。同理，为第10~13帧的脚掌骨骼也设置成滑动关键帧，如图5-118所示。

图5-117　在第9帧为绿色脚掌设置滑动关键帧

图5-118　在第10~13帧为绿色脚掌设置滑动关键帧

(11) 复制绿色腿部过渡帧到蓝色腿部。其方法为：参考以上方法，将第1帧绿色腿部骨骼姿态复制到第10帧蓝色腿部骨骼；将第3帧绿色腿部骨骼姿态复制到第12帧蓝色腿部骨骼；将第4帧绿色腿部骨骼姿态复制到第13帧蓝色腿部骨骼；将第6帧绿色腿部骨骼姿态复制到第15帧蓝色腿部骨骼；将第7帧绿色腿部骨骼姿态复制到第16帧蓝色腿部骨骼；将第8帧绿色腿部骨骼姿态复制到第17帧蓝色腿部骨骼，如图5-119所示。

图5-119　蓝色腿部的过渡帧

(12) 为蓝色脚掌设定滑动关键点。其方法为：参照上面方法，拖动时间滑块到第0帧，选中蓝色脚掌骨骼，再单击Key into（关键点信息）卷展栏下的Set Sliding Key（设置滑动关键点）按钮，如图5-120所示。同理，为第1~4帧的脚掌骨骼也设置成滑动关键帧，如图5-121所示。

图5-120　在第0帧为蓝色脚掌设置滑动关键帧

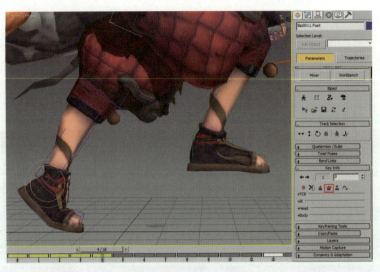

图5-121　为第1~4帧为蓝色脚掌设置滑动关键帧

（13）调整尾巴根骨骼的运动姿势。方法：进入"左"视图，使用 Select and Rotate（选择并旋转）工具调整尾巴根骨骼在第0、2、11帧的角度和位置（上下运动），效果如图5-122所示。再选中尾巴根骨骼，拖动时间滑块到第0帧，并选中第0帧，按住Shift键复制到18帧，再进入"顶"视图，调整根骨骼在第5、14帧的角度和位置（左右运动），效果如图5-123所示。

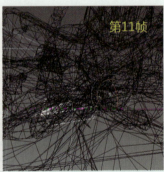

图5-122　根骨骼在第0、2、11帧的角度和位置

图5-123　根骨骼在第5、第14帧的角度和位置

（14）使用飘带插件为尾巴调节姿势。其方法为：选中除尾巴根骨骼外的所有骨骼，打开Spring Magic飘带插件的文件夹，找到"Spring Magic_ 飘带插件.mse"文件并将其拖入到3ds Max的视图中，如图5-124中A所示。然后设置Spring参数为0.3，Loop参数为3，单击Bone按钮，如图5-124中B所示。此时，飘带插件开始为选中的骨骼进行运算，并循环三次，运算之后的关键帧效果如图5-124中C所示。

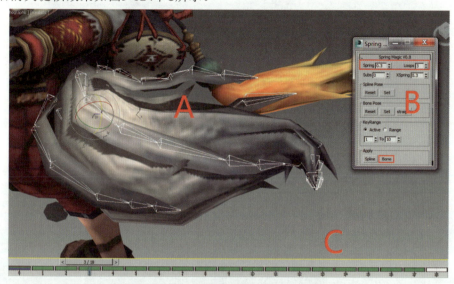

图5-124 使用飘带插件为尾巴调整姿势

提示：飘带比尾巴体型小，运动要更频繁。

（15）调整右边飘带的姿势。其方法为：参照尾巴制作方法，先调整第二根根骨骼在第0、3、6、9、12、15帧的位置和角度（左右运动），如图5-125所示。在第0帧处选中第二根根骨骼，按住Shift键将第0帧拖动复制到第18帧的位置；选中除第一、二根根骨骼外的所有骨骼，再打开Spring Magic飘带插件的文件夹，找到"Spring Magic_ 飘带插件.mse"文件并将其拖入到3ds Max的视图中，如图5-126中A所示。然后设置Spring参数为0.3，Loop参数为3，单击Bone按钮，如图5-126中B所示。此时，飘带插件开始为选中的骨骼进行运算，并循环三次，运算之后的关键帧效果如图5-126中C所示。

图5-125 第二根骨骼在第0、3、6、9、12、15帧的姿势

231

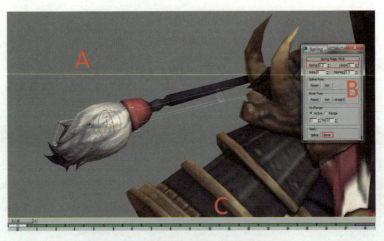

图5-126 用飘带插件为飘带做运动

（16）调整肩膀护甲上飘带的动画。其方法为：参照尾巴制作方法，先调整第二根根骨骼在第0、5、13帧的姿势（前后运动），如图5-127所示。在第0帧处选中第二根根骨骼，按住Shift键，将第0帧拖动复制到第18帧的位置。选中除第一、二根骨骼外的所有骨骼，再打开Spring Magic_飘带插件的文件夹，找到"Spring Magic_飘带插件.mse"文件并将其拖入到3ds Max的视图中，如图5-128中A所示。然后设置Spring参数为0.3、Loop参数为3，单击Bone按钮，如图5-128中B所示。此时，飘带插件开始为选中的骨骼进行运算，并循环三次，运算之后的关键帧效果如图5-128中C所示。

图5-127 第二根根骨骼在第0、5、13帧的姿势

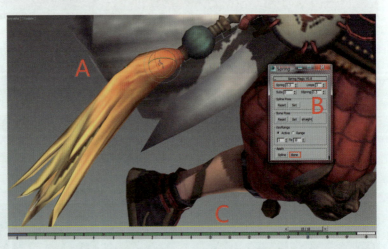

图5-128 用飘带插件为肩膀护甲上的飘带做运动

提示：身体向下运动时，灯笼受气流影响向上运动；身体向上运动时，灯笼受气流影响向下运动。

(17）调整左边装饰品灯笼的运动。其方法为：使用 Select and Rotate（选择并旋转）工具在"顶"视图中调整除根骨骼外的所有骨骼在第0、9帧的角度和位置（上下运动），效果如图5-129所示。再进入"前"视图，调整第2、5、11、14帧的角度和位置，如图5-130所示。再在第0帧和第8帧处选中末端骨骼为飘带做滞留，在第0帧处选中所有骨骼，按住Shift键，将第0帧拖动复制到第18帧的位置，完成灯笼运动的循环，如图5-131所示。

图5-129 骨骼在第0、9帧的角度和位置

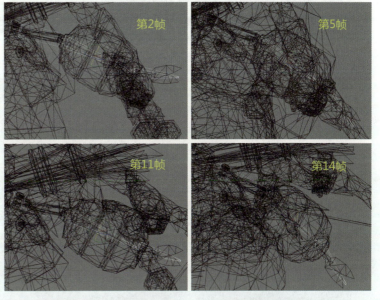

图5-130 调整2、5、11、14帧的角度和位置

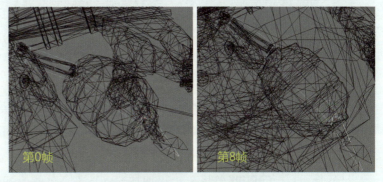

图5-131 为飘带做滞留

提示：身体踩地，因为气流向后，耳朵会因为惯性抖动。

（18）调整耳朵的运动。其方法为：使用 Select and Rotate（选择并旋转）工具调节耳朵在第0、5、14帧受气流影响的运动（前后运动），如图5-132所示。调整耳朵在第1~3帧、第10~12帧落地的抖动运动（上下运动），如图5-133所示。在第0帧处选中所有骨骼，按住Shift键，将第0帧拖动复制到第18帧的位置，完成耳朵运动的循环。

图5-132 耳朵受气流影响的运动

图5-133 耳朵惯性抖动运动

（19）调整头发的运动。其方法为：使用 Select and Rotate（选择并旋转）工具调节前面头发的根骨骼和后脑勺第二根骨骼在第0、9帧的运动（左右运动），如图5-134所示。在第0帧位置选中前面头发的根骨骼和后脑勺第二根根骨骼，按住Shift键，将第0帧拖动复制到第18帧，再打开Spring Magic_飘带插件的文件夹，找到"Spring Magic_飘带插件.mse"文件并将其拖入到3ds Max的视图中，如图5-135中A所示。然后设置Spring参数为0.3、Loop参数为3，单击Bone按钮，如图5-135中B所示。此时，飘带插件开始为选中的骨骼进行运算，并循环三次，运算之后的关键帧效果如图5-135中C所示。

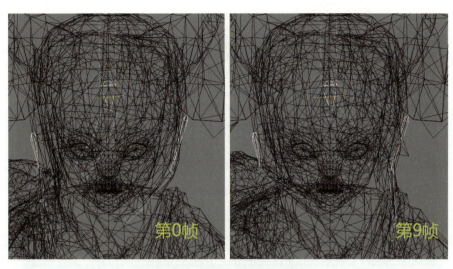

图5-134 调节头发根骨骼的运动

图5-135 飘带插件调节头发的运动

（20）单击 ▶ Playback（播放）按钮播放动画，此时可以看到精灵射手身体的奔跑动作。在播放动画时，如果发现幅度过大不正确的地方，可以适当调整。

5.4.3 制作精灵射手的三连击动作

三连击是很多职业专属的特殊技能动作，具有很大的爆发力及伤害值，也是所有动作表现中难度最大，最华丽的技能动作表现。本节就来学习精灵射手三连击动作的制作方法。在精灵射手的连击动作中，主要掌握站立射击、连续射击和旋转蓄力射击。首先来看一下精灵射手三连击动作的主要序列图，如图5-136所示。

角色动画制作（下）

图5-136 精灵射手三连击动作的主要序列图

> 提示：只有在脚掌是滑动关键帧的模式下，移动质心才不会将身体全部移动，所以在需要调整质心的关键帧上，为脚掌打上滑动关键帧。

打开"精灵射手—站立待机.Max"文件，保留第1帧关键帧，删除其他的帧。为了便于观察，先将Bone骨骼隐藏。其方法为：选中所有的Bone骨骼，然后右击，在弹出的快捷菜单中选择Hide Selection（隐藏选定对象）命令，如图5-137所示。将Bone骨骼隐藏，激活Auto Key（自动关键点）按钮。

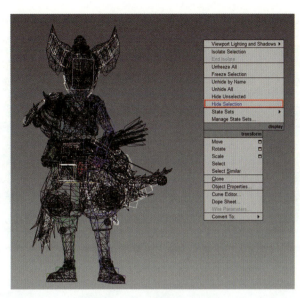

图5-137 隐藏Bone骨骼

1.站立射击

(1) 拖动时间滑块到第1帧,使用 Select and Move(选择并移动)工具和 Select and Rotate(选择并旋转)工具调整精灵射手质心、脊椎、头、手臂和腿部骨骼的位置和角度,使精灵射手质心向下、身体稍微前倾、头看向前方、绿色腿后移向右旋转、绿色手取箭的准备姿势,如图5-138所示。

图5-138 取箭的姿势

(2) 拖动时间滑块到第2帧,使用 Select and Move(选择并移动)工具和 Select and Rotate(选择并旋转)工具调整精灵射手质心、脊椎、头、手臂和腿部骨骼的位置和角度,使精灵射手身体稍微左倾、头看向前方目标、拿弓的蓝色手抬起、取箭的绿色手向前搭在弓上,如图5-139所示。

图5-139 搭箭的姿势

（3）激活Auto Key（自动关键点）按钮，单击动画控制区中的 Time Configuration（时间配置）按钮，在弹出的Time Configuration（时间配置）对话框中设置End Time（结束时间）为27，设置Speed（速度）模式为1/4，单击OK按钮，如图5-140所示。从而将时间滑块长度设置为27帧。

图5-140 设置时间配置

（4）拖动时间滑块到第3帧，使用 Select and Move（选择并移动）工具和 Select and Rotate（选择并旋转）工具调整精灵射手质心、脊椎、头、手臂和腿部骨骼的位置和角度，使精灵射手质心向下后移、身体向右侧、绿色手臂向后的拉弓的姿势，如图5-141所示。

图5-141 拉弓的姿势

(5）拖动时间滑块到第4帧，使用 Select and Move（选择并移动）工具和 Select and Rotate（选择并旋转）工具调整精灵射手的手臂，使蓝色手臂向上、质心向下一点，做出瞄准的姿势，如图5-142所示。

图5-142 调整瞄准姿势

（6）拖动时间滑块到第5帧，使用 Select and Move（选择并移动）工具和 Select and Rotate（选择并旋转）工具调节精灵射手胸腔稍微抬起、质心向上、绿色手指松开后移一点、蓝色手臂微抬的发射姿势，如图5-143所示。

图5-143 调整发射姿势

2. 连续射击

（1）拖动时间滑块到第7帧，用 Select and Move（选择并移动）工具和 Select and Rotate（选择并旋转）工具调整精灵射手质心、脊椎、手臂和腿部骨骼的位置和角度，使精灵射手质心向上并前倾、身体稍微前倾、头看向前方目标、绿色手取箭的准备姿势，如图5-144所示。

图5-144 设置取箭的准备姿势

(2) 拖动时间滑块到第8帧，使用 Select and Move（选择并移动）工具和 Select and Rotate（选择并旋转）工具调整精灵射手质心、身体、手臂和腿部骨骼的位置和角度，使精灵射手质心向后向左、身体微向左旋转、头看向前方目标、绿色腿向右旋转、绿色手搭箭的准备姿势，如图5-145所示。

图5-145　绿色手搭箭的准备姿势

(3) 拖动时间滑块到第9帧，使用 Select and Move（选择并移动）工具和 Select and Rotate（选择并旋转）工具调整精灵射手质心、脊椎、头、手臂和腿部骨骼的位置和角度，使精灵射手质心向后向右移、身体向右侧、头依旧对准目标、绿色脚向后移的拉弓的姿势，如图5-146所示。

图5-146　精灵射手攻击的拉弓姿势

(4) 拖动时间滑块到第10帧，使用 Select and Move（选择并移动）工具和 Select and Rotate（选择并旋转）工具调整精灵射手的手臂，绿色和蓝色手臂上抬、质心向下、做出瞄准的姿势，如图5-147所示。

图5-147 调整瞄准姿势

（5）拖动时间滑块到第11帧，使用 Select and Move（选择并移动）工具和 Select and Rotate（选择并旋转）工具调整胸腔稍微抬起、质心向前、绿色手指松开后移一点、蓝色手臂微抬，做出发射的姿势，如图5-148所示。

图5-148 调整发射姿势

（6）拖动时间滑块到第12帧，使用 Select and Move（选择并移动）工具和 Select and Rotate（选择并旋转）工具调整精灵射手质心、身体、手臂和腿部骨骼的位置和角度，使精灵射手质心向前、身体微向前倾、向左旋转、头看向前方目标、绿色手搭箭的准备姿势，如图5-149所示。

图5-149 搭箭的准备姿势

（7）拖动时间滑块到第13帧，使用 Select and Move（选择并移动）工具和 Select and Rotate（选择并旋转）工具调整精灵射手质心、脊椎、头、手臂的位置和角度，使精灵射手质心向后向下、身体向后仰、头依旧对准目标、绿色脚向后移的拉弓的姿势，如图5-150所示。

图5-150　拉弓的姿势

（8）拖动时间滑块到第14帧，使用 Select and Move（选择并移动）工具和 Select and Rotate（选择并旋转）工具调整胸腔微微抬起、质心向前、绿色手指松开后移一点、蓝色手臂微抬，做出发射的姿势，如图5-151所示。

图5-151　发射的姿势

（9）拖动时间滑块到第15帧，使用 Select and Move（选择并移动）工具和 Select and Rotate（选择并旋转）工具调整精灵射手质心、身体、手臂的位置和角度，使精灵射手质心向前、身体微向前倾、向左旋转、头看向前方目标、蓝色手掌向右旋转、绿色手搭箭的准备姿势，如图5-152所示。

图5-152 搭箭的准备姿势

（10）拖动时间滑块到第16帧，使用 ✥ Select and Move（选择并移动）工具和 ↻ Select and Rotate（选择并旋转）工具调整精灵射手质心、脊椎、头、手臂的位置和角度，使精灵射手质心向后向下、身体向后仰、头依旧对准目标、绿色脚向后移的拉弓的姿势，如图5-153所示。

图5-153 拉弓的姿势

（11）拖动时间滑块到第17帧，使用 ✥ Select and Move（选择并移动）工具和 ↻ Select and Rotate（选择并旋转）工具调整，胸腔稍微抬起、质心向前、绿色手指松开后移一点、蓝色手臂微抬，做出发射的姿势，如图5-154所示。

图5-154 发射的姿势

3. 旋转蓄力射击

（1）拖动时间滑块到第18帧，使用 ✥ Select and Move（选择并移动）工具和 ↻ Select and Rotate（选择并旋转）工具调整精灵射手质心、脊椎、手臂和腿部骨骼的位置和角度，使精灵射手质心向上左倾、身体稍微左倾、头看向前方目标、绿色脚掌前移踮起、蓝色手臂放下，绿色手取箭的准备姿势，如图5-155所示。

图5-155　绿色手取箭的准备旋转姿势

（2）拖动时间滑块到第19帧，使用 ✥ Select and Move（选择并移动）工具和 ↻ Select and Rotate（选择并旋转）工具调整精灵射手质心、身体、手臂的位置和角度，使精灵射手质心向前、向左旋转、身体向左倾斜、头微偏、蓝色手臂下放、绿色脚抬起、绿色手搭箭在蓝色手臂上的旋转初始姿态，如图5-156所示。

图5-156　绿色手搭箭的旋转初始姿态

（3）调整角色旋转一圈的姿势。其方法为：参考以上方法，使用 ✥ Select and Move（选择并移动）工具和 ↻ Select and Rotate（选择并旋转）工具调整精灵射手质心、身体、手臂和脚的位置和角度，效果如图5-157所示。

图5-157　旋转一圈的姿势

（4）拖动时间滑块到第25帧，使用 Select and Move（选择并移动）工具和 Select and Rotate（选择并旋转）工具调整精灵射手质心、身体、手臂的位置和角度，使精灵射手质心向后、身体微向前倾、头看向前方目标、绿色腿后移、蓝色手臂抬起、绿色手搭箭的准备姿势，如图5-158所示。

图5-158　搭箭的准备姿势

（5）拖动时间滑块到第26帧，参照以上方法，使用 Select and Move（选择并移动）工具和 Select and Rotate（选择并旋转）工具调整精灵射手质心、身体、手臂的位置和角度，做出精灵射手拉弓的姿势，如图5-159所示。

图5-159　拉弓的姿势

（6）拖动时间滑块到第27帧，参照以上方法，使用 Select and Move（选择并移动）工具和 Select and Rotate（选择并旋转）工具调整精灵射手质心、身体、手臂的位置和角度，做出精灵射手发射的姿势，如图5-160所示。

图5-160　精灵射手发射的姿势

（7）单击 Playback（播放）按钮播放动画，这时可以看到精灵射手的三连击攻击动作，观察动作是否流畅，略做适当的修改，完成精灵射手Biped骨骼的连击动作。

4．调整Bone骨骼的姿势

（1）隐藏Biped骨骼。其方法为：先在视图中右击，在弹出的快捷菜单中选择Unhide All（全部取消隐藏）命令，取消Bone骨骼的隐藏，然后选择所有的Biped骨骼，如图5-161中A所示。再次右击，在弹出的快捷菜单中选择Hide Selection（隐藏选择）命令，隐藏所有的Biped骨骼，如图5-161中B所示。

图5-161　隐藏Biped骨骼

> 提示：运用飘带插件来做骨骼运动，单个骨骼很多时，根骨骼的运动与末端骨骼的运动方向相反，所以利用这个特点来调整根骨骼运动的位置和角度。

（2）调整尾巴根骨骼的运动姿势。其方法为：进入"前"视图中，根据身体的运动，使用 Select and Rotate（选择并旋转）工具调整尾巴根骨骼在第0、4、7、10、21、24、27帧的角度和位置（上下运动），如图5-162所示。

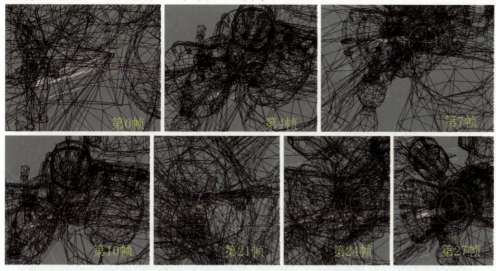

图5-162　调整根骨骼运动的角度和位置

（3）使用飘带插件为尾巴调整姿势。其方法为：选中除尾巴根骨骼外的所有骨骼，打开Spring Magic飘带插件的文件夹，找到"Spring Magic_飘带插件.mse"文件并将其拖入到3ds Max的视图中，如图5-163中A所示。然后设置Spring参数为0.3、Loop参数为2，单击Bone按钮，如图5-163中B所示。此时，飘带插件开始为选中的骨骼进行运算，并循环两次，运算之后的关键帧效果如图5-163中C所示。再根据骨骼的运动效果进行细微调整。

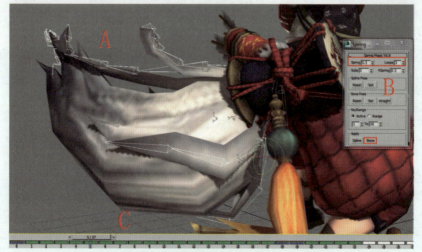

图5-163　使用飘带插件为尾巴调整姿势

提示：飘带比尾巴体型小，运动要更加频繁。

(4) 调整右边飘带的姿势。其方法为：参照尾巴制作方法，先调整第二根根骨骼在第0、4、7、10、15、21、27帧的位置和角度，如图5-164所示。再选中末端四根骨骼，打开Spring Magic飘带插件的文件夹，找到"Spring Magic_飘带插件.mse"文件并将其拖入到3ds Max的视图中，如图5-165中A所示。然后设置Spring参数为0.3、Loop参数为3，单击Bone按钮，如图5-165中B所示。此时，飘带插件开始为选中的骨骼进行运算，并循环三次，运算之后的关键帧效果如图5-165中C所示。

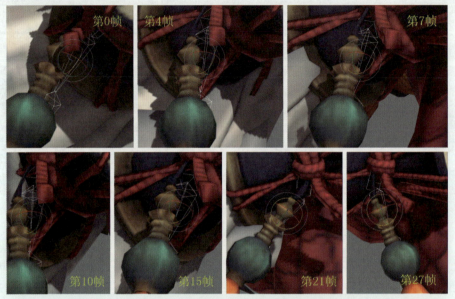

图5-164　第二根骨骼的姿势

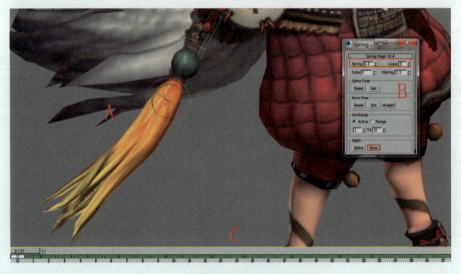

图5-165　用飘带插件为飘带做运动

(5) 调整肩膀飘带的姿势。参照右边飘带同样的制作方法，调整出肩飘带的运动，效果如图5-166所示。

图5-166 用飘带插件为肩膀飘带做运动

提示：身体向下运动时，灯笼受气流影响向上运动；身体向上运动时，灯笼向下运动。

（6）为站立射击调整左边装饰品灯笼的运动。其方法为：使用 Select and Rotate（选择并旋转）工具在第0帧调整除根骨骼外的所有骨骼身体向下的姿势；身体向下运动时（第4帧），灯笼受气流影响向上运动；身体向上运动时（第8帧），灯笼向下运动，效果如图5-167所示。再调整末端飘带骨骼为运动做滞留，效果如图5-168所示。

图5-167 骨骼运动的角度和位置

图5-168 灯笼运动的滞留动画

提示：运用和站立射击一样的方法制作出连续射击和旋转蓄力射击的灯笼运动。

第5章 写实角色动画制作——精灵射手

249

(7) 调整耳朵的运动。其方法为：参照灯笼的调整方法，使用 Select and Rotate（选择并旋转）工具调整身体向下运动时（第4帧），耳朵受气流影响向上运动；身体向上运动时（第8帧），耳朵向下运动，如图5-169所示。再调整耳朵末端骨骼为运动做滞留，如图5-170所示。

图5-169　耳朵骨骼运动的角度和位置

图5-170　耳朵滞留运动

注：根据站立射击的耳朵运动调节出连续射击和旋转蓄力射击的耳朵运动；注意先调节完关键帧的位置和角度，再调节耳朵的滞留。

提示：精灵射手的后面头发容易出问题，所以不能使用飘带插件做动作；脸颊两旁的头发用飘带插件来完成。

(8) 调整脸颊两侧头发的运动。其方法为：使用 Select and Rotate（选择并旋转）工具调节头发前面脸颊根骨骼的运动，参照耳朵的做法调节头发的根骨骼，参照这种规律（身体向前、头发根骨骼往后、身体向后、头发向前、身体向左旋转、头发向右向后）调整出若干个关键帧，如图5-171所示。再选中除根骨骼外的所有骨骼，打开Spring Magic_飘带插件的文件夹，找到"Spring Magic_飘带插件.mse"文件并将其拖入到3ds Max的视图中，如图5-172中A所示。然后设置Spring参数为0.3、Loop参数为3，单击Bone按钮，如图5-172中B所示。此时，飘带插件开始为选中的骨骼进行运算，并循环三次，运算之后的关键帧效果如图5-172中C所示。再根据前面调整好的头发方向调整出后面的头发。

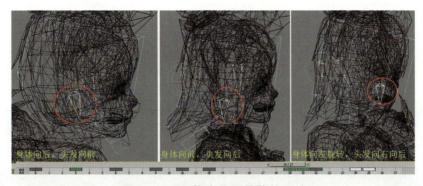

图5-171 调整头发根骨骼的运动

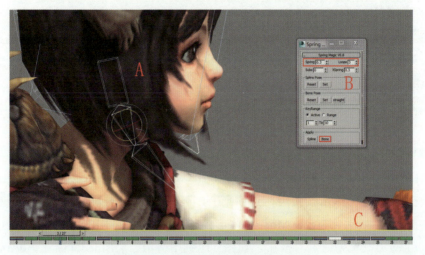

图5-172 飘带插件调整头发的运动

(9)调节前面飘带的运动。其方法为:理解灯笼的运动原理,参照灯笼的运动调整出前面飘带的运动。使用 Select and Rotate(选择并旋转)工具调整精灵射手飘带主体运动加上飘带末端的滞留,效果如图5-173所示。最后完成整个飘带的运动。

图5-173 前面飘带的运动规律

(10)单击 Playback(播放)按钮播放动画,此时可以看到精灵射手三连击动作。在播放动画时,如果发现幅度过大不正确的地方,可以适当调整。

251

5.4.4 制作精灵射手的死亡动画

倒地死亡在很多角色动作表现中属于难度比较大的。各个不同角色根据角色职业、体型等综合因素的影响,死亡倒地动作是受到被击动作的强度及力度产生的影响,导致死亡的角度、方向、距离都会产生不一样的动态造型变化。精灵射手属于比较灵巧的体型,相对动作表现也是比较干脆利索,接下来看一下精灵射手死亡动作图片序列帧状态,如图5-174所示。

图5-174 精灵射手死亡序列图

(1) 按H键,打开Select From Scene(从场景中选择)对话框,选择所有的Biped骨骼,如图5-175中A所示。单击OK按钮后,选中所有Biped骨骼。接着展开Motion(运动)命令面板下的Biped卷展栏,关闭Figure Mode(体形模式),最后单击Key Info(关键点信息)卷展栏下的Set Key(设置关键点)按钮,如图5-175中B所示。为Biped骨骼在第0帧处创建关键帧,如图5-175中C所示。再选中所有Bone骨骼,并按K键,为Bone骨骼在第0帧处创建关键帧,如图5-176所示。

图5-175 为Biped骨骼创建关键帧

图5-176 为Bone骨骼创建关键帧

(2) 为了便于观察，选中所有的Bone骨骼，右击，在弹出的快捷菜单中选择Hide Selection（隐藏选定对象）命令，如图5-177所示。将Bone骨骼隐藏。

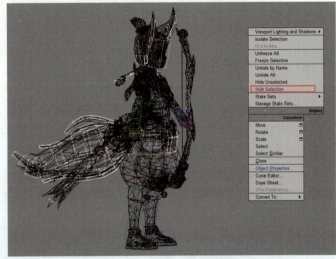

图5-177 隐藏Bone骨骼

(3) 调整死亡的初始关键帧。其方法为：在第0帧，使用 Select and Move（选择并移动）工具和 Select and Rotate（选择并旋转）工具调整精灵射手质心、身体、手臂和脚的位置和角度，调整出精灵射手绿色脚在后、蓝色脚在前、质心向下、身体稍微前倾、双手在前的攻击准备姿态，如图5-178所示。

图5-178 死亡的初始关键帧

（4）调整死亡的受击姿势。其方法为：拖动时间滑块到第1帧，使用 Select and Move（选择并移动）工具和 Select and Rotate（选择并旋转）工具调整精灵射手质心、身体、手臂和脚的位置和角度，使精灵射手的质心下移向后、两脚外扩、腰后仰、胸腔前倾、头低下的受击姿势，如图5-179所示。

图5-179　精灵射手的受击姿势

（5）拖动时间滑块到第2帧，使用 Select and Move（选择并移动）工具和 Select and Rotate（选择并旋转）工具调整精灵射手的质心向下向前并上仰、往蓝色的脚方向偏移、胸腔和头部向后仰并左倾、手臂抬高向后、绿色腿向后旋转的精灵射手被击后身体本能反应使身体仰起的姿态，如图5-180所示。

图5-180　被击后身体本能反应使身体仰起的姿态

（6）拖动时间滑块到第4帧，使用 Select and Move（选择并移动）工具和 Select and Rotate（选择并旋转）工具调整，使精灵射手质心前移、身体手臂后仰、脚后跟踮起的向前倾倒姿态，如图5-181所示。

图5-181 向前倒姿态

（7）拖动时间滑块到第6帧，使用 ⊕ Select and Move（选择并移动）工具和 ↻ Select and Rotate（选择并旋转）工具调整精灵射手的质心、身体、手臂和脚的位置和角度，身体向左边倒地姿态，效果如图5-182所示。

图5-182 身体向左边倒地姿态

（8）拖动时间滑块到第7帧，使用 ⊕ Select and Move（选择并移动）工具和 ↻ Select and Rotate（选择并旋转）工具调整精灵射手的质心、身体、手臂和脚的位置和角度，身体完全倒地姿态，如图5-183所示。

图5-183 身体完全倒地姿态

角色动画制作（下）

（9）拖动时间滑块到第8帧，使用 Select and Move（选择并移动）工具和 Select and Rotate（选择并旋转）工具调整精灵射手的质心、身体、手臂和脚的位置和角度，调整精灵射手死亡后完全放松的姿态，效果如图5-184所示。

图5-184　死亡后完全放松的姿态

（10）观察动作的节奏，发现倒地衔接的不流畅，为动画添加过渡帧。其方法为：拖动时间滑块到第5帧，为精灵射手倒地添加过渡，效果如图5-185所示。

图5-185　倒地过渡帧

> 提示：单击 Playback（播放）按钮播放动画，此时可以看到精灵射手死亡动作。在播放动画时，如果发现幅度过大不正确的地方，可以适当调整。

（11）调整尾巴的根骨骼。其方法为：右击，在弹出的快捷菜单中选择Unhide All（全部解除隐藏）命令，解除Bone骨骼的隐藏，再隐藏所有的Biped骨骼。使用 Select and Rotate（选择并旋转）工具调整尾巴根骨骼在第0、2、4、8帧的角度和位置，如图5-186所示。再使用飘带插件为尾巴调节姿势。其方法为：选中除尾巴根骨骼外的所有骨骼，打开Spring Magic飘带插件的文件夹，找到"Spring Magic_ 飘带插件.mse"文件并将其拖入到3ds Max

的视图中，如图5-187中A所示。然后设置Spring参数为0.3、Loop参数为0，单击Bone按钮，如图5-187中B所示。此时，飘带插件开始为选中的骨骼进行运算，并循环一次，运算之后的关键帧效果如图5-187中C所示。再对尾巴动画进行细微调整。

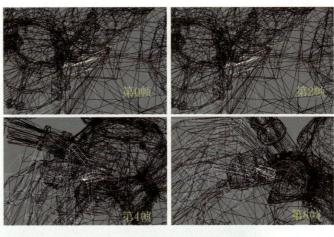

图5-186 调整尾巴根骨骼

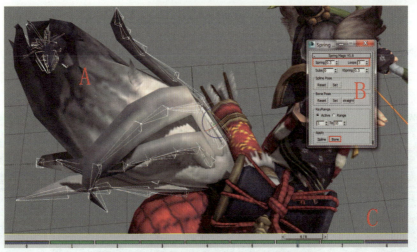

图5-187 飘带插件完成尾巴的动画

（12）调整身体右边飘带的动画。其方法为：参照尾巴动画的方法，首先调整飘带第二根根骨骼的动画，如图5-188所示，然后再选择末端四节骨骼，使用飘带插件完成飘带的动画，效果如图5-189所示。

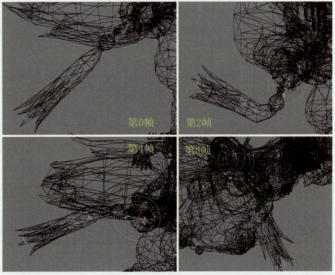

图5-188 第二根骨骼的动画

角色动画制作（下）

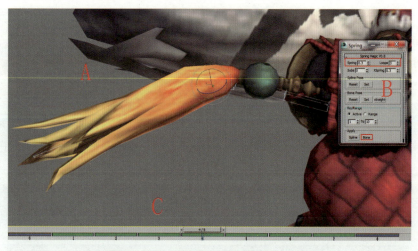

图5-189 飘带插件完成飘带的动画

（13）调整肩膀护甲上飘带的动画。其方法为：参照上面飘带动画的制作方法，首先调整飘带第二根根骨骼的动画，如图5-190所示。然后再选中末端两节骨骼，使用飘带插件完成飘带的动画，效果如图5-191所示。

图5-190 调整飘带第二根骨骼的动画

图5-191 飘带插件完成飘带的动画

258

（14）调整耳朵的运动。其方法为：使用 Select and Rotate（选择并旋转）工具调整身体向后运动时（第2帧），耳朵受气流影响向前运动；身体向前运动时（第5帧），耳朵向后运动；身体倒地放松（第8帧），耳朵自然垂下，如图5-192所示。再调整耳朵末端骨骼为运动做滞留，效果如图5-193所示。

图5-192　耳朵动画

图5-193　耳朵运动的滞留

（15）调整灯笼的动画。其方法为：参照耳朵的制作方法，先做出主体关键帧，效果如图5-194所示。再做出飘带的滞留，效果如图5-195所示。

图5-194　灯笼动画关键帧运动

图5-195　灯笼飘带运动的滞留

（16）调整身体头发的动画。其方法为：参照上面耳朵动画的制作方法，首先调整头发整体骨骼的动画，如图5-196所示。然后为头发做滞留运动，效果如图5-197所示。

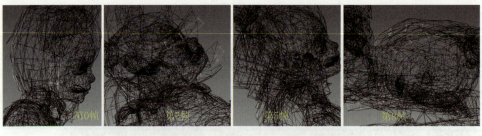

图5-196 调整头发骨骼的动画

图5-197 头发尾部的滞留动画

（17）调整身体前飘带的动画。其方法为：参照头发动画的制作方法，首先调整飘带整体骨骼的动画，如图5-198所示。然后再为飘带末端骨骼做滞留运动，效果如图5-199所示。

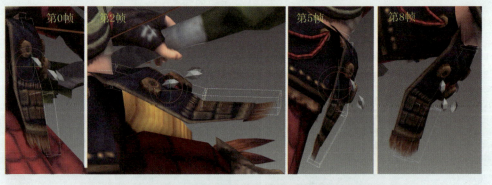

图5-198 飘带整体骨骼的动画

图5-199 飘带末端骨骼的滞留运动

（18）单击 ▶ Playback（播放）按钮播放动画，此时可以看到精灵射手所有飘带的动画。在播放动画时，如果发现幅度过大不正确的地方，可以适当调整。

5.5 本章小结

本章讲解了网络游戏主角—精灵射手的动画设计及制作流程，重点讲解网络游戏主角动画的创作技巧及动作设计思路。在整个讲解过程中，分别介绍了精灵射手的骨骼创建、蒙皮设定及动作设计的三大流程，重点介绍了精灵射手的动作设计创作过程，详细讲解了从模型由静止到动作设计完成的过程。引导读者学习使用3ds Max制作游戏动作设计的流程和规范。通过对本章内容的学习，读者需要掌握以下几个要领。

（1）掌握精灵射手的骨骼创建方法。
（2）掌握人物角色的基础蒙皮设定制作技巧。
（3）了解人物角色的运动规律及制作规范。
（4）掌握人物角色的动画制作技巧及应用。
（5）掌握飘带插件制作飘带动画的方法。

5.6 本章练习

操作题

从提供的光盘中任选一个人物角色，根据本章中人物角色的动画制作技巧及流程，在临摹的基础上添加新的动作设计元素，创作新的游戏动作设计——跳跃设计动作。

第6章 冰龙 写实角色动画制作

高级怪物冰龙简介

冰龙，又叫冰霜巨龙，它是一种体型庞大、攻击力强的高级飞行怪物，它攻击时具有溅射攻击效果，能减速敌人单位。它也可以冻结建筑物，这对于那些防守类建筑，如人族的箭塔、魔法塔、炮塔；兽族的箭塔、地洞；不死族的幽魂塔、通灵塔；暗夜精灵族的远古守护者相当有效。冰龙由于体型庞大，移动起来速度非常缓慢，而且造价昂贵，所以在1V1战斗中，往往在即将结束的时候才有可能看到冰龙。而在大型组队游戏时，就会发现超大规模的冰龙是无法阻挡的。

本章通过对游戏高级怪物——冰龙的动画设计及制作流程，重点讲解游戏高级怪物动画的创作技巧及动作设计思路。

● **实践目标**

– 掌握冰龙的骨骼创建方法及设置技巧

– 掌握冰龙的蒙皮设定规范

– 掌握冰龙的运动规律及动作制作技巧

– 掌握冰龙及类似生物动画设计理念及在产品中的应用

● **实践重点**

– 掌握飞行角色骨骼的创建方法

– 掌握飞行角色的蒙皮设定

– 掌握飞行角色的动画制作方法

本章将讲解网络游戏中的高级怪物——冰龙的飞行、飞行待机、特殊攻击、休息待机动画的制作方法。动画效果如图6-1所示。通过本例的学习，应掌握创建Bone骨骼、Skin蒙皮以及高级怪物动画的基本制作方法。

（a）冰龙飞行动画

（b）冰龙飞行待机动画

（c）冰龙特殊攻击动画

（d）冰龙休息待机动画

图6-1 冰龙动画效果

6.1 创建冰龙的骨骼

在创建冰龙骨骼时，可以结合前面设置角色骨骼的制作规范及流程。使用传统的CS骨骼和Bone骨骼相结合。冰龙作为重要的Boss定位，在产品开发中有着比较明确的市场定位，因此在设置冰龙骨骼时要尽量做到位，为后续的展示做好铺垫。冰龙身体骨骼创建分为冰龙匹配骨骼前的准备、创建CS骨骼、匹配骨骼到模型三部分内容。

6.1.1 创建前的准备

（1）检查冰龙模型的法线并使模型的坐标归零到原点位置。其方法为：选中冰龙的模型，右击工具栏上的 Select and Move（选择并移动）按钮，在弹出的Move Transform Type-In（移动变化输入）对话框中将Absolute:World（绝对:世界）的坐标值设置为（X=0.0、Y=0.0、Z=0.0），如图6-2中A所示。此时可以看到场景中的冰龙位于坐标原点，如图6-2中B所示。

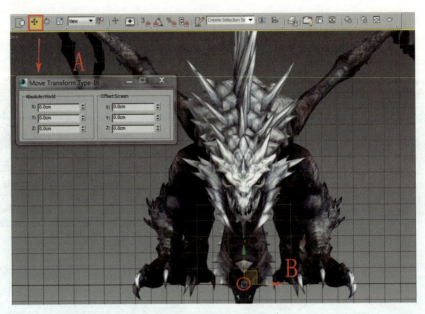

图6-2 模型坐标归零

（2）冻结冰龙模型。其方法为：选择冰龙的模型，进入 Display（显示）命令面板，展开Display Properties（显示属性）卷展栏，并取消Show Frozen in Gray（以灰色显示冻结对象）复选框的勾选，如图6-3中A所示。从而使冰龙模型被冻结后显示出真实的颜色，而不是冻结的灰色。右击，从弹出的快捷菜单中选择Freeze Selection（冻结当前选择）命令，如图6-3中B所示。完成冰龙的模型冻结。

图6-3 冻结冰龙模型

> 提示：在匹配冰龙的骨骼之前，要把冰龙的模型选中并且冻结，以便在后面创建冰龙骨骼的过程中，冰龙的模型不会因为被误选而出现移动、变形等问题。

6.1.2 创建Character Studio骨骼

(1)进入编辑修改面板,单击 Create(创建)命令面板下的 Systems(系统)中的Biped按钮,在"透视"图中拖出一个与模型等高的两足角色(Biped),右击结束创建,如图6-4所示。

图6-4 拖出一个Biped两足角色

(2)按F3键进入线框模式,在"左"视图中选择两足角色(Biped)的任何一个部分,进入 Motion(运动)命令面板,展开Biped卷展栏,单击 Figure Mode(体形模式)按钮,再选择骨骼的质心,使用 Select and Move(选择并移动)工具调整质心后移到冰龙臀部位置,如图6-5中A所示。接着设置质心的X轴坐标为0,如图6-5中B所示。从而把质心的位置调整到模型臀部中心。

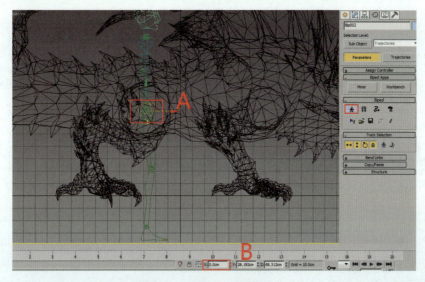

图6-5 调整质心到模型中心

（3）骨骼对准模型。其方法为：选中骨骼质心，右击工具栏上的 Select and Move（选择并旋转）按钮，在弹出的Move Transform Type-In（移动变化输入）对话框中将Absolute:World（绝对:世界）的坐标值设置为X=90.0、Y=90.0，如图6-6中A所示。此时可以看到视图中冰龙骨骼的朝向对准模型，如图6-6中B所示。

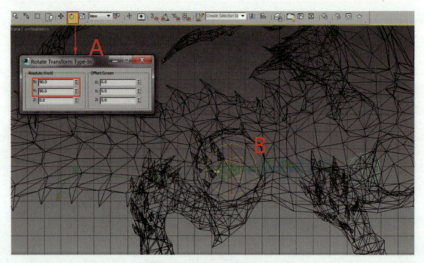

图6-6　骨骼对准模型

（4）Biped骨骼属于标准的人物角色的结构，与冰龙模型的身体结构有差别，因此在匹配骨骼到模型之前，要根据冰龙模型调整Biped的结构数据，使Biped骨骼结构更加符合冰龙模型的结构。选择刚刚创建的Biped骨骼的任意骨骼，展开 Motion（运动）命令面板下的Structure（结构）卷展栏，修改Spine Links（脊椎链接）的结构参数为2、Leg Links（腿链接）结构参数为4、Fingers（手指）的结构参数为4、Fingers Links（手指链接）的结构参数为2、Toes（脚趾）的参数为4、Toe Links（脚趾链接）的参数为2，如图6-7所示。

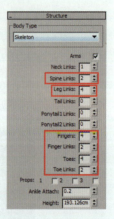

图6-7　修改Biped结构参数

6.1.3　匹配骨骼和模型

（1）为了便于骨骼匹配时的观看，将骨骼设为方框显示。其方法为：双击质心，从而选中全部骨骼，如图6-8中A所示。右击，从弹出的快捷菜单中选择Object Properties（对象属性）命令，如图6-8中B所示。然后在弹出的Object Properties（对象属性）对话框中勾选Display as Box（显示为外框）复选框，如图6-8中C所示。单击OK按钮，从而把选中的骨骼设置为方框显示，效果如图6-9所示。

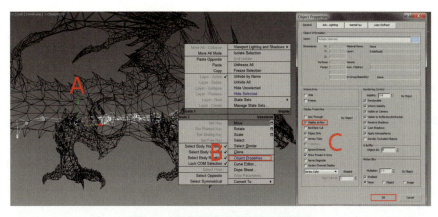

图6-8 选择骨骼并改变显示模式

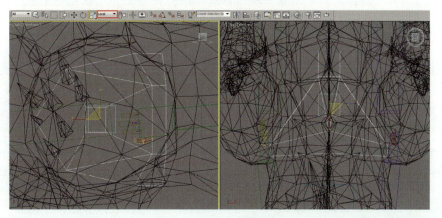

图6-9 设置骨骼显示方式

（2）匹配盆骨骨骼到模型。其方法为：选中盆骨，单击工具栏上的 Select and Uniform Scale（选择并均匀缩放）按钮，并更改坐标系为Local（局部）。然后在"顶"视图和"左"视图中调整臀部骨骼的大小，与模型相匹配，效果如图6-10所示。

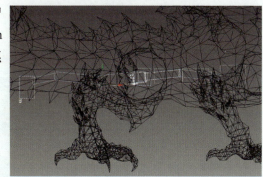

图6-10 匹配盆骨到模型

（3）匹配脊椎骨骼。其方法为：分别选中第一节和第二节脊椎骨骼，使用 Select and Move（选择并移动）工具、 Select and Rotate（选择并旋转）工具和 Select and Uniform Scale（选择并缩放）工具在"左"视图和"顶"视图中匹配脊椎骨骼和模型对齐。要注意腹部的骨骼可以使用 Select and Move（选择并移动）工具调整骨骼，而胸腔则不能使用，效果如图6-11所示。

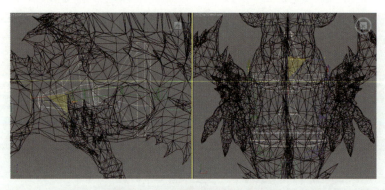

图6-11 匹配脊椎骨骼到模型

（4）颈部和头部的骨骼匹配。其方法为：选中颈部骨骼，使用 Select and Move（选择并移动）工具、Select and Rotate（选择并旋转）工具和 Select and Uniform Scale（选择并缩放）工具在"左"视图和"顶"视图中调整骨骼，把颈部骨骼与模型匹配对齐。然后选中头部骨骼，在"左"视图和"顶"视图中调整头部骨骼与模型匹配，效果如图6-12所示。

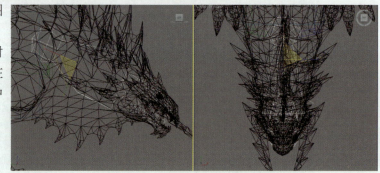

图6-12 颈部和头部骨骼匹配

（5）匹配后腿腿部骨骼和脚趾骨骼到模型。其方法为：选中绿色右腿骨骼，在"顶"视图、"左"视图和"透视"图中使用 Select and Move（选择并移动）工具、Select and Rotate（选择并旋转）工具和 Select and Uniform Scale（选择并缩放）工具把腿部骨骼与模型匹配对齐，并将一对脚趾骨骼使用 Select and Move（选择并移动）工具移动到脚掌后面与指节进行匹配，注意骨骼和骨节点要完全匹配。效果如图6-13所示。

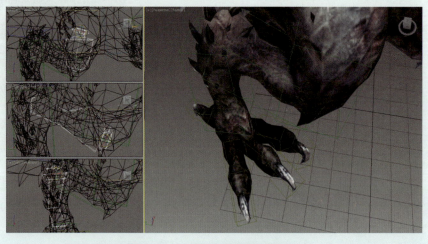

图6-13 匹配后腿骨骼到模型

（6）复制腿部骨骼姿态。由于冰龙的腿部是左右对称的，因此在匹配冰龙骨骼到模型时，可以调整好一边腿部骨骼的姿态，再复制给另一边的腿部骨骼，这样可以提高制作效率。其方法为：双击绿色大腿骨骼，从而选择整个腿部的骨骼，再单击Cope/Paste（复制/粘贴）卷展栏下的 Create Collection（创建集合）按钮，然后激活Posture（姿态）按钮，接着单击 Copy Posture（复制姿态）按钮，最后单击 Paste Posture Opposite（向对面粘贴姿态）按钮，这样就把腿部骨骼姿态复制到另一边，效果如图6-14所示。

图6-14 复制后腿骨骼

（7）匹配前腿骨骼。其方法为：选中绿色前腿肩膀骨骼，先使用 Select and Move（选择并移动）工具将肩膀移动到前腿位置，再使用 Select and Rotate（选择并旋转）工具和 Select and Uniform Scale（选择并缩放）工具在"顶"视图、"左"视图和"透视"图中调整前腿骨骼与相对应的模型匹配，并将一对脚趾骨骼移动到后面脚趾位置进行匹配，效果如图6-15所示。再单击Cope/Paste（复制/粘贴）卷展栏下的 Create Collection（创建集合）按钮，然后激活Posture（姿态）按钮，接着单击 Copy Posture（复制姿态）按钮，最后单击 Paste Posture Opposite（向对面粘贴姿态）按钮，这样就把前腿骨骼姿态复制到另一边，效果如图6-16所示。

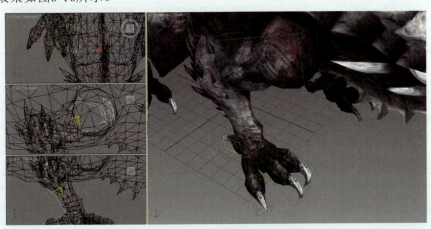

图6-15 匹配前腿部骨骼到模型

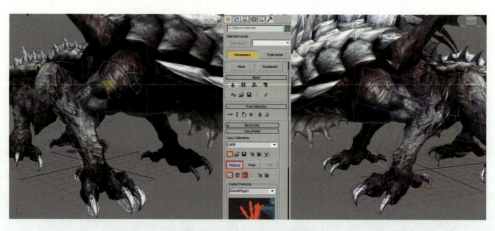

图6-16 复制前腿骨骼

> 提示：身体骨骼匹配完成后，可以反复旋转切换画面，对骨骼进行细微调整。但是，由于腿部模型一致，当调整一边的腿部骨骼时，要将调整的骨骼复制到另一边腿部骨骼。

6.2 创建翅膀和尾巴的骨骼

在创建冰龙附属物品骨骼时，可以使用Bone骨骼。冰龙附属物品的骨骼创建分为创建翅膀骨骼、创建尾巴的骨骼、创建嘴巴的骨骼、骨骼的链接四部分内容。每个部分都是依附在身体骨骼的周边与模型进行合理匹配，也是动画制作时冰龙特殊动作表现的载体。

6.2.1 创建翅膀的骨骼

（1）创建翅膀骨骼。其方法为：进入"透视"图，选择合适的角度，单击Create（创建）命令面板下的Systems（系统）中的Bones按钮，在翅膀骨干位置根据翅膀的骨节创建六节骨骼，右击结束创建。这时候会多出一根末端骨骼，按Delete键进行删除，效果如图6-17所示。

图6-17 创建冰龙翅膀骨干上的Bone骨骼

（2）准确匹配骨骼到模型。其方法为：为了便于观察，设置骨骼以方框显示；再选中翅膀的第一节骨骼，如图6-18中A所示。接着执行Animation（动画）| Bone Tools（骨骼工具）菜单命令，如图6-18中B所示。从而打开 Bone Tools（骨骼工具）面板，进入Fin Adjustment Tools（鳍调整工具）卷展栏下的Bone Objects（骨骼对象）选项组中，调整Bone骨骼的宽度、高度和锥化参数，如图6-18中C所示。同理调整好其他骨骼的大小。

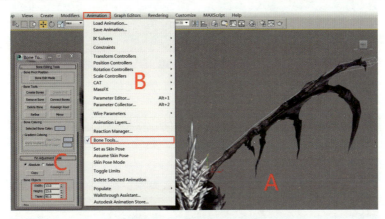

图6-18　调整骨骼大小

（3）创建翅膀第二节骨节上的骨骼。其方法为：切换到"透视"图，单击Bones按钮，在第二根骨节位置创建四节骨骼，右击结束创建。删除末端骨骼，参照第一根翅膀骨干的创建方法，打开Bone Tools（骨骼工具）面板，进入Fin Adjustment Tools（鳍调整工具）卷展栏下的Bone Objects（骨骼对象）选项组中，调整Bone骨骼的宽度、高度和锥化参数，调整的Bone骨骼要与模型的骨节相匹配，如图6-19所示。

图6-19　创建翅膀第二节骨节上的骨骼

（4）创建翅膀第三节骨节上的骨骼。其方法为：切换到"透视"图，单击Bones按钮，在第三根骨节位置创建三节骨骼，右击结束创建。删除末端骨骼，参照上面翅膀骨干的创建方法，打开Bone Tools（骨骼工具）面板，进入Fin Adjustment Tools（鳍调整工具）卷展栏下的Bone Objects（骨骼对象）选项组中，调整Bone骨骼的宽度、高度和锥化参数，与模型的骨节相匹配，如图6-20所示。

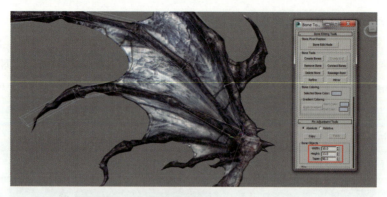

图6-20 创建翅膀第三节骨节上的骨骼

(5)创建翅膀第四节骨节上的骨骼。其方法为:切换到"透视"图,单击Bones按钮,在第四根骨节位置创建三节骨骼,右击结束创建。删除末端骨骼,参照上面翅膀骨干的创建方法进行骨骼适当匹配,如图6-21所示。

图6-21 创建翅膀第四节骨节上的骨骼

(6)因各个关键骨骼之间有比较密切的关联性,因此该部分参照以上方法创建第五节骨干的骨骼,效果如图6-22所示。

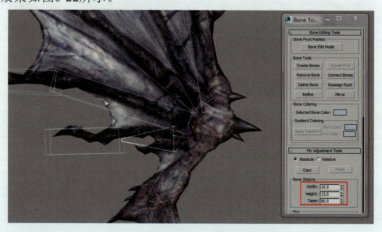

图6-22 创建第五节骨干的骨骼

（7）翅膀最末端有几节比较小的骨骼，根据翅膀末端模型的制作定位为每个小骨干创建骨骼，对骨骼和模型的位置进行匹配，效果如图6-23所示。

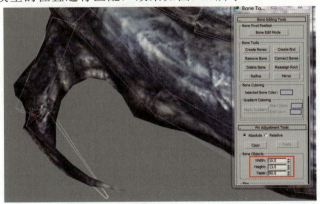

图6-23 创建翅膀小骨干的骨骼

（8）参照以上Bone骨骼的创建方法及调整技巧，结合另一侧翅膀模型的骨干造型，逐步创建出另一边翅膀骨节上的所有骨骼，效果如图6-24所示。

图6-24 创建出另一边翅膀骨节上的所有Bone骨骼

6.2.2 创建尾巴的骨骼

冰龙尾巴模型分段比较多，而且比较长，相对运动的角度和范围也较大，起到维持整个身体平衡的作用。因此，在给尾巴创建骨骼时要根据实际情况来设定骨骼的节数。其创建方法为：切换到"左"视图，单击Bones按钮，然后在尾巴模型位置根据尾巴的走向创建九节骨骼，右击结束创建。删除末端骨骼，如图6-25所示。再把骨骼设为外框显示模式，使用 Select and Move（选择并移动）工具和 Select and Rotate（选择并旋转）工具调整骨骼的位置和角度，使骨骼的位置与模型对齐。在Bone Tools（骨骼工具）面板下的Fin Adjustment Tools（鳍调整工具）卷展栏中的Bone Objects（骨骼对象）选项组中，调整Bone骨骼的宽度、高度和锥化的参数，效果如图6-26所示。

角色动画制作（下）

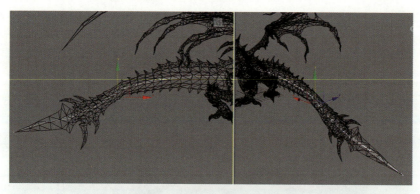

图6-25　为尾巴创建Bone骨骼

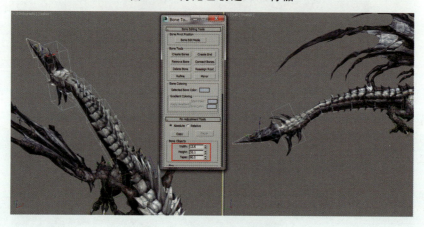

图6-26　匹配尾巴的骨骼

6.2.3　创建嘴巴的骨骼

由于冰龙的嘴巴只需要做简单的运动，所以只需要创建少量的骨骼。其方法为：切换到"左"视图，单击Bones按钮，然后在嘴巴模型位置根据嘴巴的走向创建一节骨骼，右击结束创建。删除末端骨骼，接着使用 Select and Move（选择并移动）工具和 Select and Rotate（选择并旋转）工具调整骨骼的位置和角度，使骨骼的位置与模型对齐，在Bone Tools（骨骼工具）面板下的Fin Adjustment Tools（鳍调整工具）卷展栏中的Bone Objects（骨骼对象）选项组中，调整Bone骨骼的宽度、高度和锥化的参数，效果如图6-27所示。

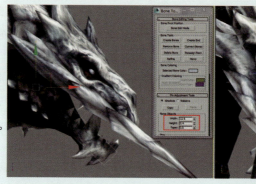

图6-27　创建嘴巴骨骼

6.2.4 骨骼的链接

（1）翅膀运动是由支干骨骼带动其余骨骼运动，根据这个特性，来链接翅膀。其方法为：按住Ctrl键的同时，依次选中左边翅膀上四根小骨节的根骨骼，再单击工具栏中的 Select and Link（选择并链接）按钮，然后按住鼠标左键拖动至主干骨节上，释放鼠标左键完成链接，如图6-28所示。

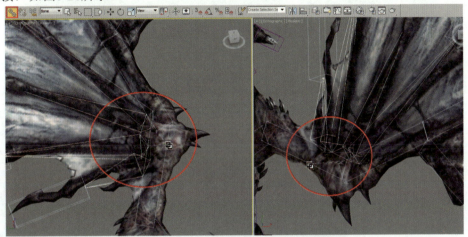

图6-28　将四节支干骨骼的根骨骼链接到主干骨骼上

（2）选中左边翅膀小骨节的根骨骼，单击工具栏中的 Select and Link（选择并链接）按钮，然后按住鼠标左键拖动至主干骨节上，释放鼠标左键完成链接，如图6-29所示。

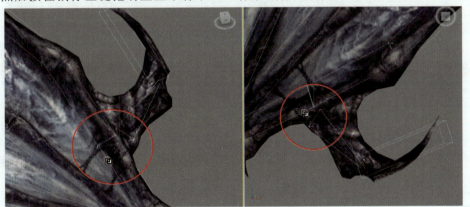

图6-29　翅膀小骨节的链接

（3）翅膀是长在身体上的，因为受身体运动的影响，所以需要将翅膀链接在身体上。其方法为：选中左边翅膀主干骨骼的根骨骼，单击工具栏中的 Select and Link（选择并链接）按钮，然后按住鼠标左键拖动至胸腔骨骼上，释放鼠标左键完成链接，如图6-30所示。

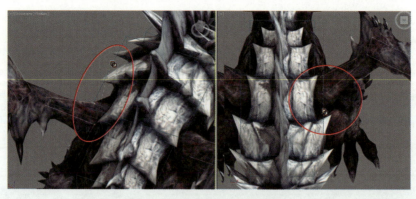

图6-30 翅膀主干骨骼的链接

（4）由于身体带动尾巴运动，所以将尾巴链接在身体上。其方法为：选中尾巴的根骨骼，单击工具栏中的 Select and Link（选择并链接）按钮，然后按住鼠标左键拖动至盆骨上，释放鼠标左键完成链接，如图6-31所示。

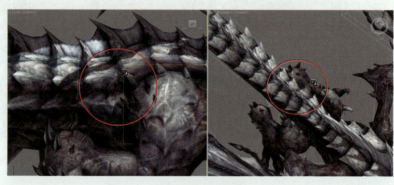

图6-31 尾巴骨骼的链接

（5）参照左边翅膀骨骼的链接方法，完成右边翅膀骨骼的链接，效果如图6-32所示。

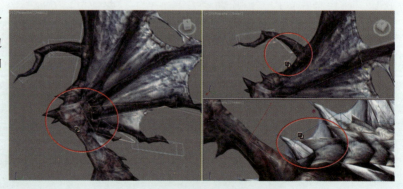

图6-32 右边翅膀骨骼的链接

6.3 冰龙的蒙皮设定

在3ds Max动画蒙皮应用中，继续使用Skin（蒙皮）。其优点是可以自由选择骨骼来进行蒙皮，调整权重也十分方便。本节内容包括添加Skin（蒙皮）修改器、调整蒙皮权重前准备、调整整个身体和嘴巴的骨骼权重、调整四肢的权重、调整翅膀的权重、调整尾巴等。

6.3.1 添加Skin（蒙皮）修改器

（1）解除冰龙模型解冻。其方法为：在视图中右击，从弹出的快捷菜单中选择Unfreeze All（全部解冻）命令，解除模型的冻结，如图6-33所示。

图6-33 冰龙模型解冻

（2）为冰龙添加Skin（蒙皮）修改器。其方法为：选中冰龙模型，打开 Modify（修改）命令面板中的Modifier List（修改器列表）下拉菜单，选择Skin（蒙皮）修改器，如图6-34所示。单击Add（添加）按钮，如图6-35中A所示。在弹出的Select Bones（选择骨骼）对话框中选择全部骨骼，如图6-35中B所示。单击OK按钮，将骨骼添加到蒙皮。

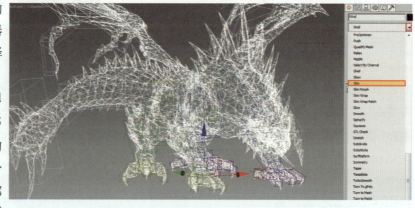

图6-34 为模型添加Skin（蒙皮）修改器

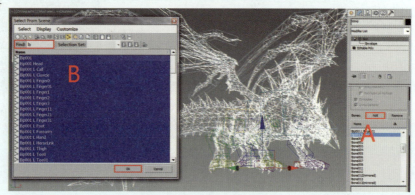

图6-35 添加所有的骨骼

（3）添加完全部骨骼之后，需要将对冰龙动作不产生作用的骨骼删除，以便减少系统对骨骼数目的运算。其方法为：在Add（添加）列表中选择质心骨骼Bip001，单击Remove（移除）按钮，进行移除，如图6-36所示。这样可以使蒙皮的骨骼对象更加简洁。

图6-36 移除质心

6.3.2 调整蒙皮前准备

> 提示：为了便于调节权重，可以为骨骼先设置两个关键帧，第一个关键帧保持不变，不做任何动作；在第二个关键帧上旋转移动骨骼，为骨骼创建关键帧，使身体张开，再调节模型的权重，当模型的权重调节完成后再删除第二个动作关键帧。

（1）按H键，打开Select From Scene（从场景中选择）对话框，选择所有的Biped骨骼，如图6-37中A所示。单击OK按钮后，选中所有Biped骨骼。接着展开Motion（运动）命令面板下的Biped卷展栏，关闭Figure Mode（体形模式），最后单击Key Info（关键点信息）卷展栏下的Set Key（设置关键点）按钮，如图6-37中B所示。为Biped骨骼在第0帧创建关键帧，如图6-37中C所示。再选中所有Bone骨骼，如图6-38中A所示。按K键，为Bone骨骼在第0帧创建关键帧，如图6-38中B所示。

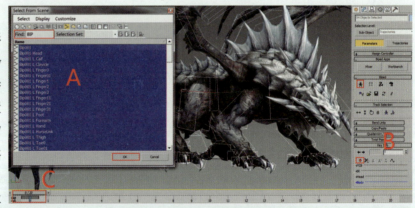

图6-37 为Biped骨骼创建关键帧

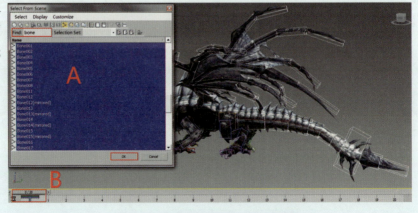

图6-38 为Bone骨骼创建关键帧

（2）创建第二个关键帧。其方法为：拖动时间滑块到第10帧，按N键，激活Auto Key（自动关键帧）按钮，如图6-39中A所示。选择嘴巴的骨骼，使用 Select and Rotate（选择并旋转）工具将冰龙的嘴巴旋转打开，此时可以看到嘴巴的模型有拉伸和错位，效果如图6-39中B所示。再次按N键，关掉自动关键点模式。

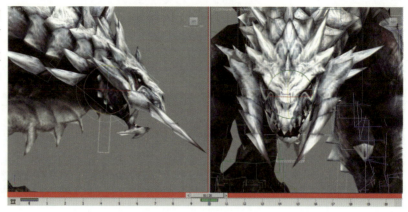

图6-39　为嘴巴做动作

（3）在为模型赋予权重前，为了便于观察，可以先将所有骨骼外框进行隐藏。其方法为：选中所有的骨骼，右击，从弹出的快捷菜单中选择Hide Selection（隐藏当前选择）命令，如图6-40所示。完成冰龙的骨骼的隐藏。选中冰龙模型，激活Skin（蒙皮）修改器，如图6-41中A所示。在Display（显示）卷展栏中勾选Show No Envelopes（不显示封套）复选框，如图6-41中B所示。关掉蒙皮的封套显示，效果如图6-41中C所示。

图6-40　隐藏冰龙的骨骼

图6-41　关掉蒙皮的封套显示

6.3.3 调整身体和嘴巴的权重

为骨骼指定Skin（蒙皮）修改器后，还不能调整冰龙的动作。因为这时骨骼对模型顶点的影响范围往往是不合理的，在调节动作时会使模型产生变形和拉伸。因此在调整之前要先使用Edit Envelopes（编辑权重）功能，将骨骼对模型顶点的影响控制在合理范围内。

> 提示：在调节权重时，看到权重中的点上的颜色变化，不同颜色代表着这个点受这节骨骼权重的权重值不同，红色的点受这节骨骼的影响的权重值最大为1.0，黄色的点受这节骨骼的影响的权重值为0.5，蓝色点受这节骨骼的影响的权重值为0.1，白色的点代表没有受这节骨骼的影响，权重值为0.0。

（1）激活冰龙身体权重。其方法为：选中冰龙身体的模型，如图6-42中A所示。激活Skin（蒙皮）修改器，激活Edit Envelopes（编辑封套），勾选Vertices（顶点）复选框，如图6-42中B所示。再单击 Weight Tool（权重工具），如图6-43中A所示。弹出Weight Tool（权重工具）进行编辑权重，如图6-43中B所示。

图6-42 激活Skin(蒙皮)修改器　　　　图6-43 激活权重工具

（2）调整嘴巴骨骼的权重。其方法为：拖动时间滑块到第10帧，选中冰龙嘴巴的权重链接，如图6-44中A所示。再选中属于全部受嘴巴骨骼运动的调整点，运用权重工具将嘴巴和牙齿的权重值设置为1，将嘴巴运动不相关的点全部设置为0。当嘴巴运动时，与头部和脖子相衔接的皮肤也会运动，所以再根据模型的布线，调节嘴巴和脖子、头部相衔接位置的权重值，设置权重值由嘴巴向头部、脖子逐步降低，设置调整点的权重值为0.5左右，结果显示嘴巴和牙齿的调整点全部为红色点，与脖子和头部相衔接的地方为黄色点，如图6-44所示。

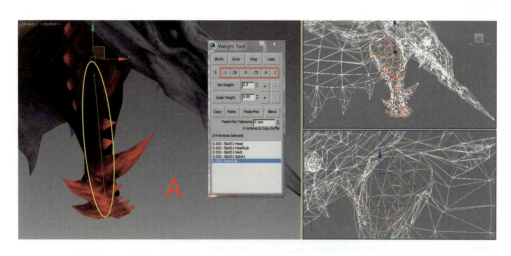

图6-44　设置冰龙嘴巴的权重值

（3）调整头部骨骼的权重。其方法为：先选中冰龙头部的权重链接，再选中模型头部的所有调整点，运用权重工具将头部的权重值设置为1，与头部不相关的全部设置为0，结果显示头部的权重点全部为红色点，再选择与嘴巴、脖子相链接位置的调整点，设置权重值由头部向嘴巴递减，设置权重值为0.5左右。由于脖子上的冠比较柔软，所以当头部运动时，脖子上的冠也会有拉扯。为了运动更加自然，在调整头部的权重时，也要调整头部权重影响到脖子的调整点，设置权重值由头部向脖子递减，效果如图6-45所示。

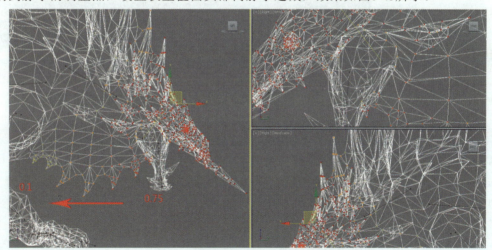

图6-45　设置与头部相关点的权重值

（4）调整脖子骨骼的权重。其方法为：选中冰龙脖子的权重链接，再选中全部受脖子骨骼运动的所有调整点，运用权重工具将脖子的权重值设置为1，与脖子不相关的全部设置为0，结果显示脖子的中心位置权重点全部为红色点；再选择与头部、胸腔相链接位置的点，设置权重值为0.5左右，结果显示脖子中间两边的点为黄色点，再设置脖子上的冠的调整点由胸腔向头部逐步递减，效果如图6-46所示。

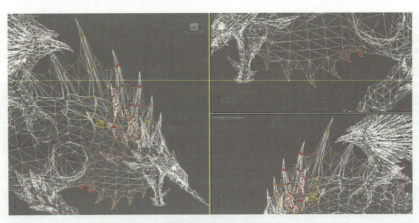

图6-46 设置受脖子运动的点的权重值

（5）调整胸腔骨骼的权重。其方法为：参照上面设置权重的规律，先选中冰龙胸腔的权重链接，再选中全部受胸腔骨骼运动的所有调整点，运用权重工具将这些点的权重值设置为1，与胸腔不相关的全部设置为0，结果显示胸腔的权重点全部为红色点；再选择胸腔与脖子、腿部和腹部相链接位置的点，设置权重值为0.5左右，效果如图6-47所示。

图6-47 设置与胸腔相关位置的权重点

（6）调整腹部骨骼的权重。其方法为：参照上面设置权重的方法，先选中冰龙腹部的权重链接，再选中全部受腹部骨骼运动影响的所有调整点，使用权重工具将腹部的权重值设置为1，与腹部不相关的全部设置0，结果显示腹部的权重点全部为红色点；再选择腹部与胸腔和盆骨相链接位置的点，设置权重值为0.5左右。效果如图6-48所示。

图6-48 调整受腹部影响的权重点

（7）调整盆骨骨骼的权重。其方法为：参照上面设置权重的方法，先选中冰龙盆骨的权重链接，再选中全部受盆骨骨骼运动的所有调整点，使用权重工具将盆骨的权重值设置为1，与盆骨运动不相关的全部设置为0，结果显示盆骨的权重点全部为红色点；再选择腹部和腿部、尾巴相链接位置的点，设置权重值为0.5左右，结果显示与腹部和腿部、尾巴相链接位置的权重点全部为黄色点，效果如图6-49所示。

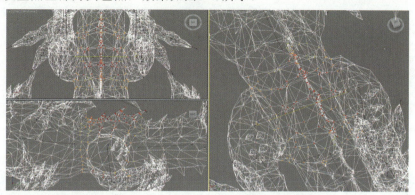

图6-49 调整受盆骨骨骼运动的点的权重

6.3.4 调整四肢的权重

（1）调整绿色后腿部骨骼的权重。其方法为：参照上一节设置权重的方法，先选中后腿第一节骨骼的权重链接，再选中受第一节骨骼运动影响的所有调整点，使用权重工具将受第一节骨骼运动影响的点的权重值设置为1，与第一节骨骼不相关的全部设置为0，再设置与盆骨和第二节腿部骨骼相衔接的部分为0.5左右，效果如图6-50所示。再选择第二节骨骼的权重链接，将全部受第二节骨骼运动影响的所有调整点的权重值设置为1，与第一节骨骼、第三节骨骼相衔接的地方设置权重值为0.5左右，如图6-51所示。最后选择第三节骨骼的权重链接，将受第三节骨骼运动影响的所有调整点的权重值设置为1，与第二节骨骼和脚掌相衔接的地方设置权重值为0.5左右，如图6-52所示。

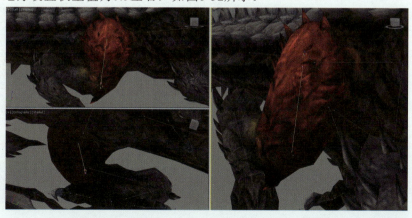

图6-50 设置第一节腿部骨骼运动的点的权重

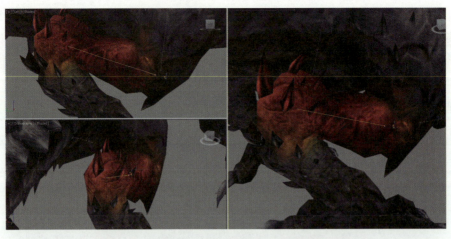

图6-51 设置第二节腿部骨骼运动的点的权重

图6-52 设置第三节腿部骨骼运动的点的权重

（2）调整后腿脚掌的权重。其方法为：先选中后腿脚掌的权重链接，再选中脚掌骨骼带运动的所有调整点，运用权重工具将这些点的权重值设置为1，与脚掌不相关的全部设置为0，与第三节腿部骨骼和脚趾骨骼相衔接的部分设置权重值为0.5左右，效果如图6-53所示。

图6-53 调整脚掌权重链接的权重值

（3）设置脚趾的权重。其方法为：选中脚趾第一节骨骼的权重链接，再选中属于第一节骨骼权重链接的所有调整点，使用权重工具将第一节骨骼的调整点的权重值设置为1，不受第一节骨骼运动的全部设置为0，与脚掌和第二节骨骼衔接的部分权重值设置为0.5左右，如图6-54所示。再选中第二节脚趾的权重链接，将属于第二节脚趾位置点的权重值设置为1，与第一节脚趾衔接的部分权重值设置为0.5左右，效果如图6-55所示。再参照这种方法调整其他脚趾的权重，如图6-56所示。

图6-54　设置脚趾的第一节骨骼的权重

图6-55　设置脚趾的第二节骨骼的权重

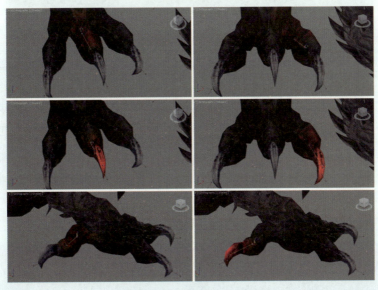

图6-56　设置脚趾的权重

（4）调整绿色前腿部骨骼的权重。其方法为：选中前腿第一节骨骼的权重链接，运用权重工具将全部受第一节骨骼运动的点的权重值设置为1，不受第一节骨骼运动的全部设置为0。腿部运动时会带动胸腔的皮肤运动，为了使运动更加流畅，将与第一节腿部骨骼和胸腔相衔接的部分权重值设置为0.5左右，再设置与第二节腿部骨骼衔接的位置权重值由第一节骨骼向第二节骨骼递减，结果显示第一节骨骼位置的调整点为红色点，与胸腔和第二节骨骼相衔接的位置的调整点为黄色，效果如图6-57所示。再选择第二节骨骼的权重链接，将属于第二节骨骼权重链接的所有调整点，设置权重值为1，与第一节骨骼相衔接的地方权重值设置为0.5左右，效果如图6-58中B所示。

图6-57　设置前腿第一节骨骼的权重

图6-58　调整受第二节骨骼运动影响的点的权重

（5）参照后腿脚掌的权重调整方法，根据脚掌模型的布线，灵活运用权重工具，调整出绿色前腿的脚掌的权重，效果如图6-59所示。

 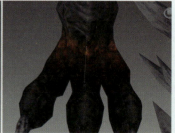

图6-59　调整绿色前腿的脚掌的权重

> 提示：由于模型更多的是三角面，所以在选点时，最好是用框选的方式，否则就会发生漏选顶点的情况，在做动作时会出现表面错位的情况。

（6）参照后腿脚趾权重的调节，设置绿色前腿脚趾的权重。在调整各个骨骼权重时要注意每个关节之间的权重值过渡色彩变化。效果如图6-60所示。

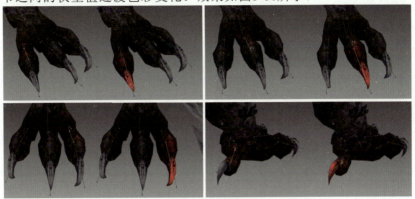

图6-60　调节出绿色前腿脚趾的权重

（7）镜像复制腿部的顶点权重。其方法为：激活Modify（修改）命令面板下的Mirror Parameters（镜像参数）卷展栏中的Mirror Mode（镜像模式）按钮，再单击 Mirror Paste（镜像粘贴）按钮，接着单击 Paste Green To Blue Bones（将绿色粘贴到蓝色骨骼）按钮，最后单击 Paste Green To Blue Verts（将绿色粘贴到蓝色顶点）按钮，如图6-61中A所示。从而将绿色的权重顶点复制到蓝色的权重顶点，完成腿部权重的镜像复制。

图6-61　镜像复制绿色顶点权重到蓝色权重顶点

6.3.5　调整翅膀的权重

（1）调整翅膀的权重时，展开由根骨骼向末端骨骼的顺序来设置翅膀的权重。其方法为：选中翅膀根骨骼的权重链接，再选中受根骨骼运动影响的所有调整点，设置权重值为1，与根骨骼运动不相关的全部设置为0，与胸腔相衔接的部分设置为0.5左右，效果如图6-62所示。再选中第二节骨骼的权重链接，将受第二节骨骼运动影响的权重值设置为1，与根骨骼衔接的部分设置为0.5左右。效果如图6-63所示。

图6-62 设置翅膀根骨骼权重

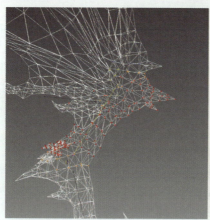

图6-63 设置翅膀主干第二节骨骼的权重

(2) 选中主干骨骼的第三节骨骼的权重链接,使用权重工具,设置受第三节骨骼运动的权重值为1,调整权重时要注意骨节比皮肤坚硬,不需要做柔软的拉伸运动,所以骨节上的权重点全部设置为1,皮肤设置为0.5左右;再设置与第二节骨骼和第四节骨骼相衔接的点为0.5左右,效果如图6-64所示。根据这个规律,调整翅膀主干骨骼的其他骨骼,效果如图6-65所示。

图6-64 设置翅膀第三节骨骼的权重

图6-65 调节第四、五、六节骨骼的权重

（3）调整翅膀第二根支干上的第一节骨骼的权重。运用权重工具，设置受第一节骨骼影响的骨节权重值为1，第一节骨节周围的皮肤由第一节骨节向外递减，设置与第一根骨干骨骼和第二根骨骼相链接位置的调整点的权重值为0.5左右，效果如图6-66所示。再运用同样的方法，设置第二根骨干的其他骨骼的权重值。要注意皮肤做好权重的递减，而骨节运动干脆简洁，所以骨骼相衔接的位置权重递减不能做太多，效果如图6-67所示。

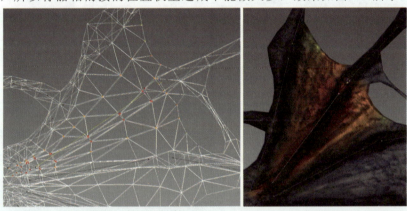

图6-66 设置第二节支干上的第一节骨骼的权重

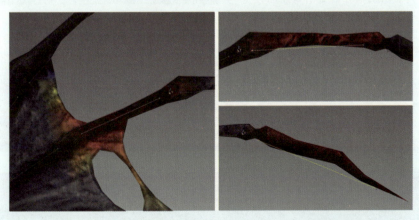

图6-67 设置翅膀第二节支干第二、三、四节骨骼的权重

（4）运用同样的方法设置翅膀第三根支干的权重。第三根骨骼支干的权重是延续第二根支干权重过渡，注意做好皮肤上权重由骨节向皮肤的递减，效果如图6-68所示。

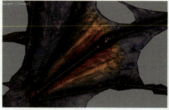

图6-68 设置翅膀第三根支干骨骼的权重

（5）延续第三根骨骼的权重值，继续对第四根翅膀骨骼的权重设置，根据模型布线的结构进行权重值的数值设定，结合颜色的变化进行调整，同时运用移动、旋转等工具检查是否有拉伸的情况出现，效果如图6-69所示。

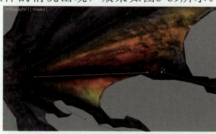

图6-69 设置翅膀第四根支干骨骼的权重

（6）第五根骨骼属于末端骨骼，除了在与第四根骨骼权重过渡位置进行数值为0.5~0.8之间的设置，其他部分都为1。细致调整第五根翅膀骨骼的权重值，效果如图6-70所示。

图6-70 调节翅膀第五根支干骨骼的权重

（7）翅膀小支干的权重调整。要注意调整骨骼的顺序，最好是先调整根骨骼再调节末端骨骼，然后再根据各个支干所匹配的模型布线进行权重值的适当调整，效果如图6-71所示。

图6-71 调整翅膀小支干的权重

> 提示：由于两个翅膀的造型不是一致的，所以不能复制权重，必须手动调整。参照翅膀权重的设置方法，调节出另一个翅膀的权重。

6.3.6 调整尾巴的权重

（1）调整尾巴的权重。其方法为：根据从根骨骼到末端骨骼的调节顺序，先选中尾巴的根骨骼的权重链接，再使用权重工具调节全部受根骨骼运动的调整点的权重值设置为1，与根骨骼运动不相关的点全部设置为0，与盆骨和第二根骨骼相衔接的部分权重值设置为0.5左右，由于尾巴上的倒刺很坚硬，为了表现出倒刺的质感，设置权重值时最好将整个倒刺的权重值设为一致，效果如图6-72所示。

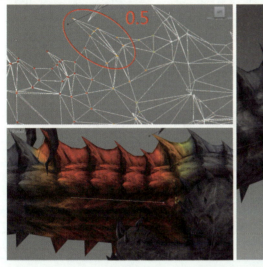

图6-72 调整尾巴的根骨骼的权重

（2）根据尾巴根骨骼的权重调节方法，调整第二根骨骼的权重。选中尾巴的第二节骨骼的权重链接，使用权重工具将不受第二节骨骼运动影响的点全部设置为0，将全部受第二节骨骼运动影响的调整点权重值设置为1，与根骨骼和第三节骨骼相衔接的部分权重值设置为0.5左右。使用同样的方法调整第三节骨骼的权重，要注意倒刺的权重设置，效果如图6-73所示。

图6-73 调整第二、三节骨骼的权重

(3）同上，调整第四、五、六节尾巴骨骼的权重。由于尾巴末端的运动相对柔软一点，所以权重的递减会多一点，权重值的过渡要结合尾巴模型布线的结构进行合理匹配。使得各个节点的权重值分配更为合理。效果如图6-74所示。

图6-74　调整第四、五、六节尾巴骨骼的权重

（4）同上，调整第七、八、九节尾巴骨骼的权重，效果如图6-75所示。

图6-75　调整第七、八、九节尾巴骨骼的权重

（5）在视图中右击，从弹出的快捷菜单中选择Unhide All（全部取消隐藏）命令，从而取消被隐藏的骨骼，如图6-76所示。拖动时间滑块到第10帧，激活Toggle Auto Key Mode（自动关键点模式），使用 Select and Move（选择并移动）工具和 Select and Rotate（选择并旋转）工具对冰龙进行拉扯、扭曲，观察是否有没有问题，如图6-77所示。再对权重进行细微的调整。调整完成后按N键关掉自动关键点模式，并删除第10帧的关键帧。

图6-76　取消骨骼的隐藏

图6-77 拉伸骨骼对权重进行细微调整

6.4 制作冰龙的动画

冰龙在游戏产品应用中属于副本高阶Boss，有非常鲜明的个性特点及其特有的动态造型，在制作动画设计时要根据冰龙在产品开发中的定位进行动作的设计及规范制作。本节内容包括冰龙的飞行、飞行待机、特殊攻击和休息待机的动画创作技巧及动作设计思路。

6.4.1 制作冰龙的飞行动画

飞行动作是最能体现冰龙庞大体型及运动气势的特色动作之一，其运动的速度及动作节奏变化能充分体现冰龙庞大的气场及动态造型。首先来看一下冰龙飞行动作序列图以及关联帧的安排，如图6-78所示。

图 6-78 冰龙飞行序列图

293

角色动画制作（下）

（1）按H键，打开Select From Scene（从场景中选择）对话框，选择所有的Biped骨骼，如图6-79中A所示。单击OK按钮后，选中所有Biped骨骼。接着展开Motion（运动）命令面板下的Biped卷展栏，关闭Figure Mode（体形模式）；最后单击Key Info（关键点信息）卷展栏下的Set Key（设置关键点）按钮，如图6-79中B所示。为Biped骨骼在第0帧创建关键帧，如图6-79中C所示。再选中所有Bone骨骼，如图6-80中A所示。按K键，为Bone骨骼在第0帧创建关键帧，如图6-80中B所示。

图6-79　为Biped骨骼创建关键帧

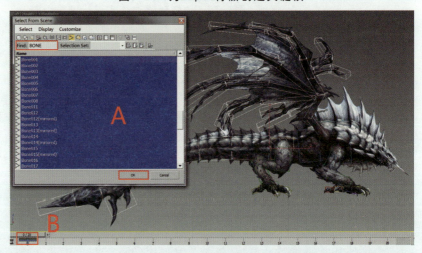

图6-80　为Bone骨骼创建关键帧

（2）激活Auto Key（自动关键点）按钮，单击动画控制区中的 Time Configuration（时间配置）按钮，在弹出的Time Configuration（时间配置）对话框中设置End Time（结束时间）为20，设置Speed（速度）模式为1/2x，单击OK按钮，如图6-81所示。从而将时间滑块长度设置为20帧。

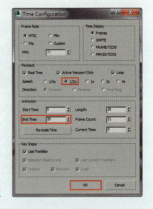

图6-81　设置时间配置

294

（3）为了在制作骨骼动画时不会误选其他的模型，将工具栏中的Selection Filter选择过滤器设置为Bone（骨骼），如图6-82中A所示。再为质心创建关键点。其方法为：选择质心，如图6-83中A所示。进入 Motion（运动）命令面板，再分别单击Track Selection（轨迹选择）卷展栏下的 Lock COM Keying（锁定COM关键帧）、 Body Horizontal（躯干水平）、 Body Vertical（躯干垂直）和 Body Rotation（躯干旋转）按钮，锁定质心3个轨迹方向，然后单击 Set Key（设置关键点）按钮，如图6-83中B所示。为质心创建关键帧，如图6-83中C所示。

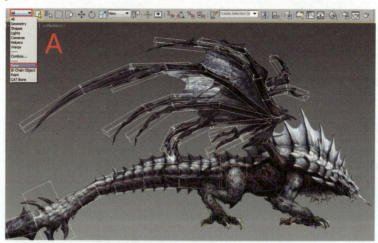

图6-82　将选择过滤器设置为骨骼

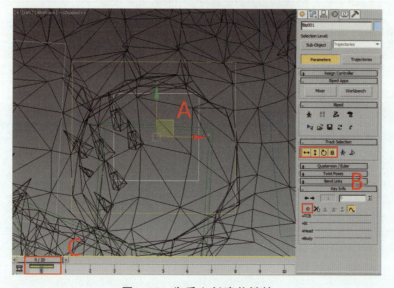

图6-83　为质心创建关键帧

> 提示：为了便于观看和保持操作的思路清晰，先调节身体的动画，再调节翅膀和尾巴的动画。在调节身体动画之前，先将翅膀和尾巴的骨骼隐藏起来。

（4）冰龙飞行到最低位置的姿态调节。其方法为：拖动时间滑块到第0帧，在视图中使用 Select and Move（选择并移动）工具和 Select and Rotate（选择并旋转）工具调整冰龙质心向头部方向旋转，使身体向下倾、腹部和胸腔向下、头部向下、四肢前后错开贴近身体、四肢的脚趾做出不同的抓握姿势，效果如图6-84所示。再在"顶"视图中设置胸腔和腹部稍微向绿色前爪方向旋转、臀部向蓝色腿部旋转、头部和脖子向右边旋转（绿色脚方向），效果如图6-85所示。

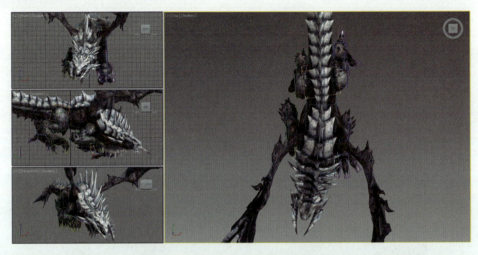

图6-84 调节飞行的最低位置的姿态

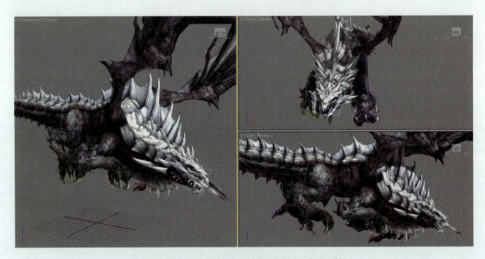

图6-85 对身体的姿态进行细节调整

（5）复制姿态。其方法为：选中任意的Biped骨骼，如图6-86中A所示。进入 Motion（运动）命令面板的Cope/Paste（复制/粘贴）卷展栏中，单击（Pose）姿势按钮，再单击 Create Collection（创建集合）按钮，再单击 Copy Pose（复制姿势）按钮，如图6-86中B所示。接着拖动时间滑块到第20帧，再单击 Paste Pose（粘贴姿势）将第0帧骨骼姿势复制到第20帧，效果如图6-86中C所示。

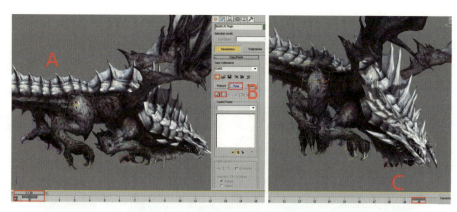

图6-86 复制第0帧姿态到第20帧

（6）冰龙向上飞行时，翅膀向下运动，身体向上运动，脚步也会下蹬借力。调节冰龙飞行到最高位置的姿势。其方法为：拖动时间滑块到第6帧，在视图中使用 Select and Move（选择并移动）工具和 Select and Rotate（选择并旋转）工具调整冰龙质心向头部方向旋转，使身体向上倾、移动质心向上向前向左偏移（蓝色腿方向），效果如图6-87所示。在"左"视图中旋转腹部和胸腔向上、头部和颈部向下、嘴巴张开的姿态。再在"顶"视图中设置胸腔和腹部稍微向蓝色前爪方向旋转、臀部向绿色腿部旋转，效果如图6-88所示。

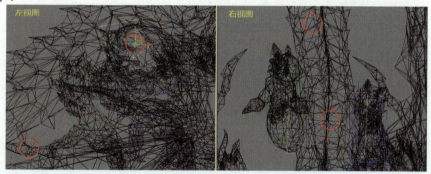

图6-87 调节质心

图6-88 飞行到最高位置的身体姿态

（7）为了使身体的动画衔接的更流畅，为飞行动画中的最高和最低姿势添加滞留动作。其方法为：拖动时间滑块到第3帧，在左视图中使用 Select and Move（选择并移动）工具调整冰龙质心向上向前，效果如图6-89所示。再调整脖子和头部向下、腹部和胸腔向上的姿态；在"顶"视图中调整腹部和胸腔向绿色腿方向旋转做滞留，效果如图6-90所示。

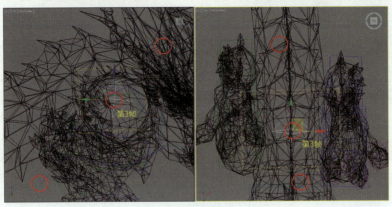

图6-89 调节质心

图6-90 腹部和胸腔滞留

（8）拖动时间滑块到第13帧，在"左"视图中使用 Select and Move（选择并移动）工具调整冰龙质心向下向后，效果如图6-91所示。在"左"视图中调整脖子和头部向下、腹部和胸腔向下的姿态；在"顶"视图中调整腹部和胸腔向蓝色腿方向旋转做滞留，头部和脖子向左边旋转（蓝色腿方向），效果如图6-92所示。

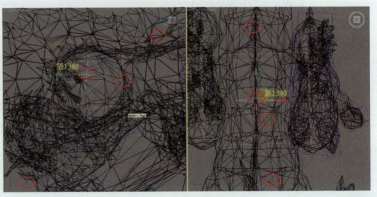

图6-91 质心调节

图6-92 腹部和胸腔滞留

提示:在调节冰龙的四肢时,为了更好地表现出冰龙的特性,尽量不要做出同样的动作。

(9)调整冰龙绿色前肢的动画。其方法为:拖动时间滑块到第6帧,使用 Select and Move(选择并移动)工具和 Select and Rotate(选择并旋转)工具调整冰龙身体向下、前肢稍微向下用力、脚趾张开的姿势,效果如图6-93所示。

图6-93 绿色前肢的姿态

(10)调整冰龙蓝色前肢的动画。其方法为:拖动时间滑块到第5帧,使用 Select and Move(选择并移动)工具和 Select and Rotate(选择并旋转)工具调整出冰龙身体向下、前肢稍微回收、脚趾握紧的姿势,效果如图6-94所示。

图6-94 蓝色前肢的姿态

提示:为了表现出冰龙的力量感,在冰龙身体向上时,做出一个轻微的蹬腿借力的姿态。

（11）调整冰龙绿色后腿下蹬借力的动画。其方法为：拖动时间滑块到第5帧，使用 Select and Move（选择并移动）工具和 Select and Rotate（选择并旋转）工具调整冰龙身体向下、后腿向下向后、脚趾张开的姿势，效果如图6-95所示。

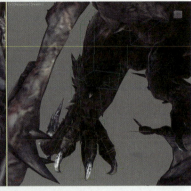

图6-95　冰龙绿色后腿的姿态

（12）调整冰龙绿色后腿上收蓄力的动画。其方法为：拖动时间滑块到第4帧，使用 Select and Move（选择并移动）工具和 Select and Rotate（选择并旋转）工具调整冰龙后腿向上向前、脚趾微握的姿势，如图6-96所示。

图6-96　调整绿色后腿上收蓄力的姿势

（13）调整冰龙蓝色后腿的动画。方法：拖动时间滑块到第5帧，使用 Select and Move（选择并移动）工具和 Select and Rotate（选择并旋转）工具调整冰龙蓝色后腿向下向后、脚趾微握的姿势，效果如图6-97所示。

图6-97　调整蓝色后腿的姿势

提示：翅膀向下，身体向上，为了加大阻力，翅膀张开；翅膀向上，身体向下，为了减小阻力，翅膀收紧。

（14）冰龙翅膀的飞行动画是一个上下扇动的动作，为了表现出翅膀的力量感，向上飞行时，翅膀向前；向下飞行时，翅膀向后，有一个划动借力的感觉。调整冰龙翅膀向上的初始姿态。其方法为：拖动时间滑块到第0帧，使用 Select and Rotate（选择并旋转）工具调整冰龙翅膀整体向上向前的姿态，效果如图6-98所示。

图6-98　冰龙翅膀向上的姿态

（15）由于冰龙的翅膀十分庞大，运动时由根骨骼带动其他骨骼运动，为了表现这一特点，为翅膀的上下运动之间设置翅膀的滞留动作。拖动时间滑块到第3帧，使用 Select and Rotate（选择并旋转）工具调整冰龙翅膀根骨骼向下、翅膀受阻力末端骨骼向上的滞留姿态，效果如图6-99所示。

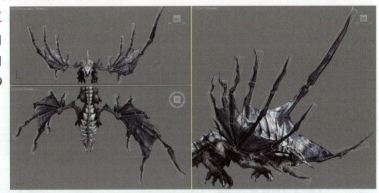

图6-99　翅膀向下受阻力尖部向上的姿态

（16）调整冰龙翅膀向下的姿态。其方法为：拖动时间滑块到第5帧，使用 Select and Rotate（选择并旋转）工具调整冰龙翅膀整体向下向后、末端骨骼受阻力向上的姿态，效果如图6-100所示。

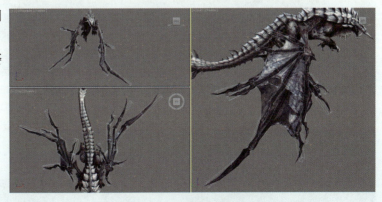

图6-100　翅膀向下的姿态

（17）调整冰龙翅膀向上的姿态。其方法为：拖动时间滑块到第9帧，使用 Select and Rotate（选择并旋转）工具调整冰龙翅膀向上向前、末端骨骼受反作用力向内收的姿势，效果如图6-101所示。

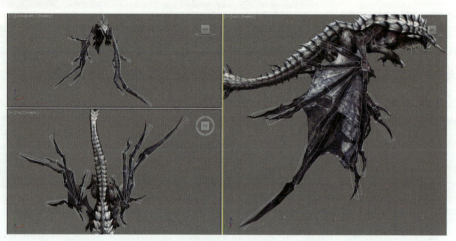

图6-101　调整冰龙翅膀向上的姿态

（18）调整冰龙翅膀向上的姿态。其方法为：拖动时间滑块到第14帧，使用 Select and Rotate（选择并旋转）工具调整冰龙翅膀根骨骼向上向前、末端受反作用力向内收向后的姿态，效果如图6-102所示。拖动时间滑块到第0帧，选中翅膀的所有骨骼，按住Shift键的同时，将第0帧拖动复制到第20帧，完成翅膀飞行的循环。

图6-102　翅膀向上的姿态

（19）单击 Playback（播放）按钮播放动画，此时可以看到冰龙身体上下起伏的飞行动作。观察身体和翅膀之间的协调性，如发现幅度过大不正确的地方，可以适当调整。

提示：当冰龙向前飞行时，尾巴随着身体上下摆动来加速。

（20）调整冰龙尾巴的动画。其方法为：拖动时间滑块到第0帧，使用 Select and Rotate（选择并旋转）工具在"左"视图中调整冰龙身体向下、尾巴根骨骼向上、末端受反作用力向内收的初始姿态；在"顶"视图中调整尾巴根骨骼向右、末端骨骼向左偏转的姿势；拖动时间滑块到第6帧，在"左"视图调整冰龙身体向上、根骨骼向下、尾巴末端受阻力向上的姿势；在"顶"视图中调整根骨骼向左、末端骨骼向右的姿势，效果如图6-103所示。拖动时间滑块到第0帧，双击尾巴根骨骼以选中所有尾巴骨骼，按住Shift键的同时，将第0帧拖动复制到第20帧，完成尾巴运动的循环。

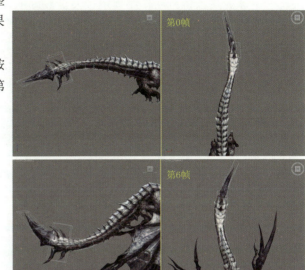

图6-103　调整冰龙尾巴的关键帧动画

（21）为了表现尾巴的质感和运动的协调性，为尾巴调整滞留动画。其方法为：拖动时间滑块到第3帧，使用 Select and Rotate（选择并旋转）工具在"左"视图中调整尾巴向下的滞留；在"顶"视图中调整尾巴向右滞留的姿态。拖动时间滑块到第13帧，在"左"视图中调整尾巴向上末端骨骼向下的滞留；在"顶"视图中调节尾巴向左滞留的姿态，效果如图6-104所示。

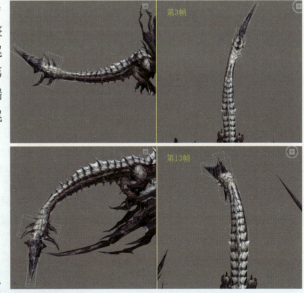

图6-104　尾巴的滞留姿势

（22）单击 Playback（播放）按钮播放动画，此时可以看到冰龙的飞行动画。在播放动画时，如果发现幅度过大或者不正确的地方，可以适当调整。

303

6.4.2 制作冰龙的飞行待机动画

飞行待机是飞行及攻击之前的一个预备动作，通过待机状态的姿态就能预设下一个延续动作的态势。也是众多类似飞行生物动作表现的基础动作预设，必须了解和掌握。首先来看一下冰龙飞行待机动作序列图以及关联帧的安排，如图6-105所示。

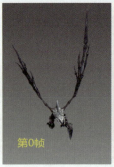
第0帧

第3帧

第9帧

第14帧

图6-105　冰龙飞行待机序列图

（1）激活Auto Key（自动关键点）按钮，然后单击动画控制区中的 Time Configuration（时间配置）按钮，在弹出的Time Configuration（时间配置）对话框中设置End Time（结束时间）为20，设置Speed（速度）模式为1/2，单击OK按钮，如图6-106所示。从而将时间滑块长度设置为20帧。

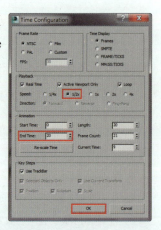

图6-106　设置时间配置

（2）调整冰龙身体的飞行待机初始姿势。其方法为：拖动时间滑块到第0帧，使用 Select and Move（选择并移动）工具和 Select and Rotate（选择并旋转）工具在"左"视图中调整冰龙质心上移、向上旋转、腹部向上、胸腔向下、脖子和头部向下；在"顶"视图中，使用 Select and Rotate（选择并旋转）工具调整胸腔、脖子和头部向冰龙的左边方向旋转偏移并向下；在"前"视图中，使用 Select and Rotate（选择并旋转）工具调整脖子和头部向冰龙左边旋转，效果如图6-107所示。

图6-107　冰龙身体的飞行待机初始姿势

（3）为质心创建关键点。其方法为：进入 Motion（运动）命令面板，分别单击Track Selection（轨迹选择）卷展栏下的 Lock COM Keying（锁定COM关键帧）、 Body Horizontal（躯干水平）、 Body Vertical（躯干垂直）和 Body Rotation（躯干旋转）按钮锁定质心3个轨迹方向，然后单击 Set Key（设置关键点）按钮，为质心创建关键帧，如图6-108所示。

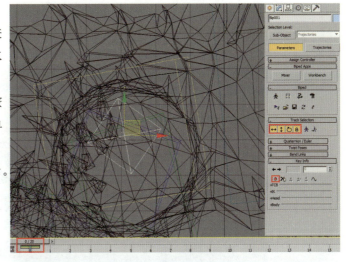

图6-108 为质心创建关键点

（4）复制姿态。其方法为：框选所有骨骼，拖动时间滑块到第0帧，按住Shift键的同时，将第0帧拖动复制到第20帧，效果如图6-109所示。

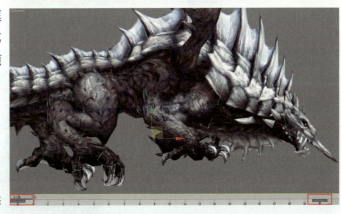

图6-109 复制姿态

提示：质心向上、身体向上运动，胸腔和头向下运动；质心向下、身体向下，胸腔和头部向上运动。

（5）调整质心的动画。其方法为：拖动时间滑块到第5帧，在"左"视图中使用 Select and Move（选择并移动）工具调整冰龙质心向上、向前的姿势；在"顶"视图中调整质心向左偏移的姿势，效果如图6-110所示。

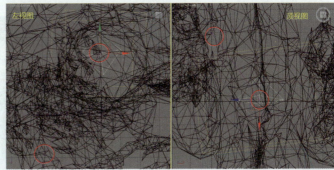

图6-110 调整质心的姿势

(6) 调整冰龙在第5帧的姿势。其方法为：拖动时间滑块到第5帧，使用 Select and Rotate（选择并旋转）工具在"左"视图中调整胸腔和腹部向上、臀部向下，嘴巴张开的姿势；在"顶"视图中调整胸腔和腹部向右边旋转、臀部向左边旋转的姿态。效果如图6-111所示。

图6-111　冰龙身体在第5帧的姿势

(7) 调整冰龙脖子和头部的动画。其方法为：拖动时间滑块到第8帧，使用 Select and Rotate（选择并旋转）工具在"顶"视图中调整头部和脖子向右边旋转；在"前"视图中调整头部和脖子向下的姿态，效果如图6-112所示。

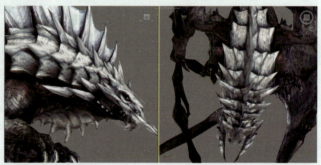

图6-112　冰龙脖子和头部的姿势

提示：为了使冰龙动画更协调，四肢尽量避免同样的运动。

(8) 调整冰龙前肢的初始动画。其方法为：拖动时间滑块到第0帧。使用 Select and Move（选择并移动）工具和 Select and Rotate（选择并旋转）工具调整冰龙前肢贴近身体，绿色脚握紧、蓝色的脚张开的姿态，效果如图6-113所示。再选中前肢的所有骨骼，按住Shift键的同时，将第0帧的姿态拖动复制到第20帧。

图6-113　前肢的初始姿态

（9）调整绿色前肢的运动。其方法为：拖动时间滑块到第4帧，使用 Select and Move（选择并移动）工具和 Select and Rotate（选择并旋转）工具调整冰龙绿色前肢贴近身体、脚趾握起的姿态，效果如图6-114所示。

图6-114　绿色前肢的运动的姿势

（10）调整蓝色前肢的运动。其方法为：拖动时间滑块到第4帧，使用 Select and Move（选择并移动）工具和 Select and Rotate（选择并旋转）工具调整冰龙蓝色前肢微微偏离身体、脚趾张开的向下运动姿势；再拖动时间滑块到第8帧，调整冰龙蓝色前肢贴近身体、脚趾握起的向上运动姿势，效果如图6-115所示。

图6-115　蓝色前肢的运动姿态

（11）调整冰龙后腿的初始动画。其方法为：拖动时间滑块到第0帧。使用 Select and Move（选择并移动）和 Select and Rotate（选择并旋转）工具调整冰龙后腿贴近身体、绿色脚握紧、蓝色的脚张开的姿态、再在顶视图中调整两脚错开的姿势，效果如图6-116所示。再选中后腿的所有骨骼，按住Shift键的同时，将第0帧的姿态拖动复制到第20帧。

图6-116　调整冰龙后腿的初始姿态

（12）调整后腿的运动姿势。其方法为：拖动时间滑块到第4帧。使用 Select and Move（选择并移动）工具和 Select and Rotate（选择并旋转）工具调整冰龙绿色后腿向下向后、脚趾张开的姿势；再拖动时间滑块到第5帧，调整冰龙蓝色后腿贴近身体、脚趾握起的姿势，效果如图6-117所示。

图6-117 调整后腿的运动姿势

（13）调整绿色后腿下蹬前蓄力的姿势。其方法为：拖动时间滑块到第2帧，使用 Select and Move（选择并移动）工具和 Select and Rotate（选择并旋转）工具调整冰龙绿色后腿向上向前、脚趾握起的姿态。效果如图6-118所示。

图6-118 绿色后腿下蹬前蓄力的姿势

（14）调整翅膀的初始姿态。其方法为：拖动时间滑块到第0帧，使用 Select and Rotate（选择并旋转）工具调整身体向下、翅膀向上、翅膀骨干骨骼收起的姿态，效果如图6-119所示。选中所有翅膀骨骼，按住Shift键的同时，将第0帧拖动复制到第20帧。

图6-119 翅膀的初始姿态

（15）调整翅膀向下的动画。其方法为：拖动时间滑块到第3帧，使用 ⟳ Select and Rotate（选择并旋转）工具调整翅膀根骨骼向下、翅膀末端受阻力向上的滞留姿态；拖动时间滑块到第5帧，翅膀向下到最低位置、末端受阻力向外的姿势，效果如图6-120所示。

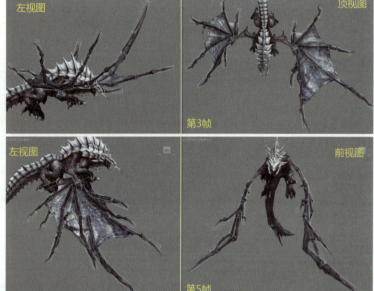

图6-120　翅膀向下的姿态

（16）调整翅膀向上的动画。其方法为：拖动时间滑块到第9帧，使用 ⟳ Select and Rotate（选择并旋转）工具调整翅膀根骨骼向上、末端向内滞留的姿态；拖动时间滑块到第14帧，调整翅膀向上、末端向下滞留的姿态，效果如图6-121所示。

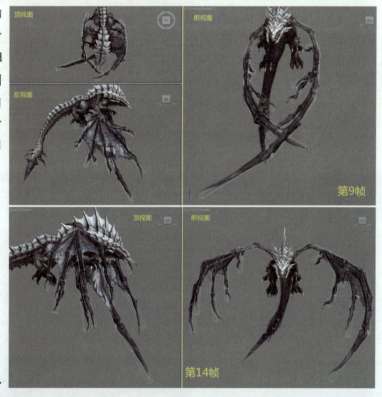

图6-121　翅膀向上运动的姿势

提示：冰龙待机动画中，通过尾巴左右摆动来保持身体的平衡。

（17）调整尾巴的初始动画。其方法为：拖动时间滑块到第0帧，使用 Select and Rotate（选择并旋转）工具在"左"视图中调整尾巴根骨骼向上、末端骨骼向下的姿态；在"顶"视图中调整尾巴根骨骼向左、末端向右偏转的姿态，效果如图6-122所示。再选中尾巴所有骨骼，按住Shift键的同时，将第0帧拖动复制到第20帧。

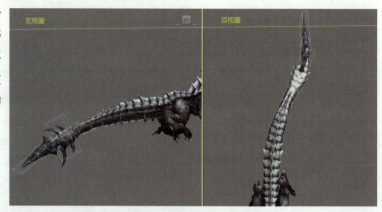

图6-122　尾巴的初始姿态

（18）调整尾巴向下摆动的动画。其方法为：拖动时间滑块到第6帧，使用 Select and Rotate（选择并旋转）工具在"左"视图中调整尾巴根骨骼向下、末端稍微向上的姿态；在"顶"视图中调整根骨骼向右、末端骨骼向左的姿态，效果如图6-123所示。

图6-123　尾巴向下的运动姿态

（19）调整尾巴向下的滞留动画。其方法为：拖动时间滑块到第3帧，使用 Select and Rotate（选择并旋转）工具在"左"视图中调整尾巴根骨骼向下、末端骨骼向上的姿态；在"顶"视图中调整尾巴根骨骼向右、末端骨骼向左滞留的姿态，效果如图6-124所示。

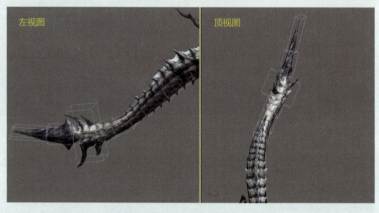

图6-124　尾巴向下的滞留姿态

（20）调整尾巴向上的滞留动画。其方法为：拖动时间滑块到第13帧，使用 Select and Rotate（选择并旋转）工具在"左"视图中调整尾巴根骨骼向上、末端骨骼向下的姿态；在"顶"视图中调整尾巴根骨骼向左、末端骨骼向右滞留的姿态，效果如图6-125所示。

图6-125　尾巴向上的滞留姿态

（21）单击 Playback（播放）按钮播放动画，此时可以看到冰龙飞行待机动画。在播放动画时，如果发现幅度过大不正确的地方，可以适当调整。

6.4.3 制作冰龙的特殊攻击动画

特殊攻击包含的动作设计思路及设计理念是根据游戏角色个性动作及特殊技能动作而延展出来的。结合特效技能及运动节奏的变化连续执行的系列组合动作，在冰龙特殊攻击中有落地待机、后退蓄力、发动攻击3个阶段。首先看一下冰龙特殊攻击的主要序列图，如图6-126所示。

图6-126　冰龙特殊攻击动作的主要序列图

（1）激活Auto Key（自动关键点）按钮，选中所有的Bone骨骼，右击，在弹出的快捷菜单中选择Hide Selection（隐藏选定对象）命令，如图6-127所示。将Bone骨骼隐藏。

图6-127　隐藏Bone骨骼

（2）设置地面。其方法为：单击Create（创建）命令面板下Geometry（几何体）中的Box（长方体）按钮，然后进入"顶"视图，拖出一个长方体，拉出一段高度后，右击结束创建，效果如图6-128所示。

图6-128 创建地面

提示：在调节冰龙动画时，先调节冰龙身体和四肢的动画，然后再调节翅膀和尾巴的动画。

1. 落地待机

（1）拖动时间滑块到第0帧，使用 Select and Move（选择并移动）工具和 Select and Rotate（选择并旋转）工具调整落地前的飞行姿势，如图6-129所示。

图6-129 调整落地前的飞行姿势

（2）为质心创建关键点。其方法为：选中质心，如图6-130中A所示。进入 Motion（运动）命令面板，分别单击Track Selection（轨迹选择）卷展栏下的 Lock COM Keying（锁定COM关键帧）、 Body Horizontal（躯干水平）、 Body Vertical（躯干垂直）和Body Rotation（躯干旋转）按钮，锁定质心3个轨迹方向。再激活Key Info（关键点信息）卷展栏下的 Trajectories（轨迹）按钮，如图6-130中B所示。单击 Set Key（设置关键点）按钮，为质心创建关键帧，如图6-130中C所示。

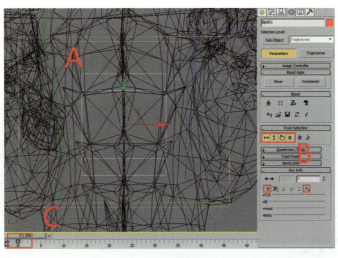

图6-130 为质心创建关键点

(3) 拖动时间滑块到第1帧,在"左"视图中,使用 ✥ Select and Move(选择并移动)工具和 ↻ Select and Rotate(选择并旋转)工具调整冰龙质心,使冰龙身体的质心向下的姿势,如图6-131所示。

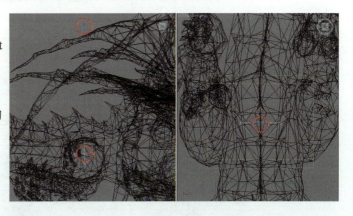

图6-131 调整质心的动画

(4) 拖动时间滑块到第2帧,使用 ✥ Select and Move(选择并移动)工具和 ↻ Select and Rotate(选择并旋转)工具调整冰龙质心向下、向前旋转的姿势;再调节胸腔、腹部、头部和脖子向下的姿态,效果如图6-132所示。

图6-132 落地前的姿势

提示:为了不使脚掌运动发生错位和晃动,以及更好地调节质心,要将所有踩地的脚掌设置为滑动关键帧,将脚掌固定在地面上。

（5）调整冰龙落地初始姿势。其方法为：拖动时间滑块到第3帧，使用 Select and Move（选择并移动）工具和 Select and Rotate（选择并旋转）工具调整冰龙质心向下、向上、向右的姿势，效果如图6-133所示。再调整绿色后腿踏地、蓝色脚抬起、身体向上仰起左偏的姿态，效果如图6-134所示。再将绿色脚掌设置为滑动关键帧。

图6-133　调节质心的动画

图6-134　落地初始姿态

（6）调整蓝色后腿落地的姿势。其方法为：拖动时间滑块到第4帧，使用 Select and Move（选择并移动）工具和 Select and Rotate（选择并旋转）工具调整冰龙质心向下、向后、向左的姿势，调整蓝色后腿踏地、绿色脚受重向下抓进地面、腹部和胸腔向右偏、胸腔稍微向上和头部向左滞留、绿色前肢稍微向下的姿势。再将蓝色脚掌设置为滑动关键帧，效果如图6-135所示。

图6-135　蓝色后腿落地的姿势

(7) 调整绿色前肢落地的姿势。其方法为：拖动时间滑块到第5帧，使用 Select and Move（选择并移动）工具和 Select and Rotate（选择并旋转）工具调整冰龙质心向下、向前的姿势；再调整绿色前肢扑地、蓝色脚抬起握紧、腹部和胸腔下、脖子和头部向上的姿势。将绿色前肢设置为滑动关键帧，效果如图6-136所示。

图6-136 绿色前肢落地的姿势

(8) 调整蓝色前肢落地的姿势。其方法为：拖动时间滑块到第6帧，使用 Select and Move（选择并移动）工具和 Select and Rotate（选择并旋转）工具调整冰龙质心向下、蓝色前肢踏地、胸腔腹部和脖子向下、头部向上滞留的姿势；再将蓝色前肢设置为滑动关键帧，效果如图6-137所示。

图6-137 蓝色前肢落地的姿势

(9) 调整落地身体受重力下沉的姿势。其方法为：拖动时间滑块到第12帧，使用 Select and Move（选择并移动）工具和 Select and Rotate（选择并旋转）工具调整冰龙质心向下向前、腹部胸腔和脖子向下、头部向上滞留左偏的姿势，效果如图6-138所示。

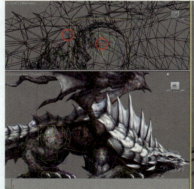

图6-138 身体受重力下沉的姿势

315

（10）调整冰龙落地站立的姿势。其方法为：拖动时间滑块到第26帧，使用 Select and Move（选择并移动）工具和 Select and Rotate（选择并旋转）工具调整冰龙质心向上向后、腹部胸腔和脖子向上、头部向下滞留右偏的姿势，效果如图6-139所示。

图6-139　冰龙落地站立的姿势

（11）调整冰龙甩头的初始姿势。其方法为：将工具栏中的Reference Coordinate System（参考坐标系）由View（视图）改为Local（局部），拖动时间滑块到第30帧，使用 Select and Move（选择并移动）工具和 Select and Rotate（选择并旋转）工具在左视图中调整冰龙质心向后，再选中冰龙胸腔由Y轴向左边旋转（蓝色前肢向前的方向）、脖子沿X轴向左边旋转（蓝色腿方向）、头部向右边旋转（绿色腿方向），效果如图6-140所示。

图6-140　调整冰龙甩头的初始姿势

提示：甩头是一个快速的循环动作，由脖子和胸腔发力带动头部运动。为了表现甩头的特点，胸腔和头部运动的方向相同、与脖子运动的方向相反（胸腔沿Y轴运动，脖子和头部沿X轴运动）。

（12）调整冰龙的甩头姿势。其方法为：拖动时间滑块到第31帧，在左视图中，使用 ⟳ Select and Rotate（选择并旋转）工具调整冰龙的脖子沿X轴向右边运动（绿色腿方向），头部向左边运动；在"顶"视图中，调节胸腔沿Y轴向左边运动，效果如图6-141所示。

图6-141 调整冰龙的甩头姿势

（13）参照以上方法，增加甩头运动的循环。甩头运动时脖子和头部的运动相反，与胸腔一致，注意正反摆动时的动作衔接及过渡变化，效果如图6-142所示。

图6-142 甩头运动的第二个循环

（14）参照以上方法，完成甩头运动的第3个循环。制作循环摆动及甩头时，要根据身体整体运动幅度大小及时间帧长短控制整体运动的节奏，效果如图6-143所示。

图6-143 甩头运动的第3个循环

（15）甩头运动的第4个循环。制作每一个循环动作都要根据身体动作蓄力点来控制每个骨点位置的运动方向及速度的变化，效果如图6-144所示。

图6-144 甩头运动的第4个循环

（16）调整甩头运动的第5个循环。在调整第5个循环动作时，从各个角度观察头部摆动的节奏及流畅性，遇到与其他几点动作衔接不流畅的地方结合蒙皮权重值进行反复微调，效果如图6-145所示。

图6-145 甩头运动的第5个循环

（17）调整甩头运动的第6个循环。在制作头部最后一个关节时，也是整个头部甩动力度及运动角度最为明显的部位，攻击运动的速度及动态变化最为显著，动态效果如图6-146所示。

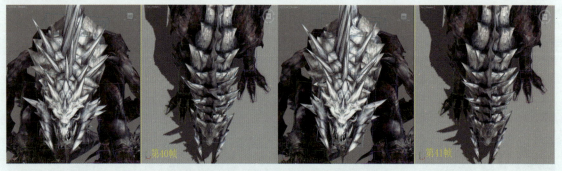

图6-146 甩头运动的第6个循环

提示：由于冰龙的甩头是一个快速的运动，出于惯性原理，停止甩头后会有缓冲力运动。

（18）停止甩头的惯性运动，效果如图6-147所示。

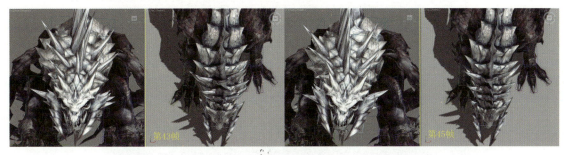

图6-147　甩头运动的惯性运动

（19）停止甩头的待机姿势。其方法为：拖动时间滑块到第49帧，使用 Select and Move（选择并移动）工具和 Select and Rotate（选择并旋转）工具调整冰龙质心向后，并按住Shift键将第49帧的质心拖动复制到第57帧；然后调整冰龙的脖子沿X轴向右边运动、头部向左边运动；在"顶"视图中调整胸腔沿Y轴向左边运动，效果如图6-148所示。

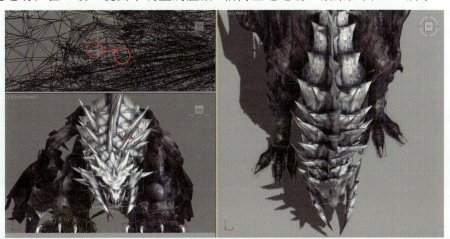

图6-148　停止甩头的待机姿势

2. 后退蓄力

> 提示：为了不使脚生成不必要的动画，使脚步发生晃动和错位，可以在即将做运动的关键帧前，先将脚掌落地的滑动关键帧复制到要运动的帧前，来保证动画运动的稳定和协调。

（1）运动前的准备。其方法为：拖动时间滑块到第57帧，选中质心的骨骼，按住Shift键将第57帧前的一个关键帧拖动复制到第57帧，再分别选中四肢的脚掌骨骼，并分别将四肢脚掌在第57帧前的滑动关键帧拖动复制到第57帧，效果如图6-149所示。单击 Playback（播放）按钮播放动画，此时可以看到冰龙落地甩头的动画，在播放动画时，如果发现运动不正确的地方，再适当调整。

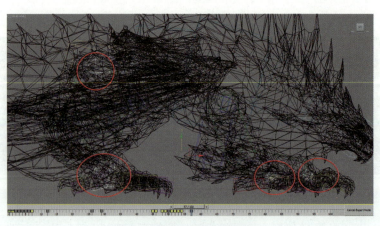

图6-149 运动前的帧复制

（2）调整冰龙第一步后退的姿势。其方法为：拖动时间滑块到第65帧，使用 Select and Move（选择并移动）工具在"左"视图中调整冰龙的质心向后、绿色前肢向后退、蓝色后腿向后退，并将蓝色后腿后退的这一关键帧拖动到第66帧，效果如图6-150所示。

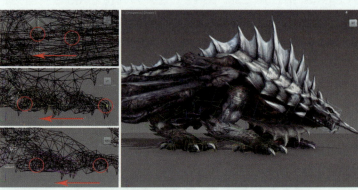

图6-150 调整冰龙第一步后退的姿势

（3）调整冰龙后退的过渡帧。其方法为：拖动时间滑块到第61帧，使用 Select and Move（选择并移动）工具和 Select and Rotate（选择并旋转）工具在"左"视图中调整冰龙质心稍微向上、绿色前肢脚掌抬起、脚趾稍微下握的后退过渡姿势；再拖动时间滑块到第62帧，调整蓝色后腿脚掌抬起、脚趾稍微下握的后退过渡姿势；再选中胸腔骨骼，调整胸腔沿X轴方向旋转（蓝色前肢）、臀部沿着X轴方向旋转（绿色后腿），效果如图6-151所示。

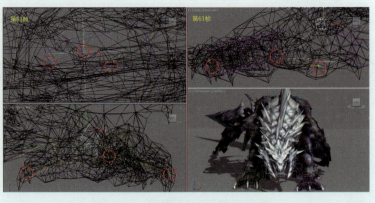

图6-151 调整冰龙后退的过渡帧

（4）调整后退的身体姿势。其方法为：拖动时间滑块到第66帧，使用 Select and Rotate（选择并旋转）工具调整冰龙的胸腔沿X轴向后退落地的绿色前肢旋转，臀部向蓝色后腿方向旋转的姿势，效果如图6-152所示。

图6-152　调整后退的身体姿势

（5）调整冰龙第二步后退的姿势。其方法为：拖动时间滑块到第80帧，使用 Select and Move（选择并移动）工具在"左"视图中调整冰龙的质心向后向下、再调整冰龙的蓝色前肢向后、绿色后腿向后的后退姿势，如图6-153所示。

图6-153　冰龙第二步后退的姿势

提示：第二步后退蓄力的脚步大于第一步。

（6）调整冰龙后退的过渡姿势。其方法为：拖动时间滑块到第76帧，使用 Select and Move（选择并移动）工具和 Select and Rotate（选择并旋转）工具在"左"视图中调整冰龙质心微微向上、蓝色前肢脚掌抬起、脚趾稍微下握的后退过渡姿势；再拖动时间滑块到第77帧，调整绿色后腿脚掌抬起、脚趾稍微下握的后退过渡姿势，效果如图6-154所示。再选中胸腔骨骼，调整胸腔沿X轴方向旋转（绿色前肢）、臀部沿X轴方向旋转（蓝色后腿），效果如图6-155所示。

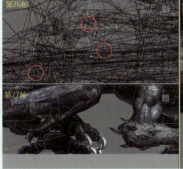
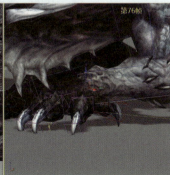

图6-154　质心、脚掌后退的过渡姿势

图6-155 身体后退的过渡姿势

（7）调整后退的身体姿势。其方法为：拖动时间滑块到第80帧，使用 Select and Rotate（选择并旋转）工具调整冰龙的胸腔沿X轴稍微向后退落地的蓝色前肢旋转、臀部稍微向绿色后腿方向旋转的姿势，效果如图6-156所示。

图6-156 身体后退的姿势

（8）增加蓄力的姿势。其方法为：拖动时间滑块到第85帧，使用 Select and Move（选择并移动）工具调整冰龙质心向下向后；再使用 Select and Rotate（选择并旋转）工具调整冰龙的腹部、胸腔、脖子和头部向下的姿势，效果如图6-157所示。

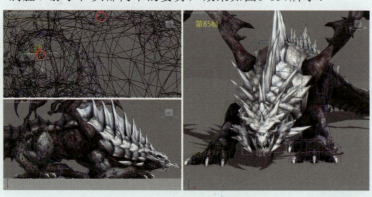

图6-157 增加蓄力的姿势

3. 发动攻击

（1）调整冰龙向前发力的姿势。其方法为：拖动时间滑块到第91帧，使用 Select and Move（选择并移动）工具调整冰龙质心向前向上，再调整冰龙的绿色前肢向前的姿势，最后调整绿色后脚掌踮起的姿势，如图6-158所示。

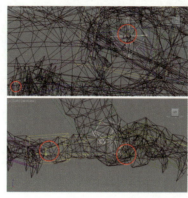

图6-158 向前发力的姿势

（2）调整冰龙向前发力的过渡帧。其方法为：拖动时间滑块到第88帧，使用 Select and Move（选择并移动）工具调整冰龙的绿色脚掌向上抬起、脚趾微握的姿势，并按住Shift键将第85帧的质心拖动复制到第88帧；再使用 Select and Rotate（选择并旋转）工具调整冰龙的腹部、胸腔、脖子和头部向下蓄力的姿势，效果图6-159所示。

图6-159 向前发力的过渡帧

（3）调整冰龙攻击的姿势。其方法为：拖动时间滑块到第93帧，使用 Select and Move（选择并移动）工具调整冰龙的质心向前向上旋转的姿势，效果如图6-160所示。再调整冰龙的腹部、胸腔、脖子向上，嘴巴张开、张大，头向右边偏转的姿势，效果如图6-161所示。

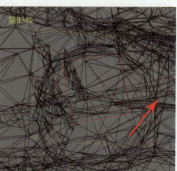

图6-160 调节冰龙质心和绿色前肢的姿势

图6-161 调整冰龙攻击身体的姿势

（4）调整冰龙攻击发力抖动的姿势。参考冰龙落地甩头的动作，拖动时间滑块到第94帧，使用 Select and Rotate（选择并旋转）工具调整冰龙的胸腔沿Y轴向左边旋转、脖子向右、头部向左，效果如图6-162所示。

图6-162 冰龙攻击发力抖动的姿势

（5）参考冰龙落地甩头动画，在"顶"视图中，调整冰龙的胸腔、脖子和头部，完成冰龙的发力稍微抖动的姿势。要注意抖动时脖子和头部成反方向运动，胸腔沿Y轴前后运动，效果如图6-163所示。

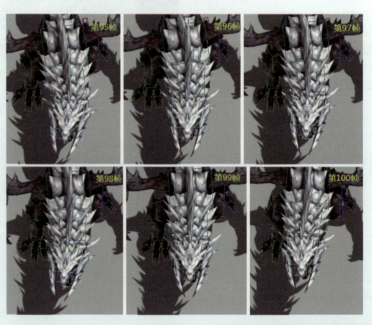

图6-163 冰龙的发力抖动动画

（6）调整抖动发力过程中质心的动画。其方法为：拖动时间滑块到第100帧，在"左"视图中，使用 Select and Move（选择并移动）工具调整冰龙的质心向后向下，形成一个发力回收的姿势，效果如图6-164所示。

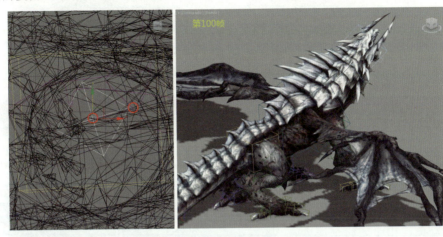

图6-164 冰龙的质心回收的姿势

4.调整冰龙翅膀的动画

> 提示：根据身体运动动画来调整翅膀的运动，在落地时上下扇动翅膀，甩头时回收翅膀，发力攻击时打开翅膀。

（1）使用 Select and Rotate（选择并旋转）工具调整身体下落时，翅膀从第0帧到第2帧从下往上运动、身体落地，翅膀从第2帧到第5帧向下运动；再拖动时间滑块到第1帧，调整翅膀的末端骨骼，为翅膀做一个向下滞留运动，再在第3、4帧调整翅膀的末端骨骼，为翅膀做向上滞留的动作，效果如图6-165和图6-166所示。

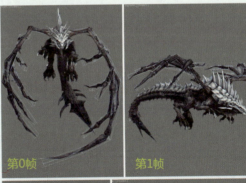

图6-165 翅膀在第0~3帧的运动

图6-166　翅膀在第4、5帧的运动

注：身体落地后翅膀的上下运动频率要慢于落地前。

（2）为了保持冰龙身体下落后的稳定，翅膀上下扇动保持平衡。拖动时间滑块，使用 Select and Rotate（选择并旋转）工具调整翅膀在第6~16帧的第二个上下运动动画。由于翅膀很庞大，冰龙落地后，翅膀不能快频率地运动，所以第二个上下运动的时间较长于第一个上下运动，效果如图6-167所示。

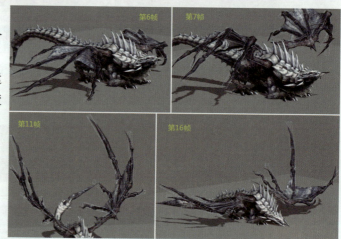

图6-167　翅膀在第6、7、11、16帧的运动

（3）使用 Select and Rotate（选择并旋转）工具调整冰龙甩头运动前翅膀回收的动画，注意翅膀回收时根骨骼带动其他骨骼运动，所以根骨骼回收快于其他骨骼，效果如图6-168所示。冰龙在甩头时翅膀不需要做动作，所以再选中翅膀的所有骨骼，按住Shift键的同时，将第30帧拖动复制到第82帧。

图6-168　甩头运动前翅膀回收的动画

（4）调整冰龙发动攻击前，翅膀向上蓄力为攻击做准备，效果如图6-169所示。

图6-169　翅膀向上蓄力的动画

（5）当冰龙发动攻击，翅膀发力张开向下用力，如图6-170所示。单击 Playback（播放）按钮播放动画，此时可以看到冰龙的翅膀动画。在播放动画时，如果发现不协调的地方，可以适当调整。

图6-170　翅膀发力张开的动画

5.调整尾巴的动画

（1）调整尾巴的落地运动关键帧：身体落地后，为了表现出尾巴的重量感，尾巴要做一个砸地的动作。拖动时间滑块到第0帧，在视图中调整冰龙尾巴向下、末端骨骼向左的姿势；拨动时间滑块到第3帧，在视图中调整根骨骼向下、末端骨骼向上向左滞留的姿势；拖动时间滑块到第15帧，在视图中调整根骨骼向下、末端骨骼砸地稍微向右的姿势；效果如图6-171所示。

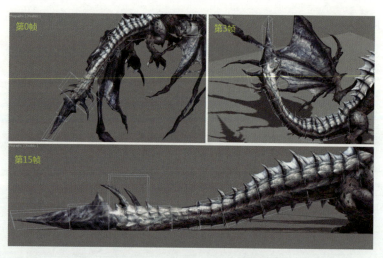

图6-171 尾巴的落地关键帧

提示：身体落地后，为了表现尾巴的重量感，尾巴要做一个砸地的动作。

（2）为了表现尾巴的重量，调节出尾巴落地的过渡帧。其方法为：拖动时间滑块到第1帧，在视图中使用 Select and Rotate（选择并旋转）工具调整尾巴根骨骼向上、末端骨骼向下、向左滞留的姿势；拖动时间滑块到第2帧，调整尾巴整体向上、末端骨骼向左滞留的姿势；拖动时间滑块到第5帧，调整根骨骼向上、末端骨骼向下向左的姿势；拖动时间滑块到第11帧，调整根骨骼向下、末端骨骼向上向左滞留的姿势，效果如图6-172所示。

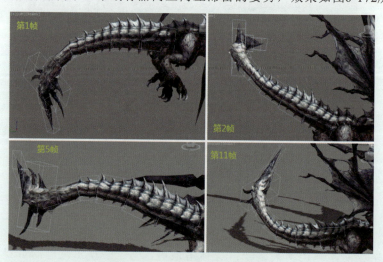

图6-172 尾巴落地的过度帧

提示：冰龙落地后，尾巴缓缓地左右摆动来保持身体平衡。由于尾巴很重，所以末端骨骼保持垂地姿势。

（3）调整尾巴左右摆动的关键帧动画。其方法为：拖动时间滑块到第29帧，调整根骨骼向左、末端骨骼向左运动的姿势；拖动时间滑块到第49帧，调整根骨骼向左、中间部分骨骼向右、末端骨骼向左滞留的姿势；拖动时间滑块到第80帧，在"顶"视图中，调整根骨骼向左、末端骨骼向右的姿势；拖动时间滑块到第100帧，在视图中调整根骨骼向右、末端骨骼稍微向左的姿势，效果如图6-173所示。

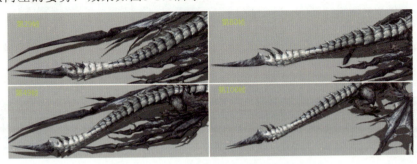

图6-173 尾巴左右摆动的关键帧动画

（4）调整尾巴运动的过渡滞留帧。其方法为：拖动时间滑块到第36帧，使用 Select and Rotate（选择并旋转）工具在"顶"视图中调整根骨骼向右、末端骨骼向左滞留的姿势；拖动时间滑块到第65帧，调节根骨骼向左、末端骨骼向右滞留的姿势；拖动时间滑块到第90帧，调整根骨骼向右、末端骨骼向左滞留的姿势，效果如图6-174所示。

图6-174 尾巴运动的过渡滞留帧

6.4.4 制作冰龙的休息待机动画

在很多重要Boss的休息待机动作设计中，根据角色个性特点有不同的身体及肢体动作的特殊表现，冰龙的休闲待机重点突出下落时翅膀的收拢及头部摆动的动作表现，需要动画师更好地理解动作收与放、动与静等之间的关联性。首先看一下冰龙休息待机动作序列图以及关键帧的安排，如图6-175所示。

图6-175 冰龙休息待机动作的主要序列图

（1）激活Auto Key（自动关键点）按钮，然后单击动画控制区中的 Time Configuration（时间配置）按钮，在弹出的 Time Configuration（时间配置）对话框中设置End Time（结束时间）为50，设置Speed（速度）模式为1/2，单击OK按钮，如图6-176所示，从而将时间滑块长度设置为50帧。

图6-176 设置时间配置

> 提示：调整动画的规律按照先调节身体动画，再调节翅膀动画，最后调节尾巴的动画，完成之后再统筹查看修改。

（2）为质心创建关键点。其方法为：选中质心，如图6-177中A所示。进入 Motion（运动）命令面板，再分别单击Track Selection（轨迹选择）卷展栏下的 Lock COM Keying（锁定COM关键帧）、Body Horizontal（躯干水平）、Body Vertical（躯干垂直）和 Body Rotation（躯干旋转）按钮，锁定质心3个轨迹方向，再激活Key Info（关键点信息）卷展栏下的 Trajectories（轨迹）按钮，如图6-177中B所示。单击 Set Key（设置关键点）按钮为质心创建关键帧，如图6-177中C所示。

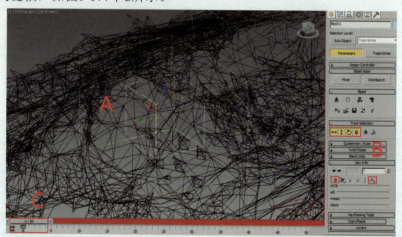

图6-177 为质心创建关键点

（3）为4个脚掌设置滑动关键帧。其方法为：拖动时间滑块到第0帧，分别选中4个脚掌的骨骼，如图6-178中A所示。进入 Motion（运动）命令面板，单击 Key Info（关键信息点）卷展栏下的 Set Sliding Key（设置滑动关键点）按钮，将脚掌骨骼设置为滑动关键帧，如图6-178中B所示。设置为滑动关键帧后，帧的颜色会变成黄色，效果如图6-178中C所示。

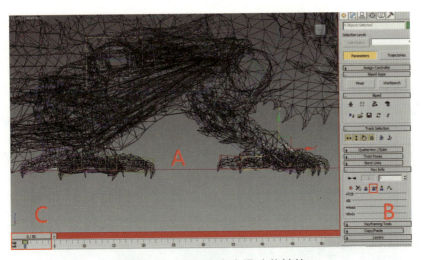

图6-178 设置脚掌为滑动关键帧

(4)设置地面。其方法为：单击Create（创建）命令面板下的Geometry（几何体）中的Box（长方体）按钮，然后进入"顶"视图，拖出一个长方体，拉出一段高度后，右击结束创建，效果如图6-179所示。

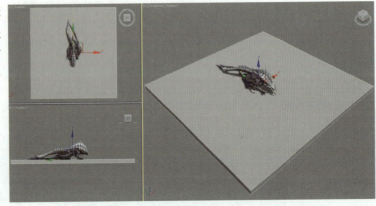

图6-179 创建地面

1. 身体的动画

(1)调整冰龙休息待机初始姿势。其方法为：拖动时间滑块到第0帧，使用 Select and Move（选择并移动）工具和 Select and Rotate（选择并旋转）工具在"左"视图中调整冰龙质心向后、腹部和胸腔稍微向上、脖子和头部向下的初始姿势，效果如图6-180所示。

图6-180 冰龙休息待机初始姿势

(2) 调整冰龙休息前伸展身体的初始姿势。其方法为：拖动时间滑块到第3帧，使用 Select and Move（选择并移动）工具和 Select and Rotate（选择并旋转）工具在"左"视图中，选中质心的骨骼，调整质心向后的姿势；再调整冰龙的腹部和胸腔向下、脖子和头部向下的姿势，效果如图6-181所示。再选中四肢脚掌的骨骼，将第0帧的滑动关键帧，按住Shift键拖动复制到第3帧。

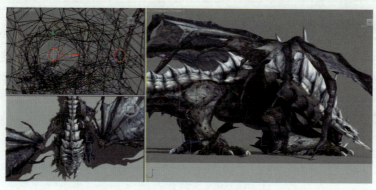

图6-181 伸展身体的初始姿势

(3) 调整冰龙继续伸展身体的姿势。其方法为：拖动时间滑块到第7帧，使用 Select and Move（选择并移动）工具和 Select and Rotate（选择并旋转）工具调整冰龙的腹部和胸腔向上、脖子和头部向下的姿势；再在"顶"视图中，选中胸腔的骨骼沿X轴向左边旋转（蓝色前肢方向）、臀部沿Y轴向左前旋转、腹部右前旋转的姿势，效果如图6-182所示。再选中四肢脚掌的骨骼，将冰龙的脚掌设为滑动关键帧。

图6-182 冰龙继续伸展身体的姿势

(4) 调整冰龙伸展身体时脚步后退的姿势。其方法为：选中蓝色前肢的脚掌骨骼，拖动时间滑块到第9帧，使用 Select and Move（选择并移动）工具和 Select and Rotate（选择并旋转）工具调整蓝色前肢脚掌稍微抬起、脚趾微握的姿势；再拖动时间滑块到第10帧，调整蓝色前肢脚掌往下、脚趾张开的姿势，效果如图6-183所示。再选中绿色后脚脚掌骨骼，拖动时间滑块到第9帧，调整绿色脚掌稍微抬起、脚趾微握的姿势；再拖动时间滑块到第17帧，调整绿色脚掌往下、脚趾张开的姿势，效果如图6-184所示。

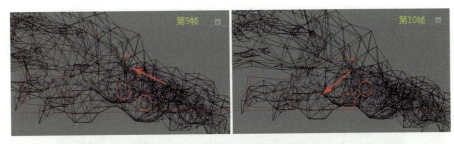

图6-183 蓝色前肢的运动姿势

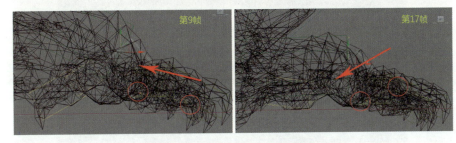

图6-184 绿色后腿的运动姿势

（5）调整冰龙休息倒地前的姿势。其方法为：拖动时间滑块到第14帧，使用 Select and Move（选择并移动）工具和 Select and Rotate（选择并旋转）工具在"左"视图中调整冰龙质心向前向下的姿势；再在"左"视图中调整胸腔向上、脖子和头部向上的姿势，效果如图6-185中B所示。

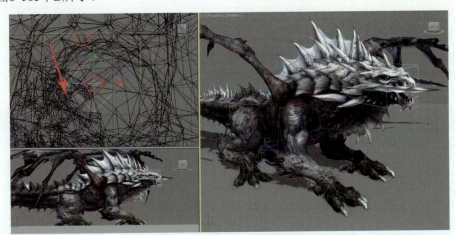

图6-185 冰龙休息倒地前的姿势

（6）调整冰龙臀部坐地的姿势。其方法为：拖动时间滑块到第17帧，使用 Select and Move（选择并移动）工具和 Select and Rotate（选择并旋转）工具，选中质心，在"左"视图中调整质心向前向下的姿势；在"顶"视图中调整质心向左的姿势，效果如图6-186所示。再在"左"视图中调整臀部落地、腹部和胸腔向上、脖子和头部向上、后腿卧在身体两侧的姿势，效果如图6-187所示。

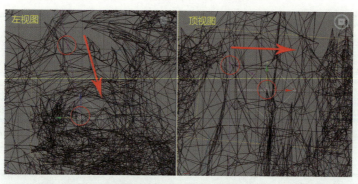

图6-186 质心的姿势

图6-187 身体的姿势

（7）调整冰龙卧倒的姿势。其方法为：拖动时间滑块到第19帧，使用 Select and Rotate（选择并旋转）工具调整冰龙腹部和胸腔向下、脖子和头部向上的姿势，效果如图6-188所示。

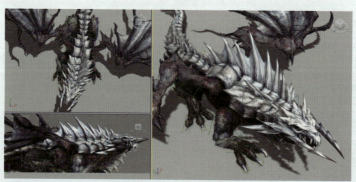

图6-188 冰龙卧倒的姿势

提示：由于冰龙体型很重，所以倒下来会有一个反弹力。

（8）调整身体的反弹姿势。其方法为：拖动时间滑块到第23帧，在"左"视图中，使用 Select and Rotate（选择并旋转）工具调整冰龙的腹部向下、胸腔向上的姿势；在第26帧处调整冰龙腹部向上、胸腔向上的姿势，效果如图6-189所示。

图6-189 身体的反弹姿势

提示：一般情况下，在冰龙卧倒休息时会有一个甩头的动作。

（9）调整冰龙甩头的初始动作。其方法为：拖动时间滑块到第28帧，使用 Select and Rotate（选择并旋转）工具调整冰龙的胸腔稍微上抬、沿X轴向左边旋转（蓝色前肢方向）、脖子沿X轴向右边旋转（绿色前肢方向）、头部沿X轴向左边旋转，效果如图6-190所示。

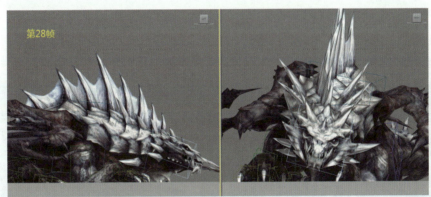

图6-190 冰龙甩头的初始动作

（10）参照冰龙特殊攻击的甩头动作，使用 Select and Rotate（选择并旋转）工具完成冰龙休息待机的甩头动作，效果如图6-191所示。

图6-191 冰龙的甩头动作

（11）调整冰龙头部的休息动作。其方法为：拖动时间滑块到第37帧，使用 Select and Rotate（选择并旋转）工具调整冰龙的脖子和头部往下往右的休息姿势，效果如图6-192所示。

图6-192　头部的休息动作

（12）头部休息调整动作。其方法为：拖动时间滑块到第40帧，使用 Select and Rotate（选择并旋转）工具调整脖子和头部向上的姿势；拖动时间滑块到第41帧，调整脖子稍微向右的姿势（绿色前肢方向）；拖动时间滑块到第42帧，调整脖子稍微向左的姿势；拖动时间滑块到第45帧，调整头部和脖子向右向下的姿势，效果如图6-193所示。

图6-193　头部休息调整动作

2. 翅膀的动画

> 提示：根据身体的运动规律，翅膀运动可以分为一个上下运动和翅膀回收的抖动运动。

（1）拖动时间滑块到第0帧，使用 Select and Rotate（选择并旋转）工具调整冰龙的翅膀自然收拢的姿势，效果如图6-194所示。

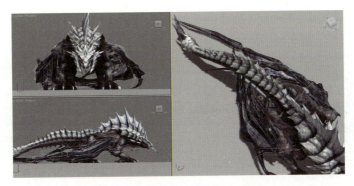

图6-194 翅膀自然收拢的姿势

提示：翅膀除了飞行外，其他的运动动作尽量不要保持平衡和对称。

（2）调整翅膀向上的动画。其方法为：使用 Select and Rotate（选择并旋转）工具调整翅膀从第1~6帧翅膀向上的动画（翅膀根骨骼向上、末端骨骼向下滞留），效果如图6-195所示。

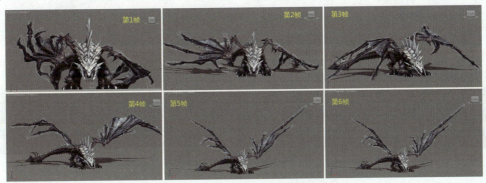

图6-195 翅膀向上的动画姿势

（3）调整翅膀向下的动画。其方法为：使用 Select and Rotate（选择并旋转）工具调整翅膀从第8~11帧翅膀向下的动画（翅膀根骨骼向下、末端骨骼向上滞留），效果如图6-196所示。

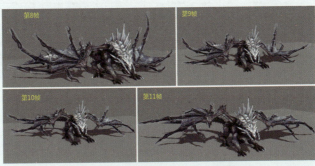

图6-196 翅膀向下的动画姿势

（4）使用 Select and Rotate（选择并旋转）工具调整翅膀从第14~19帧身体向前卧倒、翅膀由上到下的姿势，效果如图6-197所示。

图6-197　身体向前面卧倒、翅膀由上到下的姿势

（5）使用 Select and Rotate（选择并旋转）工具调整翅膀在第21帧、第24帧、第27帧身体卧倒、翅膀回收的姿势，效果如图6-198所示。

图6-198　翅膀回收的姿势

> 提示：冰龙在落地休息时，为翅膀增加一个小幅度的抖动，使冰龙更富有生命力。翅膀的抖动是由根骨骼带动其他骨骼运动的小动画。

（6）休息时抖动翅膀并不是两个翅膀同时抖动，而是会有一个时间的错位。使用 Select and Rotate（选择并旋转）工具调整在第31~37帧左边翅膀回收、右边翅膀抖动回收的姿势，效果如图6-199所示。

图6-199　左边翅膀回收、右边翅膀抖动回收的姿势

（7）使用 Select and Rotate（选择并旋转）工具调整翅膀在第40帧左边翅膀抖动、右边翅膀回收的姿势；在第41帧右边翅膀抖动的姿势；在第42帧左边翅膀回收的姿势；在第47帧右边翅膀回收的姿势，效果如图6-200所示。

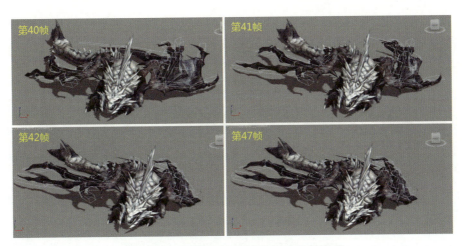

图6-200 翅膀的左右抖动和回收的姿势

3.尾巴的动画

> 提示:根据身体的运动以及尾巴的规律来调节尾巴的动画。身体向下运动时,尾巴的末端骨骼会向上滞留;身体倒地时尾巴末端骨骼落地会有一个砸地的动作;冰龙休息时,尾巴蜷缩在身体旁。

(1)为了表现尾巴的特征,尾巴运动弧度要保持S型的运动姿势。其方法为:拖动时间滑块到第0帧,使用 Select and Rotate(选择并旋转)工具调整尾巴的初始姿势,如图6-201所示。

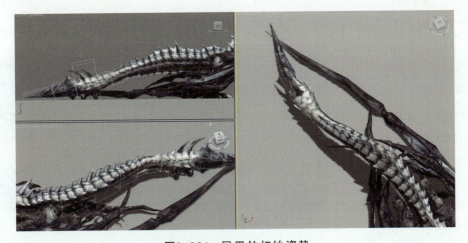

图6-201 尾巴的初始姿势

(2)拖动时间滑块到第17帧,使用 Select and Rotate(选择并旋转)工具在"左"视图中调整尾巴的根骨骼落地、末端骨骼向上滞留的运动姿势;在"顶"视图中调整根骨骼向左、末端骨骼向右的姿势,如图6-202所示。

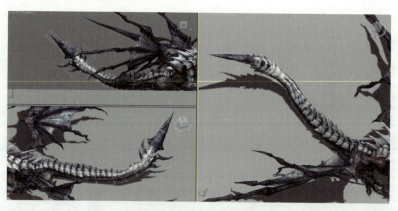

图6-202 尾巴的运动

（3）调整尾巴运动的过渡帧。其方法为：拖动时间滑块到第10帧，使用 Select and Rotate（选择并旋转）工具在"左"视图中调整根骨骼向上、末端骨骼向下的姿势；在"顶"视图中调整根骨骼向左、末端骨骼向右滞留的姿势，效果如图6-203所示。

图6-203 尾巴运动的过渡帧

（4）调整尾巴落地的姿势。其方法为：拖动时间滑块到第20帧，使用 Select and Rotate（选择并旋转）工具在"左"视图中调整根骨骼向下、中间骨骼向下的姿势；拖动时间滑块到第21帧，调整末端骨骼向下的姿势，效果如图6-204所示。

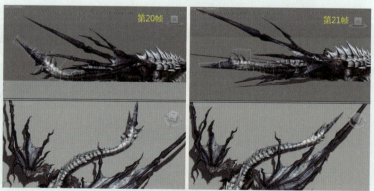

图6-204 尾巴落地的姿势

（5）调整尾巴落地的弹动动画。其方法为：拖动时间滑块到第22帧，使用 Select and Rotate（选择并旋转）工具在"左"视图中调整末端骨骼向上的姿势；拖动时间滑块到第24帧，调整末端骨骼向下的姿势，效果如图6-205所示。

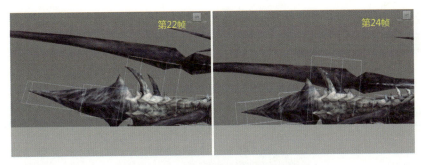

图6-205 尾巴落地的弹动姿势

（6）调整尾巴的运动姿势。其方法为：拖动时间滑块到第40帧，使用 Select and Rotate（选择并旋转）工具在"顶"视图中调整根骨骼向右、末端骨骼向右的姿势，效果如图6-206所示。

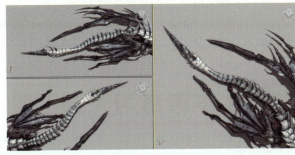

图6-206 调节尾巴向右运动的姿势

（7）调整尾巴的过渡帧。其方法为：拖动时间滑块到第30帧，使用 Select and Rotate（选择并旋转）工具在"顶"视图中调整根骨骼向右、末端骨骼向左滞留的姿势，效果如图6-207所示。

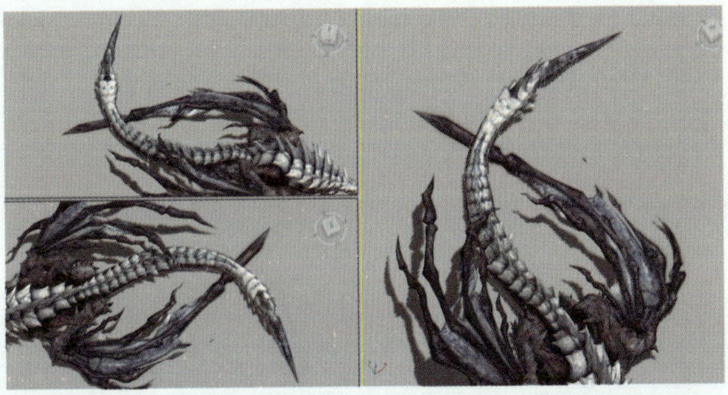

图6-207 尾巴向右运动的过渡姿势

（8）调整尾巴的静止帧。其方法为：拖动时间滑块到第50帧，使用 Select and Rotate（选择并旋转）工具在"顶"视图中调整末端骨骼向右的姿势，效果如图6-208所示。

图6-208 尾巴的静止帧

（9）单击 Playback（播放）按钮播放动画，此时可以看到冰龙休息待机的完整动画。在播放动画时，如果发现幅度不协调的地方，可以适当调整。

角色动画制作（下）

6.5 本章小结

在本章中，讲解了游戏高级怪物角色——冰龙的动画设计及制作流程，重点讲解游戏高级怪物动画的创作技巧及动作设计思路。在整个讲解过程中，分别介绍了冰龙的骨骼创建、蒙皮设定及动作设计的三大流程，重点介绍了冰龙的动作设计创作过程，详细讲解了从模型由静止到动作设计完成的过程。引导读者学习使用3ds Max制作游戏动作设计的流程和规范。通过对本章内容的学习，读者需要掌握以下几个要领。

（1）掌握飞行角色的骨骼创建方法。
（2）掌握飞行角色的基础蒙皮设定。
（3）了解飞行角色的运动规律及制作流程规范。
（4）掌握飞行角色的动画制作技巧及应用。

6.6 本章练习

操作题

根据光盘中提供的角色模型及动画项目资源，任选一个飞行角色，根据本章中飞行角色的动画制作技巧及流程，根据选定的角色设计新的动作设计，重点突出飞行动作及特殊技能攻击的动作设计特点。